Der große Schwindel

Cl

Federico Di Trocchio

Der große Schwindel

Betrug und Fälschung in der Wissenschaft

Aus dem Italienischen von Andreas Simon

Campus Verlag
Frankfurt/New York

Die Originalausgabe *Le bugie della scienza. Perché e come gli scienziati imbrogliano* erschien 1993 bei Arnoldo Mondadori Editore S.p.A., Mailand.

Copyright © 1993 by Alba Pratalia 1992

Die deutsche Ausgabe wurde im Einvernehmen mit dem Autor gekürzt.

Redaktion: Rainer Spiss, Frankfurt

Die Deutsche Bibliothek – CIP-Einheitsaufnahme

DiTrocchio. Frederico:
Der grosse Schwindel : Betrug und Fälschung in der Wissenschaft /
Frederico DiTrocchio. Aus dem Ital. von Andreas Simon.
[Die dt. Ausg. wurde im Einvernehmen mit dem Autor gekürzt]. –
Frankfurt/Main; New York: Campus Verlag, 1994
Einheitssacht.: le bugie della scienza <dt.>
ISBN 3-593-35116-1

Inhalt

Einleitung

Betrügen war schon immer eine Kunst. Seit einiger Zeit ist es auch eine Wissenschaft. Ich schlage vor, sie Defraudistik, oder besser, wie es Tullio De Mauro empfiehlt, Wissenschaft der Fälscher zu nennen. Es handelt sich um eine junge Disziplin, die zwar keinen Lehrstoff abgibt, die aber mittlerweile zum festen Bestandteil der Ausrüstung professioneller Wissenschaftler gehört. Sie besteht nicht darin, dem einfachen Volk nach Art der Astrologen, Magier, Wunderheiler und gemeinen Scharlatane das Unglaubliche glaubhaft zu machen, sondern darin, genau dies mit den eigenen Kollegen zu tun. Das ist gleichzeitig leichter und schwieriger. Leichter, weil die Mitglieder der Zunft häufig argloser als die Unwissenden sind. Schwieriger, weil man immerhin die Materie und die Details technischer Experimente kennen muß.

Die Wissenschaft der Fälscher lehrt Wissenschaftler, wie man andere Wissenschaftler betrügt. Diese überzeugen die Journalisten, die wiederum die Öffentlichkeit irreführen. Das breite Publikum ist also nicht das eigentliche Ziel der wissenschaftlichen Fälschungen (die deshalb strenggenommen auch nicht als Vergehen gegen das Vertrauen der Öffentlichkeit betrachtet werden können). Ihr wirkliches Ziel sind diejenigen Wissenschaftler, die in den staatlichen Finanzierungs- und Forschungsgremien sitzen und die die Macht haben zu entscheiden, welche Forschungsprojekte wie lange und in welcher Höhe finanziell unterstützt werden.

Die Wissenschaft der Fälscher lehrt diejenigen, die es nicht sind, sich als wahre Erfolgswissenschaftler zu präsentieren und aus der Masse der drei Millionen Forscher hervorzutreten, die die Laboratorien bevölkern. Sie umfaßt zwei Wissensbereiche: einen bürokratischen und einen technischen. Das bürokratische Wissen läßt sich am leichtesten erwerben, aber darum ist es nicht etwa weniger wichtig. Mit ihm lassen sich Forschungsprojekte, Anträge und Abschlußberichte so zielgruppengerecht aufbereiten, daß sie auf Finanzierungsgremien in jedem Fall einen kompetenten, seriösen und überzeugenden Eindruck machen. Den wahren Kern der Fälscherwissenschaft bildet jedoch der technische Teil. Nur aus ihm lernt man nämlich die verschiedenen Tricks, durch die man sich als ein Wissenschaftler ausweisen kann, der Vertrauen und Mittel verdient. Den Grundstock einer soliden, wenn auch falschen wissenschaftlichen Reputation bilden in erster Linie die bibliographischen Tricks, die von der Publikation desselben Artikels (mit verändertem Titel) in einer möglichst großen Anzahl von Zeitschriften über erfundene Angaben (eine Technik, mit der man in kurzer Zeit und mit wenig Mühe ausgesprochen viel veröffentlichen kann) bis hin zum schamlosen Plagiat reichen. Sodann gibt es den Diebstahl von Ideen, den Diebstahl von Versuchsmaterialien, die Entwendung der Aufzeichnungen, Tabellen und Fotografien von Kollegen. Von besonderer Bedeutung ist das Wissen darüber, wie man sich Zugang zu Laborprotokollen und Magnetbandaufzeichnungen verschafft, was allerdings keine große Hilfe ist, wenn man nicht über jenes Quentchen Taschenspielerkunst verfügt, das es einem erlaubt, ein gestohlenes Experiment an der passenden Stelle unterzubringen. Und nötigenfalls darf man natürlich nicht vor der Anwendung eines Betrugs im eigentlichen Sinn zurückschrecken, wie etwa dem Frisieren von Tests oder der Manipulation von Versuchstieren und Versuchsmaterial. Des weiteren gibt es die Möglichkeit, Dinge und Phänomene zu entdecken, die nicht existieren, oder eine Entdeckung für sich zu reklamieren, die bereits andere gemacht haben. Zum unverzichtbaren Rüstzeug jedes Fälschers gehört schließlich eine vertiefte Kenntnis der statistischen Tricks, die einen in die Lage versetzen, nach Belieben über Berechnungen mit dem richtigen Resultat zu verfügen und mit mathematischer Strenge jedwede Ausgeburt der Phantasie belegen zu können.

Es ist der raschen Verbreitung dieser »Kenntnisse«, der in jüngster Zeit zu beobachtenden Zunahme falscher Theorien und Entdeckungen zu verdanken, daß sich auch auf dem Gebiet der Wissenschaft das Problem der Unterscheidung von wahr und falsch dramatisch zugespitzt hat. Für Kunstkritiker und Kunsthistoriker stellt das Erkennen von Kopien und Falsifikaten seit jeher eine der Hauptaufgaben ihrer Tätigkeit dar, aber für Wissenschaftshistoriker ist das Problem von Fälschungen und Betrügereien weitgehend neu. Die Literatur zum Thema ist deshalb nicht allzu umfangreich, auch wenn William Broad und Nicholas Wade, die Autoren des 1984 erschienenen Buches *Betrug und Täuschung in der Wissenschaft* und später Alexander Kohn mit seiner Studie *False Prophets* bereits eine Vorarbeit geleistet haben. Broad und Wade sind Wissenschaftsjournalisten, während Kohn Biologe und unter anderem Herausgeber des kuriosen *Journal of Irreproducible Results* ist. Mittlerweile betätigen sich auch Wissenschaftshistoriker wie Allan Franklin und Jan Sapp auf diesem Gebiet, sowie professionelle *fraudbusters* (Betrugsjäger) wie Ned Feder und Walter Stewart. In den USA gibt es inzwischen Organe zur Kontrolle der wissenschaftlichen Tätigkeit, wie das *Office of Scientific Integrity*, sowie Parlamentsausschüsse, die sich mit diesem Thema befassen. Zeitweise haben sich diese Aktivitäten zu einer regelrechten Jagd auf Fälscher ausgeweitet, der zuweilen schon Berühmtheiten zum Opfer gefallen sind. Ein Ziel dieser Arbeit ist es, von den Ergebnissen dieser Jagd zu berichten.

Ich habe allerdings auch versucht zu verstehen, was einen Wissenschaftler dazu veranlassen kann zu betrügen. Daraus ist ein Bild des beruflichen Werdegangs und der Tätigkeit des Wissenschaftlers entstanden, das über das Wesen der Wissenschaft selbst weit mehr sagt, als man von dieser Herangehensweise unter Umständen hätte erwarten können. Vor allem wird man sehen, daß Wissenschaftler immer schon betrogen haben und daß dies nicht nur für die mittelmäßigen unter ihnen gilt. Es sollte daher niemanden überraschen, in dieser Untersuchung die Namen angesehener Nobelpreisträger, ja selbst der Väter der modernen Wissenschaft, Galilei und Newton, neben den Namen jener Wissenschaftler zu finden, die unbekannt geblieben sind, oder denen nur aufgrund ihrer falschen Erfindungen und Entdeckungen die Ehre zuteil wurde, in die Annalen der Wissenschaftsgeschichte einzugehen.

Das größte Problem bestand darin, die Betrügereien der Genies von denen der gescheiterten oder schlicht mittelmäßigen Wissenschaftler zu unterscheiden. Dieses Problem ist derart komplex, daß es unzählige Antworten zuläßt. Zweierlei erscheint mir jedoch wesentlich. Erstens: Die gegenwärtigen Betrügereien sind ein verhältnismäßig junges Phänomen, das mit dem System der Forschungsfinanzierung zusammenhängt, wie es nach dem Zweiten Weltkrieg in den USA eingeführt wurde und sich dann in allen Ländern des Westens verbreitet hat. Die Wissenschaft der Fälscher wurde im Grunde geboren, als die Wissenschaft sich von einer Berufung zu einem Beruf wandelte, genauer gesagt mit der *Big Science*, der Wissenschaft der großen, mit Millionen finanzierten Projekte, wie sie nach 1945 entstanden ist. In dieser Zeit wurde ein System der Finanzierung wissenschaftlicher Forschung errichtet, das jenes Konkurrenzklima geschaffen hat, das sowohl für die Fälschungen als auch für das ausgedehnte Netz der Komplizenschaft unter Wissenschaftlern, Universitäten und Finanzierungsgremien verantwortlich ist, das sich hinter ihnen verbirgt. Dieses System funktionierte, solange es reichlich Forschungsgelder und wenige Wissenschaftler gab. Heute jedoch, da sich die Zahl der Wissenschaftler vergrößert hat, die Finanzmittel aber geringer geworden sind und darüber hinaus die durchschnittliche Kreativität der Wissenschaftler gesunken ist, wird der Forscher vom System selbst gedrängt, zum Delinquenten zu werden, wenn er überleben will. Heute betrügt man, kurz gesagt, des Geldes wegen, früher dagegen tat man es wegen einer Idee.

Damit sind wir beim zweiten Punkt: »Große« Wissenschaftler betrügen selten aus Eigeninteresse, und selbst wenn sie es tun, wahren sie immer zugleich das Interesse der Wissenschaft. Ihre »Betrügereien« leisten oft wesentliche Beiträge zur wissenschaftlichen Wahrheitsfindung. Es gibt mit anderen Worten Fälschungen, die gewissermaßen notwendig sind. Seit Popper wissen wir, daß man im Hinblick auf eine Theorie allein dies wirklich mit Sicherheit sagen kann: daß sie früher oder später falsifiziert werden wird. Schon in diesem Sinn kann jede

Theorie als eine Fälschung betrachtet werden. Wie aber soll man dann jene scheinbar harmlosen Vereinfachungen nennen, etwa wenn physikalische Objekte als »Materiepunkte« bezeichnet oder kleine störende Effekte außer acht gelassen werden, weil man sie für unwesentlich hält? Auch hier handelt es sich unbestreitbar um Fälschungen. Dennoch können sie nicht mit demselben Maß gemessen werden wie die Produkte der bewußten Wissenschaftsfälschung. Der Unterschied liegt nicht nur in dem Umstand, daß die Fälscher in den genannten Fällen allgemein anerkannte Größen sind, sondern auch in der Tatsache, daß sie ihre Fälschungen nicht aus Eigen- oder Gruppeninteressen, sondern im Interesse der Wissenschaft selbst begingen: weil das Wesen der wissenschaftlichen Forschung selbst es erforderlich machte.

Dies ist meiner Meinung nach der wichtigste Beitrag, den das Studium der Wissenschaftsfälschungen für das Verständnis der Wissenschaft leisten kann.

Kapitel I

Auch Nobelpreisträger betrügen

1. Die seltsamen Sterne des Ptolemäus

Im Jahr 1981 begann sich die amerikanische Regierung ernsthaft für das Problem des Wissenschaftsbetrugs zu interessieren: Sie benannte eine Kommission, die damit beauftragt wurde, Betrügereien und Fälschungen im Bereich der biomedizinischen Forschung zu untersuchen. Das Vertrauen in die Tragfähigkeit des Systems als Ganzes war noch nicht erschüttert. Man war davon überzeugt, daß einzelne Betrügereien im Hinblick auf den enormen Umfang wissenschaftlicher Forschung nicht ins Gewicht fallen würden. Anfang 1990 hatte sich die Situation jedoch grundlegend geändert. Im Januar dieses Jahres nahm ein besonderer Unterausschuß der Kommission für Wissenschaft, Raumfahrt und Technologie seine Arbeit auf. Seine Aufgabe bestand darin, bekannt gewordene Betrugsfälle zu untersuchen und die Tätigkeit der amerikanischen Wissenschaftler zu überwachen.

Der erste Bericht dieses Ausschusses beginnt mit einer sonderbaren Bemerkung: »Isaac Newton, Galileo Galilei, Gregor Mendel: Ihr Werk hat die Geschichte der Wissenschaft verändert. Allen drei ist jedoch noch etwas anderes gemeinsam: Nach heutigen Standards beurteilt, scheinen sich alle im Verlauf ihrer Karrieren vom wissenschaftlichen Standpunkt aus betrachtet wenig seriös und ehrbar verhalten zu haben.« Eine Fußnote verwies als Quelle dieser Anschuldigungen auf das Buch *Betrug und Fälschung in der Wissenschaft* von William Broad und Nicholas Wade, die erste veröffentlichte Untersuchung über Wissenschaftsbetrug. Hier hätten die Mitglieder des Ausschusses auch die Namen von Ptolemäus, Dalton und Millikan finden können. Was aber wird diesen Wissenschaftlern vorgeworfen?

Der Wert einer Theorie läßt sich nicht absolut beurteilen, sondern nur in bezug auf andere Theorien. Eine Theorie ist dann besser als eine andere, wenn sie eine größere Vorhersagegenauigkeit erlaubt und einen Untersuchungsgegenstand einfacher und eleganter zu erklären vermag. So wird etwa allgemein anerkannt, daß die ptolemäische Theorie die befriedigendste Theorie über die Himmelsphänomene war, die die Wissenschaft jener Zeit liefern konnte. Darin also besteht die Schuld von Ptolemäus nicht. Was ihm dagegen vorgeworfen wird, ist ein gewöhnliches Plagiat: Er soll die Positionen der Sterne nämlich nicht selbst errechnet, sondern sie aus dem Werk seines Vorgängers, Hipparchos von Nizäa, abgeschrieben haben. Hipparchos lebte etwa 200 Jahre vor Ptolemäus und hatte einen Großteil seines Lebens damit zugebracht, die Positionen der Fixsterne zu beobachten und aufzuzeichnen.

Zwischen 142 und 146 n. Chr. verfaßte Ptolemäus sein bedeutendstes Werk, das im Griechischen den Titel *Syntaxis Mathematica* trug, eine große Arbeit in dreizehn Büchern, die später *Megale Syntaxis* oder *Große Syntaxis* genannt wurde, um sie von einer anderen, kleineren Sammlung astronomischer Schriften zu unterscheiden. Mit der Zeit wurde das Adjektiv *megale* (groß) durch den Superlativ *megiste* ersetzt, nachdem man nach und nach die Bedeutung dieses Werkes erkannt hatte. Während der Vorherrschaft der arabischen Wissenschaft wurde diesem Wort der arabische Artikel *al* hinzugefügt und die Sammlung *almagisti* genannt, um auszudrücken, daß man es für das größte wissenschaftliche Werk aller Zeiten hielt. Als es im Westen ins Lateinische übersetzt wurde, entstand daraus *Almagestum*, und noch heute ist dieses Werk unter dem Namen *Almagest* bekannt. Das siebente Buch dieses Werkes enthielt den vollständigsten und genauesten Katalog der Fixsterne, den die Antike hervorgebracht hat.

Zu Beginn des 20. Jahrhunderts, die Wissenschaftsgeschichte begann sich gerade zu einer ernstzunehmenden Disziplin zu entwickeln, analysierten die beiden amerikanischen Gelehrten C.H.F. Peters und E.B. Knobel den ptolemäischen Sternenkatalog. Sie veröffentlichten ihre Ergebnisse 1915 unter dem Titel *Ptolemy's Catalogue of Stars. A Revision of the Almagest.* In ihrer Arbeit wiesen die Autoren darauf hin, daß die Berechnungen bezüglich der Positionen der Fixsterne, die Ptolemäus lieferte, nicht präzise waren. Sie stimmten weitgehend mit jenen aus der Zeit von Hipparchos überein, der wie gesagt 200 Jahre früher lebte, waren aber aufgrund der Präzession der Tagundnachtgleichen korrigiert worden. Die beiden Autoren vertraten die Ansicht, daß der Katalog des *Almagest* nichts anderes als eine Kopie des Katalogs von Hipparchos sei, der lediglich auf den neuesten Stand gebracht worden war. Ptolemäus hätte danach also keine eigenen Beobachtungen vorgenommen, sondern einfach die Zahlen von Hipparchos übernommen.

Den Beweis dafür lieferte Dennis Rawlins, ein Astronom der Universität von Kalifornien, wie sich in dem jüngst erschienenen Buch *Die Geschichte des Ptolemaeischen Sternenkatalogs* von Gerd Grasshoff nachlesen läßt. Ptolemäus war Ägypter, und auch wenn man nicht genau weiß, wo er geboren wurde, steht fest, daß er den größten Teil seines Lebens in Alexandria verbrachte. Hipparchos dagegen wurde in Nizäa geboren, und obwohl er einige Zeit in Alexandria lebte, machte er die meisten seiner Beobachtungen auf Rhodos zwischen 161 und 126 v. Chr. Alexandria befindet sich fünf Längengrade südlich von der Insel Rhodos. Das bedeutet, daß man von Alexandria aus ein nach Norden hin um fünf Grad größeres Stück des Himmels beobachten kann als von Rhodos. Von Alexandria aus lassen sich deshalb Sterne beobachten, die von Rhodos aus nicht zu sehen sind. Nun gehört keiner der 1025 Sterne, die im Katalog des Ptolemäus aufgelistet sind, zu den Sternen, die man nur von Alexandria, nicht aber von Rhodos aus sehen kann. Obwohl Ptolemäus in Alexandria arbeitete, sah er also nur die Sterne, die auch Hipparchos gesehen hatte. Offensichtlich hatte er keine Lust verspürt, sämtliche Beobachtungen erneut anzustellen, und es vorgezogen, die Ergebnisse von Hipparchos einfach abzuschreiben.

Diese Geringschätzung der mühsamen Arbeit des Beobachtens, die in der Regel die Voraussetzung wissenschaftlicher Forschung ist, hat auch der Physiker Robert Newton an Ptolemäus bemängelt. In seinem Buch *The Crime of Claudius Ptolemy* (1977) analysierte Newton die Berechnungen, die Ptolemäus angeblich aufgrund seiner eigenen astronomischen Beobachtungen angestellt hatte. Er kam zu dem Schluß, daß diesen in Wirklichkeit überhaupt keine eigenen Beobachtungen zugrunde liegen konnten. Ptolemäus hatte seine Berechnungen vielmehr von seiner Theorie abgeleitet. Er war also zu Ergebnissen gekommen, die sich aus seiner Theorie ergaben und nicht etwa aus wirklicher Beobachtung. Da aber seine Theorie am Ende doch nicht so präzise war, wie er angenommen hatte, weichen seine Berechnungen von den genaueren Daten ab, die man heute aufgrund strengerer Methoden erhalten kann.

Das überraschendste Beispiel, das Newton liefert, ist die herbstliche Tagundnachtgleiche, die Ptolemäus am 25. September des Jahres 132 n. Chr. um zwei Uhr nachmittags beobachtet haben will. Rechnet man auf der Basis moderner Tabellen das genaue Datum nach, an dem ein Astronom aus Alexandria dieses Äquinoktium beobachtet haben könnte, so gelangt man zu dem Ergebnis, daß er dies am Morgen des 24. September desselben Jahres um 9.54 Uhr getan haben müßte. Ein großer Astronomiehistoriker, Owen Gingerich, hat Ptolemäus gegen diese Anschuldigungen in Schutz genommen. Gingerich ist der Meinung, daß Ptolemäus selbst Beobachtungen angestellt haben müsse, sich aber entschlossen habe, nur diejenigen Ergebnisse anzugeben, die zu seiner Theorie paßten. So könne man rückblickend den Eindruck gewinnen, daß er selbst keine Beobachtungen durchgeführt und sein Zahlenmaterial nur aus seiner Theorie abgeleitet habe.

2. Die Experimente, die Galilei nicht machte

Galilei dagegen wird vorgeworfen, einige der von ihm beschriebenen Experimente, die heute als Meilensteine der modernen Wissenschaft angesehen werden, gar nicht durchgeführt zu haben. Mit einer Überheblichkeit, die man nur mit der Arroganz seiner Feinde vergleichen kann, die ihn durch Prozesse zum Schweigen bringen wollten, behauptete Galilei gar, daß es überhaupt nicht wichtig sei, diese Experimente wirklich durchzuführen. Eines der Experimente, von denen Galilei selbst ausdrücklich zugibt, es nicht gemacht zu haben, ist das Experiment mit dem Schiff, das dem sogenannten galileischen Relativitätsprinzip zugrunde liegt. Diesem Prinzip zufolge vollziehen sich physikalische Phänomene in gleicher Weise auf dem Land wie auf einem fahrenden Schiff, vorausgesetzt, das Schiff bewegt sich geradlinig und mit gleichmäßiger Geschwindigkeit. Galilei mußte diesen Beweis antreten, um der Kritik all jener zu begegnen, die die kopernikanische Theorie ablehnten, insbesondere die Behauptung, die Erde bewege sich um die eigene Achse. Denn wenn dem so wäre, meinten die Kritiker, müßten wir zum Beispiel ständig einen heftigen Wind aus dem Osten spüren. Die durch die Erdrotation bewirkte Zentrifugalkraft müßte Häuser zum Einsturz bringen und Bäume entwurzeln, nach Westen abgeschossene Kanonenkugeln müßten eine größere Reichweite haben als die nach Osten gefeuerten, und schließlich müßte ein von einem Turm geworfener Stein nicht am Fuß der Senkrechten auf der Erde aufschlagen, sondern an einem leicht in Richtung Westen verschobenen Punkt. Da jedoch allgemein bekannt ist, daß Steine genau zu Füßen der Türme landen und nicht irgendwo anders – so argumentierten die Skeptiker –, kann sich die Erde folglich nicht bewegen.

Galilei erwiderte, daß die Tatsache, daß ein Stein immer einer genau senkrechten Linie folgt, wenn er von einem Turm fallengelassen wird, nicht als Widerlegung der Erdbewegung um die eigene Achse interpretiert werden dürfe, und zwar wegen des Prinzips der Relativität. Diesem Prinzip zufolge ist es unmöglich, im Innern eines gegebenen Systems festzustellen, ob man sich bewegt oder stillsteht, sofern sich das System selbst mit gleichmäßiger Geschwindigkeit bewegt. Um sich davon zu überzeugen, meinte Galilei, reiche es aus, ein einfaches Experiment zu machen: Man klettere auf den Mastbaum eines Schiffes und lasse eine Kanonenkugel fallen. Es wird sich zeigen, daß sie entlang der Senkrechten genau zu Füßen des Mastes aufschlägt – gerade so, als stünde das Schiff still. Das Verhalten einer Kanonenkugel, die man von der Spitze eines Schiffsmastes fallen läßt, kann uns folglich nicht die Frage beantworten, ob sich das Schiff bewegt oder ob es stillsteht, und analog dazu können uns Steine, die man von der Spitze eines Turmes herabfallen läßt, nichts darüber sagen, ob die Erde sich bewegt oder nicht.

Aber hat Galilei das Experiment mit dem Schiff je wirklich gemacht? Tatsächlich scheint er genau das nicht getan zu haben. Am zweiten Tag des *Dialogs über die beiden haupsächlichsten Weltsysteme* fragt Salviati, der Galilei verkörpert, seinen Gesprächspartner Simplicio: »Sagt mir nun: Wenn der von der Spitze des Mastes fallen gelassene Stein auch bei dem rasch bewegten Schiff genau auf denjenigen Punkt des Schiffes fiele, auf den er bei dem ruhenden Schiff fällt, welchen Wert würden dann diese Fallversuche für die Frage haben, ob das Schiff stillsteht oder fährt?«, und der andere antwortet: »Überhaupt keinen: So wie man etwa vom Pulsschlag her nicht wissen kann, ob jemand schläft oder wacht, weil der Puls bei den Schlafenden und den Wachenden in gleicher Weise schlägt.« An diesem Punkt der Unterhaltung hätte die Frage, was genau auf dem Schiff passiert, natürlich einer Klärung bedurft. Simplicio ist der Auffassung, daß der Stein in einer Entfernung vom Fuß des Mastes aufschlagen würde, die derjenigen entspricht, die das Schiff während des Falles zurücklegt. Aber Salviati-Galilei bringt ihn zum Schweigen, indem er sagt, daß, wer immer das Experiment wirklich machen würde, »das genaue Gegenteil finden wird: Es wird sich nämlich zeigen, daß der Stein immer auf denselben Punkt des Schiffes fällt, mag es nun stillstehen oder sich mit beliebiger Geschwindigkeit bewegen«.

In Wirklichkeit hat Galilei das Experiment nie durchgeführt. Angesichts dessen mag die Arroganz überraschen, mit der er seinen skeptischen Gesprächspartner zurechtweist: »Es ist nutzlos, das Experiment zu machen, wenn ich es Euch sage, dürft Ihr mir glauben.« Es ist offensichtlich, daß diese Vorgehensweise nicht im mindesten der Idee der experimentellen Methode entspricht, wie wir sie in der Schule gelernt haben. Noch weniger entspricht sie dem Ideal der ethischen und methodologischen Redlichkeit, die den Wissenschaftler auszeichnen soll. Nur sieben Jahre nach der Veröffentlichung des *Dialogs* schrieb G.B. Baliani an Galilei, daß er einen Seemann gebeten habe, eine Gewehrkugel verschiedene Male vom Mastbaum eines fahrenden Schiffes fallen zu lassen, wobei sich jedes Mal bestätigte, daß sie genau am Fuß des Mastes aufschlug.

Das Experiment mit dem Schiff ist jedoch nicht das einzige, das Galilei nicht machte. Das bekannteste ist das Experiment auf dem Turm zu Pisa, das wichtigste das Experiment mit der schiefen Ebene. Das Experiment auf dem Turm zu Pisa sollte die aristotelische Theorie widerlegen, nach der Objekte mit einer Geschwindigkeit fallen, die proportional zu ihrem Gewicht ist: Aristoteles hatte angenommen, daß zwei miteinander verbundene Gewichte mit der doppelten Geschwindigkeit zu Boden fallen wie ein einzelnes Gewicht. Wie sein Schüler Vincenzo Viviani berichtet, wollte Galilei mit Hilfe von zwei Kugeln das Gegenteil beweisen, und »im Beisein der anderen Dozenten und Philosophen und der gesamten Schülerschaft« stieg er zu diesem Zweck auf den Turm zu Pisa und zeigte »mit wiederholten Experimenten«, daß »bewegliche, stofflich gleiche Gegenstände unterschiedlichen Gewichtes, die sich in demselben Medium bewegen, nicht mit unterschiedlicher Geschwindigkeit zu Boden fallen, wie es Aristoteles angenommen hatte, sondern sich mit gleicher Geschwindigkeit bewegen«. Die beiden zusammengebundenen Gewichte erreichten die Erde also in genau demselben Moment, in dem das einzelne Gewicht dort ankam.

Im Jahr 1935 veröffentlichte L. Cooper eine Arbeit mit dem Titel *Aristotle, Galileo, and the Tower of Pisa*. Cooper fand keinen Beleg dafür, daß Galilei dieses Experiment tatsächlich durchgeführt hatte. Wissenschaftshistoriker neigen dazu, das Experiment für eine Erfindung zu halten. Dennoch ist es zusammen mit dem Ausspruch »Und sie bewegt sich doch« zu einem Bestandteil des Mythos um Galilei geworden. So schrieb der bekannte britische Physiker Sir Oliver Lodge 1893 in seinem Buch *The Pioneers of Science*: »Der Umstand, daß Galileo verlacht und erniedrigt wurde, entmutigte ihn nicht. Er wußte, daß er recht hatte, und er wollte, daß alle die Tatsachen so sähen, wie er sie sah. So stieg er eines Morgens vor allen Mitgliedern der Universität mit zwei Metallkugeln, von denen eine 100 und die andere 1 Pfund wog, auf den berühmten Schiefen Turm und ließ beide gleichzeitig fallen. Die Kugeln fielen zusammen hinunter und berührten gleichzeitig den Boden. Der gleichzeitige dumpfe Aufprall dieser Gewichte klang wie eine Totenglocke für die alte Ordnung und kündigte die Geburt der neuen an.« Dieser entscheidende Aufprall hat sich in Wirklichkeit nie ereignet, er kann sich gar nicht ereignet haben. Denn auch wenn Galilei unter Umständen ähnliche Experimente durchgeführt haben sollte: Körper mit unterschiedlichem Gewicht fallen keineswegs mit der gleichen Geschwindigkeit, schwerere Körper erreichen den Boden einen Moment früher als leichtere, was sich leicht feststellen läßt, wenn man das Experiment wirklich durchführt.

Nichtsdestoweniger vertrat George Gamow, einer der Väter der modernen Physik, noch in den 60er Jahren die Auffassung, daß Galilei, »um die Wahrheit seiner Folgerungen zu beweisen, vom Schiefen Turm zu Pisa zwei Kugeln fallen ließ, eine aus Holz und eine aus Eisen. Die ungläubigen Zuschauer konnten sich davon überzeugen, daß sie den Boden im selben Moment berührten. Historische Untersuchungen schließen gewöhnlich aus, daß diese öffentliche Demonstration je stattgefunden hat, und behaupten, daß sie lediglich eine phantasievolle Legende sei; es sei nicht einmal sicher, daß Galilei das Gesetz des Pendels entdeckt habe, während er der Messe im Dom von Pisa beiwohnte. Doch auf die eine oder andere Weise führte er mit Sicherheit diese Experimente durch. So könnte er etwa unterschiedlich schwere Gewichte vom Dach seines Hauses fallen gelassen oder in seinem Hof einen Stein, der an einem Band hing, zum Schwingen gebracht haben«. Gamow zufolge mußte Galilei also früher oder später dieses Experiment auf die eine oder andere Weise gemacht haben. Er scheint sich jedoch nicht darüber im klaren zu sein, daß das Ergebnis anders ausgefallen wäre, als es die Legende berichtet. 1978 machten sich die beiden Wissenschaftler C.G. Adler und B. Coulter die Mühe, das Experiment zu wiederholen. Sie fanden dabei heraus, daß die zwei Kugeln mit einem Zeitabstand auf dem Boden ankamen, der nicht so groß war, um der aristotelischen Theorie zu genügen, aber doch groß genug, um Galileis Behauptung von der Gleichzeitigkeit des Aufpralls zu widerlegen. Allerdings waren sie der Meinung, daß man die aristotelische Theorie soweit hätte modifizieren können, daß sie dann in der Lage gewesen wäre, das Experiment befriedigend zu erklären.

Weitaus kompromittierender für Galilei ist die Geschichte des berühmten Experiments mit der schiefen Ebene, auf dessen Grundlage er das Gesetz der gleichförmig beschleunigten Bewegung $s = 1/2\ at^2$ formulierte. Das Gesetz besagt, daß die Entfernung, die mit gleichförmig beschleunigter Bewegung zurückgelegt wird, proportional zum Quadrat der Zeit ist, die zu ihrer Bewältigung aufgewendet werden muß.

Galilei behauptet, dieses Gesetz mit Hilfe eines Experiments bewiesen zu haben, das darin bestand, eine »gut gerundete und polierte« Bronzekugel eine lange, geneigte, »äußerst gerade (...), gut gesäuberte und glatte« Rinne hinunterrollen zu lassen, die mit »äußerst glattpoliertem Schafspergament« ausgeschlagen war, um sie noch glatter zu machen. Er ließ die Bronzekugel angeblich eine bestimmte Anzahl von Malen die volle Länge der Rinne hinunterrollen, dann nur zur Hälfte, dann zu einem Drittel, zu zwei Dritteln, zu drei Vierteln und so weiter, wobei er jeweils die Zeit notierte, die sie zur Bewältigung der verschiedenen Entfernungen benötigte. Das Ergebnis war, daß »man durch gut hundertmal wiederholte Experimente immer fand, daß sich die zurückgelegten Entfernungen untereinander verhielten wie die Zeit zum Quadrat, und dies bei allen Neigungswinkeln der Ebene«.

In Physikbüchern wird diese Anordnung häufig als beispielhaft für die Vorgehensweise wissenschaftlicher Forschung zitiert. In einem Handbuch neueren Datums heißt es dazu beispielsweise: »Galilei ist sich völlig darüber im klaren, daß jedes Experiment angemessen durchgeführt werden muß, daß also alle Nebeneffekte auszuschalten sind, die das Experiment verfälschen könnten. In diesem besonderen Fall versucht er, mit äußerster Sorgfalt jede Form der Reibung zu beseitigen (›gut gesäubert und glatt‹, ›härteste Bronze‹, ›gut gerundet und poliert‹). Zweitens ist das Experiment gerade aufgrund seiner besonderen Durchführung wiederholbar, weil jede zufällige Verfälschung des Ergebnisses so weit wie möglich vermieden wird. Man kann es folglich so oft man will unter den gleichen Bedingungen erneut durchführen.Tatsächlich spricht Galilei davon, daß er seine Versuche mehr als hundertmal wiederholte. Diese Wiederholungen waren die einzige Garantie für die Stichhaltigkeit der erzielten Resultate. Drittens ist jedes Experiment ohne wissenschaftliche Bedeutung, wenn nicht alle Größen, die im Spiel sind, genau gemessen werden können. Genaue Messungen machen es nämlich möglich, die reine Beobachtung eines Phänomens in quantitative Begriffe zu übersetzen, das heißt in die Sprache der Mathematik. Die Sorgfalt und Genialität, die Galilei bei seinen Messungen an den Tag legte, gehören sicherlich zu den bemerkenswertesten seiner auch sonst außergewöhnlichen Eigenschaften.«

Nur schade, daß Galilei dieses Experiment nicht ein einziges Mal durchgeführt hat. Die genauen Messungen, von denen er spricht, sind frei erfunden. Und sie sind falsch. Ein Zeitgenosse und Briefpartner Galileis, Pater Marino Mersenne, versuchte nämlich, das Experiment zu wiederholen und entdeckte, daß die von Galilei genannten Zahlen unter den beschriebenen Versuchsbedingungen unmöglich zu erhalten waren. Folglich gab es zwei Möglichkeiten: Entweder hatte Galilei das Experiment nie durchgeführt, oder er hatte seine Ergebnisse nicht mit der nötigen Genauigkeit wiedergegeben.

Alexandre Koyré, einer der bedeutendsten Wissenschaftshistoriker, vertritt die erste Hypothese. Er ist davon überzeugt, daß Galilei das Experiment mit der schiefen Ebene nie gemacht hat. Aber auch anderen erschien die Sache unglaubwürdig. Im Jahr 1961 entschloß sich Thomas S. Settle zu dem Versuch, das Experiment unter genau den gleichen Bedingungen zu wiederholen. Er stellte fest, daß Galilei auf die von ihm beschriebene Weise zu »befriedigenden« empirischen Ergebnissen hätte kommen können. Settles Messungen wichen nur leicht von denen Galileis ab. Stillman Drake, der bekannte amerikanische Galilei-Forscher, vermerkte mit Befriedigung, daß »die wohlbekannten Behauptungen Galileis bezüglich seiner Experimente mit der schiefen Ebene voll und ganz bestätigt worden sind«.

Bei einer nochmaligen Wiederholung von Galileis Experiment im Jahr 1973 stellte Ronald Naylor allerdings Abweichungen zwischen Settles Durchführung und Galileis Beschreibung fest. Vor allem hatte Settle die Kugel nicht in der Auskehlung der schiefen Ebene, sondern an deren Rändern rollen lassen und auf diese Weise die Reibung vermindert. So aber hatte Galileo das Experiment nicht beschrieben. Seine schiefe Ebene besaß eine Auskehlung, die breit genug war, um die Kugel zu fassen. Einige Forscher haben angenommen, daß das Erfolgsgeheimnis des Experiments gerade in der Verwendung des glattpolierten Pergaments lag, das die Reibung auf ein Minimum reduzierte. Naylor zufolge hatte es in Wirklichkeit die gegenteilige Wirkung. Da das aus Kalbs- oder Schafshaut gefertigte einzelne Pergament unmöglich länger als drei Fuß sein konnte, war auch kein hindernisfreier Lauf der Kugel gewährleistet, so sorgfältig man die Nahtstellen der Pergamentstreifen auch zusammenfügte. Die Beschleunigung der Kugel wäre also regelmäßig durch die Nahtstellen der verschiedenen Pergamentstücke vermindert worden, und wenn Galilei das Experiment tatsächlich durchgeführt hätte, wäre ihm sofort aufgefallen, daß die Verwendung von Pergament nicht nur nutzlos, sondern sogar störend war.

Naylor fand heraus, daß Galilei auch ein anderes wichtiges Experiment, von dem er behauptete, damit das Gesetz des Pendelisochronismus entdeckt zu haben, nicht auf die von ihm beschriebene Weise durchgeführt haben konnte. Das Gesetz besagt, daß die Pendelzeit (die Zeit, die ein Pendel für eine vollständige Schwingung benötigt) unabhängig von der Größe des Schwingungsausschlages ist. Galilei zufolge entdeckte er dieses Gesetz auf der Basis einer Reihe von Experimenten, von denen eines darin bestand, eine Bleikugel und eine Kugel aus Kork an gleichlangen Fäden schwingen zu lassen. Hält man sich weiter an Galileis Bericht, bewahrten die beiden Kugeln »eine konstante Gleichmäßigkeit bei der Beschreibung der Pendelbögen«, das heißt, sie schwangen im gleichen Rhythmus. Naylor wiederholte das Experiment mit einer Kugel aus Messing und einer aus Kork und stellte fest, daß die Messingkugel gegenüber der Korkkugel entgegen der Darstellung Galileis nach kaum 25 vollständigen Pendelausschlägen eine Viertelschwingung mehr zurückgelegt hatte.

Naylor kam, wie schon Koyré vor ihm, zu dem Schluß, daß Galilei im überwiegenden Teil der Fälle überhaupt nicht der experimentellen Methode folgte, als deren Vater er gilt. Er habe Experimente weniger zur Erkenntnis physikalischer Gesetze benutzt, sondern vielmehr, um diese im nachhinein zu bestätigen. Bisweilen beging er noch einen weiteren Verstoß gegen die Regeln der experimentellen Methode, indem er die wahren oder vermuteten Ergebnisse von Experimenten abänderte, weil sie nicht mit den von ihm postulierten Gesetzen übereinstimmten.

Diese Täuschungen sind jedoch nicht nur Ausdruck der moralischen Ungeniertheit Galileis, wie Paul Feyerabend vermutet hat. Sie entspringen in erster Linie der Notwendigkeit, in irgendeiner Weise das Fehlen von verläßlichen Meßgeräten und Versuchsapparaturen zu kompensieren, die unabdingbar sind, um »von der Welt des Ungefähren zum Universum der Präzision« vorzudringen.

In der Antike hielt man es, wie Koyré bemerkt, für »lächerlich, die Ausmaße eines lebenden Wesens mit Genauigkeit zu messen: Ein Pferd ist zweifellos größer als ein Hund und kleiner als ein Elefant, aber weder ein Hund, noch ein Pferd, noch ein Elefant haben streng festgelegte Ausmaße. Es gibt also eine Marge der Ungenauigkeit, des ›Spiels‹, des ›mehr oder weniger‹, des ›ungefähr‹«. Für die Antike folgte nur die Mechanik der Himmelskörper genauen mathematischen Gesetzen, während die Welt, in der wir leben und arbeiten, nicht mathematisch berechenbar war. In ihr, so dachte man, vollziehen sich die Dinge selbstverständlich nach Gesetzen, aber eben nicht mit strenger Präzision. Deshalb war man in der Antike auch nicht in der Lage, eine mathematische Physik zu entwickeln, und deshalb war es auch nicht gelungen, selbst von sehr einfachen Phänomenen wie der Fallgeschwindigkeit eines Steines oder der Flugbahn eines Pfeiles eine genaue Vorstellung zu gewinnen. Das eindeutigste Zeichen für dieses Desinteresse an der Genauigkeit war das nahezu völlige Fehlen wissenschaftlicher Instrumente.

Galilei behauptete dagegen, daß auch unsere Alltagswelt aus Kreisen, Dreiecken und Ellipsen besteht und das Verhalten der Gegenstände dieser Welt mit denselben Methoden und derselben Präzision berechnet werden konnte, die man schon bei den Sternen und Planeten angewandt hatte. Dies nachzuweisen war jedoch schwer, gab es doch nur wenige und noch dazu von Hand gefertigte Meßgeräte.

Darüber hinaus traf die Vorstellung, daß die Phänomene der physikalischen Welt strengen mathematischen Gesetzen folgten, nur teilweise zu, und zwar nur in dem Maße, in dem man kleine Störungen und Abweichungen außer acht ließ, die man (wie wir heute wissen: zu Unrecht) für unwesentlich hielt. Aus diesem Grund sahen sich häufig auch die Väter der modernen Physik gezwungen zu mogeln: Verharrte ein Phänomen in der Logik des Ungefähren, so halfen sie etwas nach, um es präzise erscheinen zu lassen. Wie sie das machten? Sie nahmen den »fudge factor« zu Hilfe, einen Faktor, der es bei den Berechnungen erlaubt, eine Art Paßgenauigkeit zu erzielen.

3. Newton und der »Fälschungsfaktor«

Der Ausdruck »fudge factor« wurde von Richard Westfall geprägt, um einige ungenierte Operationen Newtons zu beschreiben, und es ist schwierig, dafür eine genaue Übersetzung zu finden. Das Verb *to fudge* bedeutet sowohl fälschen als auch pfuschen, flicken und zurechtstutzen, aber es wird auch benutzt, um die Tätigkeit des Betrügers zu beschreiben. Das Substantiv *fudge* dagegen bedeutet Flause, Flunkerei und Erfindung. Eine gute deutsche Übersetzung von »fudge factor« könnte also »Fälschungsfaktor« sein.

Newton benutzte diesen Faktor auf sehr einfache Weise: Da er auf der Basis rein theoretischer Überlegungen wußte, wie die Ergebnisse auszusehen hatten, änderte er den Wert der angelegten Parameter so lange, bis er erhielt, was er benötigte. Dies tat er etwa bei der Berechnung der Schallgeschwindigkeit. Heute wissen wir, daß sie 340 Meter pro Sekunde beträgt, aber die verfügbaren Instrumente jener Zeit waren derart ungenau, daß mit ihnen entweder viel höhere oder viel niedrigere Werte erzielt wurden, so daß sich Newton anfangs nicht einmal bemühte, sie zu messen. Einfacher und richtiger erschien es ihm, sie auf theoretischem Wege zu errechnen, indem er von den schon bekannten Gesetzen der Ausbreitung der Wellenbewegung ausging.

Auf diese Weise erhielt er tatsächlich einen ersten theoretischen Wert von zirka 295 Meter in der Sekunde. Als er erfuhr, daß der notorische Pater Mersenne und der Mathematiker Gilles Personne de Roberval zwei Ergebnisse erhalten hatten, die unerklärlicherweise beträchtlich voneinander abwichen (449 Meter pro Sekunde gegenüber 182 Meter), entschloß er sich, selbst ein Meßexperiment zu versuchen. Er brachte ein Pendel unter einem Torbogen des *Trinity College* an und maß damit die Zeit, die er brauchte, um das Echo eines Tones zu hören, das von einer Mauer in 130 Meter Entfernung zurückgeworfen wurde. Es ergab sich, daß der gesuchte Wert zwischen 330 und 280 Meter pro Sekunde liegen mußte. Da der bereits berechnete Wert von 295 Meter dazwischen lag, folgerte Newton, daß sich die beiden Franzosen offenkundig geirrt hatten und dagegen seine theoretische Berechnung, wie er im übrigen auch erwartet hatte, richtig war.

In den folgenden Jahren ergaben jedoch andere Messungen Werte, die denen Mersennes nahekamen, so daß sich Newton im Jahr 1694 entschloß, das Experiment zu wiederholen. Dieses Mal erhielt er Meßergebnisse, die alle zwischen 338 und 299 Meter pro Sekunde betrugen. Nach und nach gelangte Newton jedoch zu der Überzeugung, daß der beste Näherungswert von seinem Freund W. Derham sowie von J. Sauveur vorgeschlagen worden war, denen zufolge die Schallgeschwindigkeit 348 Meter in der Sekunde betrug, das heißt, acht Meter mehr als in den heutigen Physikbüchern angegeben.

Zwischen 295 und 348 Metern besteht ein beachtlicher Unterschied. Darüber war sich Newton sehr wohl im klaren, doch er ließ sich dadurch nicht beirren. Er entschloß sich, den Fälschungsfaktor zu Hilfe zu nehmen: Er behauptete, daß die theoretischen Berechnungen durch eine falsche Einschätzung der Luftdichte (einem Parameter, der zu jener Zeit äußerst schwer abzuschätzen war) beeinträchtigt worden waren, erhöhte diesen Wert von 1/850 auf 1/870 und gewann auf diese Weise 33 Meter in der Sekunde. Um aber den Wert von 348 Meter pro Sekunde zu erreichen, fehlten ihm weitere 20 Meter. Wie konnte man auf diesen Wert kommen? Natürlich mit einer weiteren Veränderung der Berechnungen. Dieses Mal war es die Luftfeuchtigkeit:

Newton erkannte, daß er »vergessen« hatte, daß es in der Luft auch Feuchtigkeit gibt, die nicht mit der Luft mitschwinge und deshalb eine Erhöhung der Schallgeschwindigkeit proportional zum Quadrat der verdrängten Luft bewirke. Auf diese Weise kratzte er die 20 Meter zusammen, die ihm noch fehlten, um auf den noch dazu falschen Wert von 348 Meter pro Sekunde zu kommen.

Seine Nachbesserungen waren also nichts anderes als Manipulationen und, bei Lichte besehen, Fälschungen der Zahlen. Erst viel später klärte Laplace das Rätsel auf: Die theoretischen Berechnungen Newtons waren exakt und die Abweichung zwischen dem theoretischen Wert von 295 Meter und dem tatsächlichen von 340 Meter pro Sekunde lag nicht an der Luftdichte oder der Luftfeuchtigkeit, sondern einfach an der Tatsache, daß die Kompression der Schallwellen bei ihrer Ausbreitung Wärme produziert, die den Luftwiderstand vermindert und die Geschwindigkeit erhöht.

Mit ähnlichen Eingriffen gelang es Newton, die von ihm entwikkelte Theorie über die Präzession der Tagundnachtgleichen mit den Daten in Übereinstimmung zu bringen, die sich aus den Beobachtungen der Astronomen ergaben. Das Phänomen der Präzession der Tagundnachtgleichen rührt daher, daß die Sonnenwende der Tagundnachtgleiche des Frühjahrs ein wenig früher eintritt als der vollständige Umlauf der Sonne auf ihrer Ellipse. Dies war seit der Antike wohlbekannt, denn es verursachte jene kleinen Abweichungen zwischen dem Sonnenjahr und dem Kalenderjahr, die im Laufe der Jahrhunderte zu verschiedenen Reformen des Kalenders führten. Der kleine Vorsprung der Sonne, der sich über die Jahre immer weiter vergrößert, bewirkt eine Phasenverschiebung zwischen dem Gang der Jahreszeiten und dem Kalenderjahr. Die Griechen beispielsweise hatten einen Kalender mit zwölf Monaten von abwechselnd 29 und 30 Tagen eingeführt. Folglich hatte ihr Jahr 354 Tage, das heißt, es hatte elf Tage weniger als das Sonnenjahr. Um diese Lücke zu schließen, wurde von Zeit zu Zeit und nach Kriterien, die von Stadt zu Stadt unterschiedlich waren, ein Monat hinzugefügt. Auch die Römer, die ein Jahr mit 355 Tagen hatten, waren ab und zu gezwungen, gleich nach dem 23. Februar einen Monat mit 22 oder 23 Tagen anzuhängen, den sie als »merzedonischen« Monat bezeichneten. Diese Ergänzungen wurden nicht immer mit der notwendigen Sorgfalt durchgeführt, so daß zu Zeiten Julius Cäsars das Kalenderjahr dem Sonnenjahr um gut 90 Tage voraus war. Damit sich ein ähnliches Durcheinander nicht wiederholte, befahl Cäsar, daß von nun an das Jahr 365 Tage haben und es alle vier Jahre ein sogenanntes *bisextum*, ein Schaltjahr mit 366 Tagen geben solle, um die kleine Differenz, die noch übrig blieb, auszugleichen. Diese Reform trat im Februar des Jahres 708 römischer Zeitrechnung in Kraft, das dem Jahr 46 v. Chr. unserer Zeitrechnung entspricht, und es war ein ausgesprochen denkwürdiges Jahr, weil es 15 Monate und 445 Tage hatte, um den neunzigtägigen Rückstand aufzuholen. Mit Recht ist es als »Jahr des Durcheinanders« in die Geschichte eingegangen.

Allgemein wurde davon ausgegangen, daß mit der von Julius Cäsar eingeführten Reform keine Verschiebungen mehr zwischen dem Sonnenjahr und dem Kalenderjahr auftreten würden. Die im Jahr 325 auf dem Konzil von Nizäa versammelten Kirchenväter waren davon so sehr überzeugt, daß sie verfügten, Ostern in Zukunft am 21. März zu feiern, dem Tag, auf den in jenem Jahr die Tagundnachtgleiche des Frühlings fiel. Im Lauf der Jahrhunderte stellte sich die Tagundnachtgleiche jedoch immer früher ein. Zur Zeit Dantes fiel sie auf den 13. März und gegen Ende des 16. Jahrhunderts auf den 11. März. Um die Tagundnachtgleiche des Frühlings wieder mit dem 21. März zusammenfallen zu lassen, ordnete Gregor XIII. eine Reform des Kalenders an, die unter anderem das Verschwinden von elf Tagen mit sich brachte. Man ging von Donnerstag, dem 4. Oktober 1582, direkt zu Freitag, dem 15. Oktober über. Schuld an allem war die Präzession der Tagundnachtgleichen, deren exakte Messung folglich für die Aufstellung des Kalenders entscheidende Bedeutung gewann.

Zur Zeit Newtons hatten die Astronomen den Vorsprung der Sonne mit 50 Sekunden im Jahr veranschlagt, ein Wert, der dem aktuellen von 50,4 Sekunden ziemlich nahe kommt. Niemand war jedoch in der Lage, die Ursache dieses Vorsprungs zu erklären. Newton schrieb dies als erster zu Recht dem größeren Umfang der Erde am Äquator durch die vereinte Wirkung von Sonne und Mond zu. Um die Richtigkeit seiner Hypothese zu demonstrieren, leitete er von ihr den Wert der Präzession der Tagundnachtgleichen ab. Stimmte sein Wert mit den Beobachtungen der Astronomen überein, so hätte dies bedeutet, daß seine Theorie exakt war. Zu seinem Unglück aber war zwar seine Theorie exakt, doch verfügte er noch nicht über die geeigneten Instrumente, um von ihr den genauen Wert der Präzession abzuleiten. Um den theoretischen und den tatsächlich beobachteten Wert in Einklang zu bringen, nahm Newton deshalb wieder den Fälschungsfaktor zu Hilfe. Wie Westfall gezeigt hat, kümmerte er sich dieses Mal nicht einmal darum, selbst eine Messung vorzunehmen, sondern drehte und wendete die Werte einiger Parameter, wie etwa die Neigung des Äquators auf der Ellipse, die Dichte der Erde und die Beziehung zwischen der Anziehungskraft von Mond und Sonne, solange hin und her, bis die unglückseligen Gleichungen die richtigen Ergebnisse lieferten.

Mit der gleichen Unverfrorenheit gelang Newton der Beweis des allgemeinen Gravitationsgesetzes, der Entdeckung also, die ihn mehr als jede andere berühmt gemacht hat. Das Gesetz besagt, daß sich alle physikalischen Körper des Universums wechselseitig mit einer Kraft anziehen, die um so größer ist, je größer ihre Masse und je kleiner der Abstand zwischen ihnen ist. Katharine Barton, die Nichte Newtons, erzählte Voltaire die später berühmt gewordene Anekdote, derzufolge ihr Onkel das Gesetz im Jahr 1665 beim Herunterfallen eines Apfels im Garten seines Hauses in Woolthorpe entdeckte. Der Apfelbaum, der bis 1814 wirklich im Garten des Hauses stand, sollte diese Anekdote verbürgen. Wissenschaftshistoriker haben jedoch nie an sie geglaubt. Seit 1885, als D. Brewster die erste bedeutende Biographie Newtons schrieb, wissen wir, daß die Dinge anders verlaufen sind und daß Newton sein Gesetz wahrscheinlich von Robert Hooke »klaute«, der die Einfältigkeit besessen hatte, es ihm mitzuteilen. Newtons Verdienst läge somit in dem Beweis der mathematischen Stichhaltigkeit des Gesetzes, der freilich ebenso bedeutend ist wie die Entdeckung selbst. Über eine klare Darlegung des Gesetzes hinaus lieferte Newton einen bewundernswert einleuchtenden und überzeugenden Beweis, der allgemeines Erstaunen auslöste und die Bewunderung für sein

Genie noch vermehrte. Schade nur, daß auch dieser Beweis das Ergebnis einer Reihe geschickter »Korrekturen« war.

Der Beweis des allgemeinen Gravitationsgesetzes gründet, wie Westfall schreibt, »auf der Korrelation zwischen dem Wert der Gravitationsbeschleunigung auf der Erdoberfläche und der Zentripetalbeschleunigung des Mondes«. Wäre es Newton mit dem Beweis, der sich auf diese Korrelation stützt, gelungen, den Beschleunigungswert abzuleiten, mit dem Körper auf die Erdoberfläche fallen und hätte dieser Wert dem experimentell meßbaren Wert entsprochen, so hätte er mit gutem Recht behaupten können, brillant die Gültigkeit des Gesetzes der inversen Quadrate bewiesen zu haben.

In moderne Maßeinheiten übersetzt stellt sich Newtons Beweis im wesentlichen wie folgt dar: Die Zentripetalkraft des Mondes, das heißt die Kraft, die den Mond beständig zur Erde zieht und ihn in einer kreisförmigen Umlaufbahn hält, kann aufgrund bereits bekannter Gesetze auf 0,27 Zentimeter pro Sekunde berechnet werden. Wenn dieser Wert genau ist und die Entfernung zwischen Erde und Mond dem 60fachen Radius der Erde entspricht, erhält man aufgrund des Gesetzes der inversen Quadrate den Beschleunigungswert, mit dem ein Körper in Erdnähe, zum Beispiel ein Apfel, von der Erde angezogen wird, indem man 60^2 mit 0,27 multipliziert. Das Ergebnis beträgt 9,72 Meter in der Sekunde zum Quadrat. Dies ist der theoretische Wert der Gravitationsbeschleunigung. Aber welchen Wert erhielt man bei experimentellen Messungen? Die einwandfreien Messungen, die C. Huygens in Paris vornahm, ergaben den fast identischen Wert von 9,8 Meter pro Sekunde zum Quadrat. Die Differenz betrug also nur 8 Zentimeter, eine Lappalie im Vergleich zu den gewaltigen Entfernungen, die bei der Berechnung zu berücksichtigen waren. Es handelte sich um einen ebenso brillanten wie genialen Beweis: In einer Entfernung des zirka 60fachen Erdradius weist der Mond in der Tat eine Zentripetalbeschleunigung auf, die etwa 60mal kleiner ist als die Beschleunigung des besagten Apfels, dessen Entfernung vom Mittelpunkt der Erde nur den einfachen Erdradius beträgt.

Newtons Beweisführung erscheint jedoch weniger elegant, wenn man sich fragt, warum er denn als mittlere Entfernung zwischen

Mond und Erde ausgerechnet den 60fachen Erdradius wählte. Zu jener Zeit bestand nämlich unter den Wissenschaftlern überhaupt keine Einigkeit darüber, mit welchem Wert diese Entfernung zu veranschlagen war. Einige meinten, er betrage das 59fache des Erdradius, andere das 60fache. Manche, wie zum Beispiel Kopernikus, nahmen das 60 1/3fache an, und es gab wieder andere, wie etwa Tycho Brahe, die behaupteten, die Entfernung liege beim 59 1/2fachen des Erdradius. Warum also wählte Newton ausgerechnet den 60fachen Wert? Die Antwort Westfalls ist einfach: Weil dieser Wert besser geeignet war, die Gleichung aufgehen zu lassen und Newton ihn gewählt hatte, nachdem er schon die Gravitationskonstante kannte. Folglich handelte es sich hier gar nicht um einen wirklichen Beweis, weil die zwei Größen, die in die Korrelationsrechnung eingegangen waren und auf denen der Beweis gründete, nämlich die Gravitationsbeschleunigung und die Zentripetalbeschleunigung des Mondes, nicht unabhängig voneinander bestimmt worden waren. Einen der wesentlichen Parameter, die Entfernung zwischen Erde und Mond, hatte Newton bereits vorher mit Blick auf die Gravitationsbeschleunigung gewählt. Erneut hatte Newton also seine Gleichungen so arrangiert, daß sie ergaben, was er wollte.

Der Artikel, in dem Westfall offenlegte, auf welche Weise Newton seinen Berechnungen Strenge und Genauigkeit verliehen hatten, erregte ein gewisses Aufsehen. Die Zeitschrift *Science*, in der der Artikel erschienen war, erhielt unter anderen die Zuschrift eines Arthur H. Boultbee, in der es hieß: »Nachdem ich den Artikel von Westfall gelesen hatte, ist mir eine Anekdote eingefallen, die mir vor etwa 40 Jahren von J.C. McLennan erzählt wurde. Wenn ich mich recht entsinne, berichtete er mir folgendes: ›Einmal gratulierte ich Niels Bohr überschwenglich zu der bewundernswerten Übereinstimmung zwischen den Ergebnissen seiner Gleichungen und dem Wert der Konstante von Rydberg, worauf Niels mir erwiderte: ›Ich war es natürlich, McLennan, der da ein bißchen nachgeholfen hat.‹«

Ähnliche Manipulationen werden üblicherweise dem Begründer der Genetik, Gregor Mendel, angelastet. Aber obwohl er beispielhaft für die unter Wissenschaftlern verbreitete Neigung ist, Ergebnisse nachzubessern, ist sein Fall, wie wir noch sehen werden, viel komplexer und spektakulärer.

Als der Chemiker John Dalton dagegen 1807 das Gesetz multipler Massenverhältnisse formulierte, hat er mit Sicherheit seine Meßergebnisse so angeglichen, daß sie stimmig wurden. Das Gesetz besagt, daß im Falle eines Elements, das mit einem anderen Element mehr als eine Verbindung eingehen kann, die Massenverhältnisse in den verschiedenen Verbindungen, die entstehen können, eine einfache Mengenrelation ergeben, und zwar, weil die Atome eines Elements sich mit der vollständigen Zahl der Atome des anderen Elements verbinden.

Dalton behauptete, dieses Gesetz auf der Basis einer Reihe von Experimenten mit Kohlenstoff und Sauerstoff gefunden zu haben. Bringt man diese beiden Elemente zusammen, erhält man zwei verschiedene Verbindungen: Eine ist das Kohlendioxyd, das auch in unserer Atemluft enthalten ist und das sich bildet, wenn man Kohlenstoff bei Luft verbrennt. Bringt man Kohlendioxyd mit glühendem Kohlenstoff zusammen, erhält man dagegen Kohlenmonoxyd, das weniger Sauerstoff enthält als das Dioxyd. Um das Massenverhältnis von Kohlenstoff und Sauerstoff zu bestimmen, die im Monoxyd enthalten sind, ist es nötig, das Gewicht des verbrannten Kohlendioxyds mit dem Gewicht des Kohlenstoffs zu vergleichen, den man braucht, um eine bestimmte Menge Kohlendioxyd in Kohlenmonoxyd zu verwandeln. Eine Möglichkeit, diese Bestimmung vorzunehmen, besteht in der Erhitzung einer bestimmten Menge Kohlendioxyd mit einer bestimmten Menge Kohlenstoff in einem geschlossenen Reagenzglas. Am Ende des Experiments läßt man das Gas in Kalziumwasser brodeln: Die Menge des dabei produzierten Kalksteins besagt, wieviel Kohlendioxyd übriggeblieben ist und folglich auch, wieviel davon verbraucht wurde. Das Endgewicht des Kohlenstoffs zeigt dann an, wieviel Kohlenstoff in die Verbindung mit dem aufgelösten Kohlendioxyd eingegangen ist.

Auf diese Weise wies Dalton nach, daß im Kohlendioxyd drei Gramm Kohlenstoff mit acht Gramm Sauerstoff verbunden sind, im Kohlenmonoxyd dagegen drei Gramm Kohlenstoff mit vier Gramm Sauerstoff. Bei der gleichen Menge Kohlenstoff befindet sich also gegenüber dem Kohlenmonoxyd im Kohlendioxyd die doppelte Menge Sauerstoff.

Der Beweis erscheint einfach und elegant. Als jedoch der Chemiehistoriker J.R. Partington versuchte, das Experiment zu wiederholen, war er bald überzeugt, daß es »praktisch unmöglich war, die einfachen Relationen zu erhalten, die Dalton entdeckt hatte«. Dieser Widerspruch läßt sich auf zweierlei Weise erklären: Entweder hat Dalton das Gesetz lediglich aufgrund seines Atommodells entdeckt und dann nachträglich versucht, es zu beweisen, wobei er schon wußte, was er suchte, oder ihm war im Verlauf der Experimente klar geworden, daß die einzige Regelmäßigkeit in der Versuchsreihe diejenigen Experimente aufwiesen, bei denen sich die multiplen Massenverhältnisse gezeigt hatten. Bei der Veröffentlichung seines Gesetzes überging er dann systematisch alle Experimente, die abweichende Ergebnisse ergeben hatten.

4. Millikan und die fehlenden Tröpfchen

Auf dieselbe Weise verfuhr der Nobelpreisträger für Physik des Jahres 1924, Robert Millikan, bei der Bestimmung der elektrischen Ladung der Elektronen, die noch heute als Einheit der elektrischen Ladung betrachtet wird. Millikan ging von einer einfachen Überlegung aus. Wenn ein Körper sich durch Reibung negativ auflädt, weil er Elektronen von einem anderen aufnimmt, so mußte seine elektrische Ladung notwendigerweise seine Elementarladung um ein Vielfaches übersteigen. Lud man eine große Zahl hinreichend kleiner Körper auf und verglich ihre elektrische Ladung, so konnte man hoffen, ihre Elementarladung zu entdecken, die der Ladung eines Elektrons entspräche.

Der von Millikan benutzte Apparat bestand aus einer Düse (die ursprünglich zu einem Parfümzerstäuber gehörte), die kleine Öltröpfchen zwischen zwei Metallplatten abgab. Diese waren an eine Batterie angeschlossen, so daß ein elektrisches Feld entstand. Die Öltröpfchen fielen natürlich aufgrund der Schwerkraft nach unten, aber unter dem

Einfluß eines nach oben wirkenden elektrischen Feldes bewegten sie sich wieder nach oben oder blieben in der Schwebe. Wenn sich ein Öltröpfchen mit der geringstmöglichen Geschwindigkeit nach oben bewege, so erklärte Millikan in seiner wie üblich recht bilderreichen Sprache, »könnte ich wetten, daß ihm nur ein einzelnes Elektron auf dem Buckel sitzt«. Das interessantere Phänomen waren jedoch die Öltröpfchen, die in der Schwebe blieben, denn in diesem Fall war es möglich, ihre elektrische Ladung festzustellen, sobald man ihre Masse kannte. Die Masse ließ sich bestimmen, indem man unter dem Mikroskop den Radius des Tröpfchens maß und sein Volumen mit der Dichte des verwendeten Öls multiplizierte. Nachdem Millikan die elektrische Ladung seiner Tröpfchen berechnet hatte, entdeckte er, daß es sich dabei immer um ein Vielfaches einer Größe e handelte, die folglich die kleinste Einheit der elektrischen Ladung darstellte. Der Artikel, in dem Millikan die genauen Messungen des Wertes e lieferte, wurde im Jahr 1913 veröffentlicht. Er basierte auf den Daten von 28 Öltröpfchen. Millikan führte aus, daß »dies nicht eine ausgewählte Gruppe von Tröpfchen ist, sondern alle im Laufe von 60 aufeinanderfolgenden Tagen untersuchten Tröpfchen sind, während derer die Versuchsapparatur mehrfach zerlegt und wieder zusammengebaut worden ist«. Die gleiche Behauptung wiederholte er in seinem Buch *Das Elektron*, in dem er versicherte: »Bei diesen 28 handelt es sich ohne Ausnahme um alle während 60 aufeinanderfolgenden Tagen untersuchten Tröpfchen.« Diese Behauptung ist von großer Wichtigkeit, denn nur bei einem der 28 Tröpfchen war der Wert e »in einer Größenordnung von 0,5 Prozent vom Wert der anderen Tröpfchen« abgewichen.

Bei der Durchsicht der Laborprotokolle Millikans entdeckte der Physikhistoriker Gerald Holton jedoch, daß diese Behauptung falsch war. Millikan hatte nämlich insgesamt 140 Tröpfchen untersucht, sich aber dazu entschlossen, nur die Daten von 28 zu veröffentlichen, deren Werte natürlich dem gesuchten Wert am nächsten kamen. Warum Millikan die anderen Daten außer acht gelassen hat, geht aus den Protokollen klar hervor: Er hielt sie nicht für signifikant. Manchmal schrieb er sie der Verstopfung des Druckmessers durch eine Luftblase zu, ein andermal einer Störung durch Konvektion (Mitführung von Energie oder elektrischer Ladung durch die kleinsten Teilchen einer Strömung, d.Ü.), dann wieder dem Defekt des Chronometers und schließlich auch dem mangelhaften Funktionieren des Zerstäubers. Fest steht auf jeden Fall, daß die 28 im Artikel genannten Tröpfchen nicht die einzigen waren, die Millikan untersucht hatte. Wenn er auch die Daten der übrigen mit in Betracht gezogen hätte, wäre der Wert von *e* weit weniger genau ausgefallen.

Dies erscheint noch gravierender, wenn man bedenkt, daß der österreichische Physiker Felix Ehrenhaft mit einer ähnlichen, aber weitaus präziseren Apparatur als Millikan sie benutzte, bereits im Jahr 1910 eine Versuchsreihe präsentiert hatte. Aus seinen Beobachtungen ergab sich keinesfalls, daß die elektrische Ladung der Tröpfchen immer *e* oder ein Vielfaches davon war. Vielmehr hatte Ehrenhaft auch kleinere Ladungen gefunden und folglich konnte *e* nicht die kleinste Einheit der elektrischen Ladung sein.

Schon im Mai 1910 brachte Ehrenhaft deshalb die Hypothese vor, daß es kleinere Teilchen als das Elektron geben müsse, die er Subelektronen nannte. Ehrenhaft zufolge zeigten diese Ergebnisse, daß es in der Natur keine unteilbaren elektrischen Ladungen von der Größenordnung gab, die dem Näherungswert von Millikan entsprachen.

Unter zahlreichen Wissenschaftlern herrschte jedoch die Meinung vor, es müsse auf der Basis der Elektronen eine elektrische Elementarladung geben. Noch heute wird in der Physik offiziell die Meinung vertreten, daß es bislang nicht gelungen sei, die Existenz von elektrischen Ladungen in der Natur, die kleiner als *e* seien, experimentell nachzuweisen. Diese Überzeugung hat sich jedoch erst nach der Veröffentlichung des Artikels von Millikan im Jahr 1913 durchgesetzt. Zuvor hatten berühmte Wissenschaftler wie Albert Einstein, Max Planck, Max Born und Erwin Schrödinger durchaus die Hypothese von den Subelektronen in Betracht gezogen. Seitdem 1981 neue Experimente die Existenz elektrischer Ladungen bestätigt haben, die nur einen Bruchteil von *e* ausmachen, wird diese Hypothese unter Wissenschaftlern wieder diskutiert. Dies alles legt den Schluß nahe, daß Millikan die Physiker seiner Zeit in die Irre geführt hat, indem er die Versuchsdaten manipulierte, mit einer ungenauen Versuchsapparatur arbeitete und darüber hinaus eine Verleumdungskampagne gegen Ehrenhaft betrieb.

Alexander Kohn bringt gegen Millikan noch eine weitere Anschuldigung vor. Seinen Ausführungen zufolge hat sich Millikan auf geschickte Weise der Idee und der Mitarbeit eines seiner Studenten bedient, ohne dessen Verdienste entsprechend zu würdigen. Der Erfolg Millikans in einer bestimmten Phase des Versuchs verdankt sich nämlich unter anderem der Verwendung eines Ölzerstäubers anstelle eines Wasserzerstäubers. Anfänglich arbeitete der amerikanische Wissenschaftler mit Wassertröpfchen. Dies verursachte erhebliche Schwierigkeiten, da die Tröpfchen rasch verdunsteten, so daß sie nur wenige Sekunden lang zu beobachten waren, was die Messungen schwierig machte. Eines Tages jedoch, als Millikan nicht im Labor war, hatte Harvey Fletcher, einer seiner Studenten, die Idee, den Wasserzerstäuber durch einen Ölzerstäuber zu ersetzen. Auf diese Weise ließen sich die Beobachtungen und Berechnungen viel leichter durchführen. Als Millikan zurückkam, war er davon begeistert. Zusammen mit Fletcher begann er mit der neuen Apparatur zu arbeiten. Auf diese Weise war Millikan in der Lage, nach nur sieben Wochen im Jahr 1910 seinen ersten bedeutenden Artikel über die Elementarladung zu veröffentlichen. Der Artikel erschien jedoch allein unter seinem Namen. Allerdings wies er darauf hin, daß die Versuchsreihe zusammen mit Fletcher erstellt worden war. Der offizielle Grund, warum Millikan den Artikel allein publizierte, war der Umstand, daß Studenten an der Universität von Chicago bei ihren Diplomvorbereitungen völlig unabhängig arbeiten mußten. Wenn Fletcher folglich zusammen mit Millikan für den Artikel verantwortlich gezeichnet und dann dieselben Ergebnisse in seiner Abschlußarbeit präsentiert hätte, wäre er unter Umständen in Schwierigkeiten gekommen.

Wenn man bedenkt, daß Millikan, wie Holton betont, rein zufällig dazu kam, Experimente über die Elementarladung anzustellen und daß die von Fletcher eingeführte Innovation den Grad der Genauigkeit der Messungen entscheidend erhöhte, dann erscheint die Verleihung des Nobelpreises an Millikan allein nicht ganz gerechtfertigt.

Zu ähnlicher Verblüffung gibt der Nobelpreis Anlaß, der 1952 Selmann Waksman für die Entdeckung des Streptomycin verliehen wurde. Damals war das einzige bekannte und gebräuchliche Antibiotikum das Penizillin, das mit Hilfe von Schimmelpilzen hergestellt wurde. Der Mikrobiologe Waksman stammte aus der Sowjetunion, war aber mittlerweile amerikanischer Staatsbürger und leitete zu jener Zeit die landwirtschaftliche Versuchsstation der Routhgers Universität in New Jersey. Waksman entschloß sich zu untersuchen, ob auch andere Pilzarten in der Lage waren, antibiotische Substanzen zu produzieren. Er richtete sein Augenmerk besonders auf die Strahlenpilze, die sich überall in der Erde finden, und ließ sie von seinen Studenten sorgfältig auf antibiotische Stoffe hin untersuchen, die Wirkung gegen krankheitserregende Bakterien versprachen.

Einer dieser Studenten, Albert Schatz, entdeckte, daß ein Pilz mit dem Namen *Streptomyces* tatsächlich ein Antibiotikum produzierte, das in der Lage war, Tuberkulosebakterien abzutöten. Die Substanz bewies ihre Wirksamkeit auch gegenüber anderen Krankheiten bei Menschen und Tieren. Der Artikel, der von der Entdeckung berichtete, erschien unter den Namen von Waksman und Schatz, aber nur Waksman wurde der Nobelpreis verliehen. Darüber hinaus ließ sich Waksman das Streptomycin patentieren, was ihm beträchtliche Einnahmen von Arzneimittelfirmen verschaffte.

Schatz verklagte Waksman und verlangte, an den Gewinnen aus dem Verkauf des Streptomycin beteiligt zu werden. Schließlich wurde der Streit außergerichtlich beigelegt, aber unter Wissenschaftlern empörte man sich darüber, daß ein Student es gewagt hatte, seinen eigenen »Meister« zu verklagen, zumal Waksman einen Großteil seiner Einnahmen aus dem Verkauf des Streptomycin für die Finanzierung des Waksman-Instituts für Mikrobiologie verwandt hatte. Schatz wurde daraufhin von der Forschergemeinde ausgeschlossen. Er fand weder in der Forschung noch in der Lehre eine Anstellung und sah sich gezwungen, nach Südamerika auszuwandern, wo er als Realschullehrer arbeitete.

5. Emilio Segrè: Ein umstrittener Nobelpreisträger

Eine häßliche Geschichte ist zweifellos die Verleihung des Nobelpreises für die Entdeckung des Antiprotons an Emilio Segrè und Owen
Chamberlain im Jahr 1959. Achtzehn Jahre nach der Verleihung des
Nobelpreises verklagte Oreste Piccioni seinen Landsmann Segrè vor
dem Obersten Gerichtshof in Alameda. Piccioni behauptete, er selbst
habe in Wahrheit das Experiment erdacht, das zur Entdeckung des
Antiprotons geführt hatte, und verlangte außer 125 000 Dollar Schaden-
ersatz eine offizielle Erklärung von Segrè und Chamberlain, die seine
Urheberschaft anerkannte. Das Gericht gab Piccioni unrecht, aber
nur, weil er zu viele Jahre hatte verstreichen lassen, bevor er Anzeige
erstattete, und dies, obwohl er im Verlauf der Gerichtsverhandlung
eine äußerst plausible Erklärung für diese Verspätung angeben konnte.

Daß jedoch Piccioni recht hatte, wußten in Wissenschaftskreisen
zumindest die Eingeweihten seit längerem. Der jüngst verstorbene
Physiker Edoardo Amaldi beispielsweise hat nie ein Geheimnis aus
seiner Solidarität mit Piccioni gemacht. Die Stichhaltigkeit und
Plausibilität von Piccionis Ansprüchen wurde offenkundig, als vor
einigen Jahren einer der bekanntesten amerikanischen Physikhistoriker,
J.L. Heilbron, die Angelegenheit erneut untersuchte und dabei auch
auf Briefe und andere Dokumente aus den Archiven zurückgriff.

Oreste Piccioni stammt aus der Toskana, wo er am 24. Oktober
1915 geboren wurde. Bevor er 1946 nach Amerika an das *Massachusetts
Institute of Technology* (*M.I.T.*) ging, hatte er mit Fermi in Rom zusammengearbeitet, wo er 1938 sein Diplom in Physik machte. Im
folgenden war er zunächst Assistent, später Professor für Elektro-
magnetismus an der selben Universität und führte dort unter anderem
mit Marcello Conversi und Ettore Pancini ein berühmtes Experiment
über kosmische Strahlen durch. Wegen seiner Kompetenz auf diesem
Gebiet hatte Bruno Rossi ihn dann 1946 ans *M.I.T.* gerufen. Zwei
Jahre später wechselte er als Forscher zum *Brookhaven National Laboratory*,
wo er bis 1960 blieb.

1954 wurde in Berkeley, Kalifornien, wo auch Segrè arbeitete, das
Bevatron fertiggestellt, der leistungsstärkste Teilchenbeschleuniger, den

es damals gab. Piccioni war darauf versessen, dieses gewaltige Spielzeug bei der Arbeit zu sehen. Im Dezember des Jahres 1954 wurde ihm während eines Kongresses der *American Physical Society* erlaubt, den Teilchenbeschleuniger zu besichtigen. Bei dieser Gelegenheit schlug er Segrè die Zusammenarbeit an einem Experiment vor, das darin bestand, das Bevatron für den Nachweis des Antiprotons zu benutzen, einem der wesentlichen Elemente der Antimaterie. In Abweichung von der bisher verfolgten Vorgehensweise, der Beobachtung des Zerstörungsprozesses des Antiprotons, sollte versucht werden, das Moment und die Flugzeit des Antiprotons zu messen, um davon seine Masse abzuleiten. Das Problem bestand darin, daß mit nur wenigen Antiprotonen zu rechnen war, die noch dazu von einer gewaltigen Menge Mesonen verdeckt sein würden. Dieses Problem konnte jedoch Piccioni zufolge durch die Verwendung eines Spektrometers mit doppelter Magnetlinse und einem Tscherenkow-Zähler überwunden werden.

Nach dem Kongreß kehrte Piccioni nach Brookhaven zurück. Als er einige Monate später erneut seine »Kollegen« in Berkeley besuchte, erfuhr er, daß das Experiment bereits genau nach seinen Vorstellungen von Segrè und Chamberlain zusammen mit C.E. Wiegand und T.J. Ypsilantis durchgeführt worden war. Diesen Wissenschaftlern gelang es in der Tat zum ersten Mal, die Existenz des Antiprotons zu beweisen, und Segrè und Chamberlain erhielten 1959 den Nobelpreis für ihre »einfallsreiche Methode beim Nachweis und der Analyse des Antiprotons«, wie es in der offiziellen Begründung hieß, die E. Hulthén in Stockholm verlas.

Natürlich protestierte Piccioni, denn als er sein Projekt vorschlug, hatte man ihm versprochen, ihn an dem Experiment zu beteiligen. Trotzdem gelang es Segrè, Piccioni dazu zu bewegen, nichts gegen ihn zu unternehmen, indem er ihm »Gefälligkeiten« von Seiten der mächtigen Physikergemeinde Berkeleys in Aussicht stellte. Diese Hilfe hatte Piccioni dringend nötig, denn sein schrulliger Charakter und seine Sympathien für die politische Linke zogen das Verfahren zur Erlangung der amerikanischen Staatsbürgerschaft in die Länge. Außerdem gab es Leute, die ihn noch weit schlechter behandelten als Segrè.

Als er es etwa gewagt hatte, einen Protestbrief an Ernest Orlando Lawrence zu schreiben, den Nobelpreisträger von 1939 und zu jener Zeit Direktor des *Radiation Laboratory*, wo sich das Bevatron befand, war das einzige, was er erreichte, von diesem barsch herbeizitiert und in Gegenwart zweier anderer Nobelpreisträger ermahnt zu werden, ihn doch nicht weiter zu belästigen. Einer der beiden Nobelpreisträger, die bei dieser Unterredung zugegen waren, Edwin McMillan, übernahm nach dem Tod von Lawrence 1958 den Posten des Direktors. Sobald Piccioni von der Verleihung des Nobelpreises an Segrè und Chamberlain erfuhr, wandte er sich erneut an den Direktor des *Radiation Laboratory* und suchte ihn in seinem Büro auf. In Gegenwart Segrès versprach ihm McMillan für den Fall, daß er schwieg, seinen Einfluß geltend zu machen, damit er für die Verleihung des Nobelpreises vorgeschlagen würde.

Daraufhin entschloß sich Piccioni, zu schweigen und abzuwarten. Aber er wartete zu lange, und als ihm klar wurde, daß niemand mehr an den versprochenen Nobelpreis dachte, entschied er sich, einen Prozeß anzustrengen. Zu spät: Das Gericht räumte ein, daß das Verhalten Segrès seiner Karriere erheblichen Schaden zugefügt hatte, doch konnte es ihm kaum den Nobelpreis zuerkennen. Außerdem war die gesamte Forschergemeinde gegen ihn, als er sich 1972 entschloß, gerichtliche Schritte einzuleiten: Zum ersten Mal in der zweitausendjährigen Geschichte der Wissenschaft hatte es jemand gewagt, einen Streitfall, den alle für eine rein wissenschaftliche Auseinandersetzung hielten, vor ein Gericht zu bringen.

Heilbron kommt zu dem Schluß, daß »Piccioni ohne Zweifel einige Tabus verletzt hatte: den Einfluß der Politik auf die Wissenschaft, das unsichere Berufsethos der Wissenschaftler, die Schwierigkeit, die Verdienste einzelner Forscher bei wissenschaftlichen Großprojekten genau zu unterscheiden, die Prestigeträchtigkeit des Nobelpreises, aber auch das Kriterium des Alters für beruflichen Erfolg und Beförderung und die Gefahren der ›Big Physics‹, bei der wenige Personen direkt die Verteilung und die Verwendung großer Geldsummen kontrollieren«.

Es gibt noch einen überraschenden Nachtrag zu dieser Geschichte. J.C. Cooper hat in einem 1979 in der Zeitschrift *Foundations of Physics* erschienenen Artikel und in zwei Manuskripten, die er unter seinen Studenten zirkulieren ließ und von denen eines den Titel »Ein betrügerisches Experiment gewinnt den Nobelpreis des Jahres 1959« trug, Segrè und Chamberlain vorgeworfen, bei dem Experiment, das zur Entdeckung des Antiprotons führte, einen Betrug begangen zu haben. »Dieses Experiment ist,« so Cooper, »für die Physikergemeinde das, was die Tonbänder im Watergateskandal für den Ex-Präsidenten Nixon waren.«

Cooper wirft den beiden Nobelpreisträgern vor, die Beobachtung von Tachyonen, das heißt von Partikeln, deren Geschwindigkeit größer ist als die Lichtgeschwindigkeit, verschwiegen zu haben, und zwar, um nicht der speziellen Relativitätstheorie Einsteins zu widersprechen. Diese Theorie besagt, daß in unserem Universum kein Objekt die Lichtgeschwindigkeit c von 300 000 km/sec übersteigen kann. Diese Unmöglichkeit ist eine der wichtigsten Konsequenzen aus der berühmten Formel $E = mc^2$, die die Äquivalenz von Energie und Materie angibt. Das m in dieser Formel steht für »Masse«, die in diesem Fall als Maß für die Quantität der Materie betrachtet werden kann, während E die Energie angibt. Der interessanteste Aspekt der Formel ist die Angabe der Lichtgeschwindigkeit c, noch dazu in der zweiten Potenz. Dies besagt, daß jeder beliebige physikalische Körper, wie zum Beispiel ein Auto, ein Stein, eine Feder oder ein Partikel, bereits im Ruhezustand eine Energie aufweist, die der Summe aus seiner Masse, multipliziert mit dem Quadrat der Lichtgeschwindigkeit, entspricht. Ein Gramm Materie entspricht damit einer Energiemenge, für deren Produktion ein Kraftwerk mit einer Leistung von einer Million Kilowattstunden 25 Stunden benötigen würde. Die Beziehung zwischen Masse und Lichtgeschwindigkeit ist daher potentiell sehr nützlich. Andererseits ergibt sich aus ihr, daß sich bei zunehmender Geschwindigkeit eines Objektes auch seine Masse und seine Trägheit vergrößern. Es wird also schwerer, und damit wird es auch immer schwieriger, es weiter zu beschleunigen. Die Gleichungen Einsteins beweisen, daß eine unendliche Energiemenge nötig wäre, um ein Objekt auf Lichtgeschwindigkeit zu bringen. Folglich wäre es selbst bei Einsatz der gesamten Energie des Universums unmöglich, zum Beispiel mit einer Rakete Lichtgeschwindigkeit zu erreichen oder diese gar zu übertreffen.

Man hat jedoch die Überlegung angestellt, daß es dennoch Objekte oder Teilchen geben könnte, die schon von vornherein eine höhere Geschwindigkeit aufweisen als *c*. Diese hypothetischen Teilchen wurden »Tachyonen« genannt, vom griechischen Wort *tachus*, das »schnell« bedeutet. Seit langer Zeit suchen Physiker nach ihnen, aber niemand hat ihre Existenz bisher nachweisen können. Cooper behauptet dagegen, daß Segrè und Chamberlain auf sie gestoßen sind, aber diesen Umstand geheim hielten, um die Gültigkeit der Relativitätstheorie nicht zu gefährden. Ihr Betrug hätte folglich darin bestanden, Beweise zu vertuschen, die die Unhaltbarkeit der speziellen Relativitätstheorie Einsteins belegt hätten.

Der Wissenschaftshistoriker Allan Franklin ist der Meinung, daß es für diese Anschuldigung keinerlei Beweise gibt. Außerdem ist man heute allgemein der Auffassung, daß auch die Entdeckung von Tachyonen die spezielle Relativitätstheorie nicht notwendigerweise widerlegen würde, die nur die Möglichkeit zwingend ausschließt, daß materielle Körper Lichtgeschwindigkeit erreichen oder überwinden können.

6. Die Relativität: Scherz oder Betrug?

Nicht nur mit Hilfe der Tachyonen ist versucht worden, die Relativitätstheorie zu diskreditieren: Der große Rutherford erklärte sie zum Scherz, Bertrand Russell meinte, sie sei bereits in den Transformationsgleichungen von Lorentz enthalten, während der Nobelpreisträger Frederick Soddy sogar behauptete, sie basiere auf einem Betrug. Diesem Vorwurf schloß sich auch Louis Essen an, ein englischer Physiker, der sich besonders mit dem Problem der Zeitmessung beschäftigte und im Jahr 1955 die erste Zäsium-Uhr konstruierte. Einer von Essens Artikeln trug den Titel: »Die Relativität: Scherz oder Betrug?«

Vor allem diejenigen hielten die Relativitätstheorie für einen Scherz, die sie, wie Rutherford, aufgrund ihrer paradoxen Konsequenzen nicht akzeptieren wollten. Die bekannteste und unglaublichste dieser Konsequenzen wird als »Uhren-Paradox« bzw. als »Zwillings-Paradox« bezeichnet. Tatsächlich handelt es sich um ein und dasselbe Paradox, das sich aus einer der wichtigsten Konsequenzen der Relativitätstheorie ergibt: der Ausdehnung der Zeit bei zunehmender Geschwindigkeit. Nach Einstein dehnt sich die Zeit aus und verstreicht langsamer, je mehr man sich der Lichtgeschwindigkeit nähert, und theoretisch befände sich ein Beobachter, der sich mit Lichtgeschwindigkeit fortbewegte, außerhalb der Zeit. Wenn dies auch überraschend erscheinen mag, so ist es doch nicht paradox. Die Sache ist jedoch komplizierter, da die Relativitätstheorie als eine ihrer fundamentalen Voraussetzungen die Relativität der gleichförmigen Bewegung einschließt, die besagt, daß keine Beobachtung im Innern eines gegebenen Systems Hinweise darauf liefern kann, ob sich das System bewegt oder nicht. Einem in einem Waggon eingeschlossenen Beobachter ist es mit anderen Worten unmöglich, ein Experiment zu erfinden, mit dem er überprüfen könnte, ob der Waggon sich bewegt oder stillsteht.

Dieses Prinzip mag geradezu banal erscheinen, doch in Verbindung mit der Idee der Ausdehnung der Zeit führt es zu seltsamen und unbegreiflichen Konsequenzen. Eine Uhr etwa, die in einer Rakete mitfliegt, würde die Zeit langsamer messen, das heißt, sie würde im Vergleich zu einer Uhr, die sich auf der Erde befände, nachgehen. Dies gilt jedoch nur »aus der Perspektive« der Uhr auf der Erde, das heißt, wenn ein Beobachter auf der Erde die Uhrzeit in der Rakete mit der Uhrzeit auf der Erde vergliche. Befände sich der Beobachter dagegen in der Rakete, so wäre es die Uhr auf der Erde, die nachginge, und zwar, weil sich die Erde im Verhältnis zu entfernten Galaxien mit enormer Geschwindigkeit bewegt und weil der Beobachter keine Möglichkeit hätte, zu beurteilen, ob das eigene Raumschiff sich bewegt oder nicht. Aus seiner Sicht würde sich also nur die Erde (und die Uhr, die sich auf ihr befände) bewegen, und deshalb ginge die Uhr auf der Erde aus der Perspektive des Raumschiffes nach. Die paradoxe Konsequenz, daß beide Uhren in bezug auf die jeweils andere nachgehen würden, ist recht schwer zu begreifen, und der Verdacht, hier handele es sich um einen spitzfindigen Scherz, erscheint durchaus gerechtfertigt.

Ein noch offenkundigeres Paradox entsteht, wenn man die Ausdehnung der Zeit nicht mehr an zwei Uhren beobachtet, sondern das relative Alter von Zwillingen betrachtet, von denen der eine zu Hause auf der Erde bleibt, während der andere in ein Raumschiff gesetzt und mit annähernder Lichtgeschwindigkeit in den Weltraum geschossen wird. Bei der Rückkehr dieses Zwillings aus dem All wäre der zu Hause gebliebene Zwilling viel älter, solange man als Bezugssystem die Erde wählt, das heißt, solange wir aus der Perspektive des zu Hause gebliebenen Bruders urteilen. Entscheiden wir uns aber für das Raumschiff als Bezugssystem, in dem sich der andere Bruder befindet, so sind wir in der diametral entgegengesetzten Situation: Jetzt ist es der zu Hause gebliebene Zwilling, der jünger ist als der Zwilling des Raumschiffes.

Dies scheint eine unlösbare Denksportaufgabe zu sein, aber aus der Relativitätstheorie ergibt sich, daß in der Tat beide Brüder relativ zum jeweils anderen altern, genauso wie die beiden Uhren relativ zur jeweils anderen langsamer laufen. Man gewinnt den Eindruck, daß es sich um einen Scherz handelt, und man fragt sich unwillkürlich, worin der Trick besteht. Louis Essen zufolge besteht der Trick im zweideutigen Gebrauch der Wendung »aus der Perspektive von«. Seiner Meinung nach wäre weder der eine noch der andere Zwilling bei ihrem Wiedersehen auf der Erde gealtert, ganz gleich, ob dies der zu Hause gebliebene oder der aus dem All zurückkehrende Bruder beurteilt. Nur ein dritter Beobachter, der während des Experiments kontinuierlich das Alter der beiden Zwillinge verglichen hätte, könnte sagen, daß der aus dem All zurückgekehrte Bruder weniger gealtert ist, allerdings nur, wenn dieser dritte Beobachter die Perspektive des auf der Erde gebliebenen Bruders einnähme. Beurteilte er dagegen die Sache aus der Perspektive des Bruders im All, würde er den Bruder auf der Erde für jünger halten. Folglich enthielte eines der grundlegenden Konzepte der Relativität Einsteins, nämlich die Simultaneität, einen Fehler, der der Grund für die paradoxen Resultate wäre, zu denen die Theorie führt. Es würde sich also eher um einen Fehler als um einen Scherz handeln.

Was könnte jedoch die Behauptung stützen, daß die Relativität ein Betrug ist? Und wer wäre in diesem Fall der Betrüger? Ich möchte gleich vorausschicken, daß sich diese Anschuldigung im Lichte der Tatsachen als begründet erweisen wird, daß aber der Schuldige nicht Einstein (oder wenigstens nicht er allein) ist und es sich darüber hinaus um einen ganz besonderen Betrug handelt, bei dem die große Mehrzahl der Physiker als Komplizen beteiligt sind, die zwischen 1905 (dem Jahr, in dem die spezielle Relativitätstheorie aufgestellt wurde) und heute tätig waren. In schlichten Worten ausgedrückt bestünde der Betrug in der Tatsache, daß diese Physiker von 1905 an bis heute behauptet haben, daß die Relativitätstheorie entstanden sei, um das rätselhafte Ergebnis eines Experiments zu erklären, das Albert Michelson und Edward Morley im Jahr 1887 durchgeführt hatten. In der Folge soll dieses Experiment von anderen Experimenten bestätigt worden sein, vor allem von Eddington im Jahr 1919, der bei Beobachtung des Sternenlichtes während einer totalen Sonnenfinsternis bewies, daß dieses nach den Vorhersagen Einsteins von der Sonne abgelenkt wurde.

Soddy und Essen bestreiten dies und halten dagegen, daß das Experiment von Michelson und Morley überhaupt keinen Einfluß auf Einstein gehabt habe, der mit seiner speziellen Relativitätstheorie nicht etwa dessen merkwürdige Ergebnisse erklären, sondern nur die Theorie von Maxwell und Lorentz auf der Basis einiger Anregungen habe weiterentwickeln wollen, auf die er in den Arbeiten von Ernst Mach gestoßen sei.

Diese Anschuldigung ist voll und ganz gerechtfertigt, und Einstein selbst hat mehrmals betont, daß das Experiment von Michelson und Morley tatsächlich nur einen ganz geringen oder gar keinen Einfluß auf die Ausarbeitung seiner Theorie hatte. Das heißt, daß in jenen Physikbüchern, in denen behauptet wird, daß die Relativitätstheorie aus dem Versuch entstanden sei, die Resultate jenes berühmten Experiments von Michelson und Morley zu erklären, nicht die Wahrheit steht. Es bedeutet auch, daß sich Physiker (wenn auch sicherlich guten

Glaubens) wie Betrüger verhalten, wenn sie die Relativitätstheorie als Folge eines Experiments ausgeben und damit versuchen, sie als eine Theorie auszuweisen, die sich auf stichhaltige Fakten gründet, statt sie, wie Einstein es selbst tat, als er sie aufstellte, in erster Linie als eine mathematische Spekulation zu betrachten. Wir haben es hier also mit einer Art Prestigezauber zu tun, bei dem sich Physiker wie geschickte Arrangeure verhalten und uns dazu bringen, eine Verbindung zwischen einem Faktum und einer Theorie herzustellen, die tatsächlich nur auf Einbildung beruhen könnte, so daß wir geneigt sind, die Theorie aufgrund dieser Verbindung sofort für wahr zu halten.

Das Experiment von Michelson und Morley hatte den Beweis erbracht, daß der Äther nicht existiert. Für die Theorie war jedoch ein anderer Aspekt dieses Experiments von noch größerem Interesse. Es hatte nämlich zur Folge, daß sich die Physiker gezwungen sahen, zwei scheinbar unvereinbare Dinge für wahr zu halten: daß die Lichtgeschwindigkeit konstant ist und daß sie nicht dem Prinzip der Relativität folgt, wie es Galilei aufgestellt hatte. Bis dahin hatte man angenommen, daß das Licht zwar eine konstante Geschwindigkeit aufweist, daß es aber gleichzeitig dem Prinzip der Relativität unterliegt. Genau diese Überzeugung war von dem Experiment von Michelson und Morley umgestoßen worden. Aber sehen wir zunächst, wie es dazu kam.

Bis in die zweite Hälfte des 19. Jahrhunderts waren die Physiker davon überzeugt, daß alles Wichtige, was man über die Welt sagen konnte, bereits von Newton gesagt worden war, der die grundlegenden Gesetze erkannt und beschrieben hatte, die die Phänomene unseres Universums beherrschen. Es handelte sich um einfache und vernünftige Gesetze, die dem Universum, das uns umgibt, ein beruhigendes Aussehen verliehen. In Newtons Welt gab es keine paradoxen und unbegreiflichen Erscheinungen. Alles, was darin geschah, vollzog sich auf durchsichtige und geregelte Weise: Die Uhren gingen nicht nach und die Zwillinge alterten friedlich gemeinsam. Doch im Jahr 1887 wurden die Solidität und die Vernünftigkeit dieser friedlichen Welt dramatisch erschüttert, als man bemerkte, daß das Licht Eigenschaften aufwies, die widersprüchlich schienen und von dem abwichen, was die bekannten Gesetze vorsahen. Diese Gesetze besagten, daß es in unserem Universum nur zwei absolute Größen gibt, die nicht relativ sind und nicht von anderen abhängen und sich folglich auch nicht in bezug auf andere Größen ändern: Raum und Zeit, während alle anderen dem von Galilei aufgestellten Relativitätsprinzip unterliegen. Da sich die Dinge nun einmal so verhielten, war man davon überzeugt, daß auch das Licht, wenngleich konstant, relativ sei, das heißt, daß es sich je nach den Umständen und der Perspektive änderte.

Nehmen wir zum Beispiel Galileis Experiment mit dem Schiff und modifizieren es, um das Verhalten des Lichts zu untersuchen. Angenommen, dieses Schiff fährt mit der beachtlichen Geschwindigkeit von 240 000 km/sec, die nur wenig unterhalb der Lichtgeschwindigkeit liegt (300 000 km/sec). Nehmen wir weiter an, das Schiff hätte einen roten Scheinwerfer am Heck und einen weißen Scheinwerfer am Bug. Für jemanden, der das Schiff von der Küste aus beobachtet, die parallel zur Fahrtrichtung des Schiffes verläuft, wird sich sowohl das Licht des weißen als auch das Licht des roten Scheinwerfers mit der gleichen Geschwindigkeit bewegen, nämlich mit 300 000 km/sec. Dies ist die Geschwindigkeit des Lichtes der beiden Scheinwerfer in bezug auf ihn. Wollte nun aber derselbe Beobachter die Geschwindigkeit des Lichtes nicht mehr im Hinblick auf sein eigenes Bezugssystem feststellen, also im Hinblick auf sich selbst, sondern in bezug auf das Schiff, wird er zu dem Schluß kommen müssen, daß sich das Licht des weißen Scheinwerfers mit viel geringerer Geschwindigkeit bewegt als das Licht des roten Scheinwerfers. Wenn das Schiff wirklich mit einer Geschwindigkeit von 240 000 km/sec fährt und der weiße Scheinwerfer am Bug angebracht ist und folglich das Licht in dieselbe Richtung strahlt, in die sich das Schiff bewegt, so erhält man die Geschwindigkeit dieses Lichtstrahls, indem man die Fahrgeschwindigkeit des Schiffes davon abzieht. Die Geschwindigkeit des weißen Lichtstrahls beträgt dann gerade noch 60 000 km/sec. Das Licht des roten Scheinwerfers dagegen, der sich am Heck befindet, hat eine Geschwindigkeit von 540 000 km/sec, weil es sich in die entgegengesetzte Fahrtrichtung bewegt und sich folglich seine Geschwindigkeit aus der Lichtgeschwindigkeit und der Fahrgeschwindigkeit des Schiffes ergibt.

Das Licht folgt somit nicht dem Relativitätsgesetz Galileis. Während Geschwindigkeit und Richtung einer fallenden Kanonenkugel nämlich gleich bleiben, egal, ob das Experiment auf einem Schiff, das mit gleichförmiger Geschwindigkeit fährt, oder auf dem Festland durchgeführt wird, verändert sich im Falle des Lichtes die Geschwindigkeit radikal, je nachdem, ob sich das Bezugssystem bewegt oder stillsteht. Daß sich das Licht Galileis Theorie nicht fügte, kümmerte die Physiker im 19. Jahrhundert jedoch nicht allzusehr, weil dieser Tatbestand keine theoretischen Probleme bereitete. Sie stellten folgende Überlegung an: Wenn die Ausbreitungsgeschwindigkeit des Lichtes konstant ist und sich dennoch je nach dem gewählten Bezugssystem verändert, so ist daraus nicht zu folgern, daß es sich hier notwendigerweise um einen Widerspruch handelt, sondern einfach nur, daß die Geschwindigkeit des Lichtes konstant nur im Hinblick auf den absoluten Raum und die absolute Zeit ist. Somit läßt sich dieser Sachverhalt nicht nur akzeptieren, sondern er ist auch dazu geeignet, einen weiteren Beweis dafür zu liefern, daß nur das System der absoluten Zeit und des absoluten Raumes unveränderlich ist und folglich allen anderen als Bezugspunkt dienen kann. Diesem absoluten Bezugssystem gaben die Wissenschaftler des 19. Jahrhunderts die Bezeichnung »kosmischer Äther«. Sie stellten sich darunter ein nebulöses und mysteriöses Fluidum vor, das das gesamte Universum ausfüllte. In diesem Fluidum, so nahmen sie an, würden sich das Licht ausbreiten.

Diese Überlegung wies nur einen Schönheitsfehler auf: Niemand hatte je ein Experiment wie das beschriebene durchführen können, da es sich ja um ein rein hypothetisches Experiment handelt. Niemand hätte also die Hand dafür ins Feuer legen können, daß das Licht tatsächlich nicht dem Relativitätsprinzip Galileis folgte, denn niemand besaß ja ein Schiff, das mit so großer Geschwindigkeit fahren konnte, auch wenn dies nicht unbedingt 240 000 km/sec sein mußten. Doch dann bemerkte Michelson, daß das Schiff, oder besser gesagt, ein entsprechendes System, für alle in Reichweite lag: Tatsächlich verhält sich nämlich unsere Erde in ihrem Lauf um die Sonne wie ein Schiff, das mit einer Geschwindigkeit von 30 km/sec fährt, das heißt 108 000 km in der Stunde zurücklegt. Dieses Tempo ist zwar nicht mit der Lichtgeschwindigkeit zu vergleichen, doch ist es hoch genug, um das Experiment zu ermöglichen. Die Flugbahn der Erde ist außerdem so breit, daß sie während des Experiments den winzigen Bruchteil einer Sekunde lang als geradlinig betrachtet werden kann. Das Experiment wurde im Jahr 1887 mit einer von Michelson und Morley konstruierten Apparatur durchgeführt, mit der man die Geschwindigkeit eines Lichtstrahls messen konnte, der sowohl in die Richtung der Erdbewegung als auch in die entgegengesetzte Richtung gestrahlt wurde (analog zu dem eben genannten hypothetischen Experiment mit dem Schiff, das mit einem roten und einem weißen Scheinwerfer ausgerüstet ist). Dieses Experiment führte zu einem von dem hypothetischen Experiment völlig abweichenden Ergebnis. Die Lichtstrahlen bewegten sich nämlich mit genau der gleichen Geschwindigkeit von 300 000 km/sec. Dieses Ergebnis, auf das man mit einem wirklichen Experiment und nicht etwa nur mit einem Denkmodell gekommen war, versetzte die Welt der Physik in Aufruhr. Wenn das Licht, das in die der Erdbewegung entgegengesetzte Richtung strahlte, die gleiche Geschwindigkeit aufwies wie das in die andere Richtung strahlende Licht, so bedeutete dies, daß es keinen Äther gab. Für sich genommen war das allerdings noch nichts Merkwürdiges: Der Äther wurde damit lediglich zu einer der widerlegten und falschen Theorien, von denen die Archive der Wissenschaftsgeschichte geradezu überquellen. Doch die Widerlegung der Vorstellung von einem Äther brachte auch einen Grundpfeiler der Physik Newtons ins Wanken.

Wenn das Licht nämlich dem Relativitätsprinzip Galileis unterworfen war, widersprach dies der Vorstellung eines absoluten Bezugssystems von Raum und Zeit. Nun gab es zwei Möglichkeiten: Entweder fand man innerhalb des physikalischen Systems von Newton eine Erklärung für das merkwürdige Verhalten des Lichts, oder man mußte dieses System fallenlassen und ein neues schaffen, das die Idee von Raum und Zeit als absolutes Bezugssystem aufgab und sich statt dessen auf die Erweiterung und Verallgemeinerung des Relativitätsprinzips Galileis gründete, dessen Konstante die Geschwindigkeit des

Lichts wäre. Dies war genau die Richtung, in die sich Einstein bewegte, und nachdem sein Vorschlag nahezu einhellige Zustimmung gefunden hat, leben wir heute in einer physikalischen Welt, in der Uhren und Zwillinge ein eigenartiges und absolut unbegreifliches Verhalten an den Tag legen.

War dies aber wirklich der richtige Weg? Trotz der überwältigenden Zustimmung und der großen Popularität, derer sich die Relativitätstheorie erfreute, wäre niemand wirklich bereit, dafür seine Hand ins Feuer zu legen. Eine alternative Erklärung für das von Michelson und Morley erhaltene Ergebnis lieferte George F. Fitzgerald, ein 1901 gestorbener irischer Physiker. Fitzgerald nahm an, daß die von den beiden verwendete Apparatur die Geschwindigkeit des Lichts in zu geringer Entfernung maß und sich zudem parallel zur Erde bewegte. Allgemein hielt man diese Erklärung aber für willkürlich und wenig befriedigend. Ebensowenig fanden die negativen Ergebnisse Beachtung, die zuerst W.M. Hicks und dann D.C. Miller erzielten. Seither hat es eine Vielzahl von Bemühungen um alternative Theorien und Interpretationen des Experiments gegeben, deren Verfechter allerdings häufig mit jenen Unentwegten verglichen werden, die nach dem Perpetuum mobile suchen. Eines ist jedoch gewiß: Die Kapitel, die in den Physiklehrbüchern die Relativitätstheorie behandeln, sollten um eine kritischere Haltung bemüht sein, ihre außerordentlich theoretische Natur eingestehen und sowohl historisch als auch logisch ihre wirkliche Beziehung zu Michelsons und Morleys Experiment offenlegen, wie auch ganz allgemein zu den vielen anderen Versuchen, die als experimentelle Beweise für oder gegen sie ins Feld geführt worden sind. Die Relativität sollte also nicht als Glaubensfrage betrachtet werden, sondern als ein eleganter theoretischer Vorschlag, der auf mathematischem Gebiet entwickelt wurde, aufgrund seiner paradoxen Konsequenzen aber offenbar schwer zu akzeptieren ist.

Kapitel II

Big Science oder großer Betrug?

1. Der Präzedenzfall: Breuning

Im Jahr 1977 war Breuning nur einer unter vielen jungen Psychologen. Er hatte gerade am *Institute of Technology* in Illinois promoviert und damit die Voraussetzung für eine Karriere als Forscher geschaffen. Danach hatte er ein Jahr am regionalen Behindertenzentrum in Oackdale gearbeitet und war dann zum *Coldwater Regional Center* gewechselt, einer Institution in Coldwater, Michigan, die sich der Betreuung geistig behinderter Menschen widmet. In diesem Institut hätte Breuning den Rest seines Lebens verbringen können. Doch ein ehrgeiziger junger Mann wie er konnte sich damit nicht zufriedengeben. Andererseits war es schwierig, zumal auf seinem Spezialgebiet, sich der Forschung zuzuwenden und eine attraktivere Laufbahn einzuschlagen. Eine Karriere in der Wissenschaft setzt voraus, daß man fähig ist, etwas Neues zu schaffen. Um aber etwas Neues zu schaffen, muß man forschen, und um forschen zu können, braucht man Geld vom Staat. Doch keine staatliche Behörde würde einem jungen Mann Forschungsgelder zur Verfügung stellen, der keine wissenschaftlichen Veröffentlichungen vorzuweisen hat, die seine wissenschaftliche Befähigung belegen. Darin besteht das grundlegende Paradox der amerikanischen Wissenschaftspolitik: Jeder kann ein Forschungsprogramm präsentieren und einen Antrag auf Finanzierung stellen, aber nur wer bereits geforscht und Forschungsergebnisse veröffentlicht hat, wird mit finanzieller Unterstützung rechnen können.

Breuning blieb daher nichts anderes übrig, als auf eine günstige Gelegenheit zu warten. Und er hatte Glück, denn schon bald bot sich ihm eine Chance. Im Jahr 1979 benötigte Professor L. Sprague von der Universität Illinois Unterstützung bei der Durchführung eines Forschungsvorhabens auf dem Gebiet der medikamentösen Behandlung von geistig zurückgebliebenen Patienten. Sprague, ein bereits ausgewiesener Wissenschaftler, erhielt schon seit Jahren Mittel von der Nationalen Gesundheitsbehörde (*NIH*) für seine psychiatrischen Forschungsprojekte. Kollegen empfahlen ihm, sein Forschungsvorhaben im *Coldwater Regional Center* durchzuführen, wo er mit einem vielversprechenden jungen Forscher zusammenarbeiten könne. Auf diese Weise kam Breuning mit Sprague in Kontakt. Er verfügte nun über Mittel, die ihm für die Erforschung der Auswirkungen von Psychopharmaka anvertraut wurden.

In jener Zeit lernte Breuning auch Professor Thomas Gualtieri kennen, der an der Universität von North Carolina lehrte und ein angesehener Wissenschaftler war. Sowohl Sprague als auch Gualtieri waren von dem jungen Breuning sofort angetan. Sprague besuchte Breuning oft zu Hause und nahm ihn häufig auf Kongresse mit.

Mehrere Jahre lang ging alles seinen ruhigen Gang. Breuning arbeitete und veröffentlichte viel, vielleicht sogar zu viel. Er schrieb so viele wissenschaftliche Artikel, daß er in der Zeit von 1979 bis 1984 allein ein Drittel der gesamten wissenschaftlichen Literatur über die medikamentöse Behandlung von geistig Zurückgebliebenen geschrieben hatte. Aber auffallend war nicht nur die Menge der Veröffentlichungen. Auch die veröffentlichten Ergebnisse waren durchweg bedeutsam: Sie bewiesen anhand umfangreichen Zahlenmaterials, daß die bis dahin übliche medikamentöse Behandlung falsch war.

Zwischen 30 und 50 Prozent aller Patienten in psychiatrischen Kliniken werden mit Psychopharmaka behandelt. Viele dieser Patienten leiden unter schweren Affektpsychosen und Verhaltensstörungen. Um das aggressive, hyperaktive oder selbstzerstörerische Verhalten dieser Patienten zu beeinflussen, werden vor allem Barbiturate und Tranquilizer verabreicht. Aber es werden auch stimulierende Psychopharmaka verwendet, besonders bei Kindern. Breunings Untersuchungsergebnisse schienen zu beweisen, daß Beruhigungsmittel schädlich sind und nicht verwendet werden dürften. Diese Mittel führen mit der Zeit zu gravierenden Nebenwirkungen, besonders zu motorischen Störungen, die der Parkinsonschen Krankheit ähneln.

Auch andere Forscher hatten Zweifel an der Nützlichkeit von Psychopharmaka, aber Breuning war der einzige, dem es gelang, die Stichhaltigkeit dieser Zweifel experimentell zu beweisen. Aus diesem Grund fanden seine Artikel viel Beachtung, und man begann, seine Meinung ernst zu nehmen. Breuning vertrat die Auffassung, daß Beruhigungsmittel in der Mehrzahl der Fälle schädliche Wirkungen haben und es wirkungsvoller ist, anregende Psychopharmaka zu verwenden. Darüber hinaus behauptete er, daß sich der Intelligenzquotient der Patienten auf wunderbare Weise verdoppele, sobald die Psychopharmaka abgesetzt würden.

Nicht alle stimmten diesen Ideen zu, die besonders den Auffassungen zuwiderliefen, die Sprague seit Jahren vertrat. Sprague waren die Risiken bei der Verwendung von Beruhigungsmitteln sehr wohl bewußt, doch betonte er, daß es zu ihnen keine Alternative gebe und man lediglich versuchen könne, ein Maximum an Wirkung mit einem Minimum an schädlichen Nebenwirkungen zu verbinden. Der Gegensatz zwischen dem älteren Professor und seinem aufstrebenden Schüler mußte immer deutlicher hervortreten, je stärker das Ansehen des letzteren stieg, und besonders, nachdem er die Finanzierung eines eigenen Forschungsprojekts erreicht hatte und damit auf eigenen Beinen stand.

Im Januar 1981 ging Breuning nach Pittsburgh, wo ihm am *Western Psychiatric Institute*, das mit der Medizinischen Fakultät der Universität von Pittsburgh verbunden ist, eine glänzende Position angeboten worden war. Von Juni 1981 bis April 1984 war er hier auch Leiter eines wichtigen psychiatrischen Forschungsprogramms, des John-Merck-Programms. Unter normalen Umständen hätte niemand dieses Amt einem Wissenschaftler wie Breuning anvertraut, der erst wenige Jahre in der Forschung tätig war. Doch Breuning hatte wieder Glück: Der vorherige Leiter war plötzlich zurückgetreten, und Breuning wußte seine Chance zu nutzen. Als Forscher hatte Breuning wenig Erfahrung und noch weniger als Vorgesetzter anderer Forscher. In dieser Position war es nicht nur erforderlich, daß er sich erfolgreich um eine Finanzierung des Forschungsprojekts bemühte, sondern auch, daß er dessen Verlängerung erreichte. Das Programm wurde vom *National Institute of Mental Health* (*NIMH*) finanziert, einem der vielen Institute, aus denen sich die Nationale Gesundheitsbehörde (*NIH*) zusammensetzt. Mit ihrem Budget von neun Milliarden Dollar finanziert das *NIH* den größten Teil der biomedizinischen Forschung in den USA. Um Gelder zu erhalten, müssen Wissenschaftler oder interessierte Institutionen einen Antrag einreichen, in dem detailliert die vorgesehenen Ausgaben wie Personalkosten, Anschaffungskosten für Geräte und Reisekosten aufgeführt werden. Außerdem sind die Ziele der Forschungsarbeit und ihre wissenschaftliche Bedeutung unter Bezugnahme auf vorangegangene Untersuchungen anzugeben, die eventuell geeignet sind, die Fortführung der Forschungsarbeit zu begründen. Schließlich ist die wissenschaftliche Methode anzugeben, die bei dem Projekt angewandt werden soll.

Die beiden von Breuning durchgeführten Forschungsvorhaben kamen zügig voran und erbrachten Ergebnisse, die seine früheren Untersuchungen bestätigten. Sie belegten, daß sich der Intelligenzquotient der untersuchten Kinder annähernd verdoppelte, wenn ihnen keine Beruhigungsmittel verabreicht wurden. Es war daher nicht verwunderlich, daß Breuning sofort neue Mittel bewilligt wurden, als er im April 1983 einen Antrag auf Verlängerung der Unterstützung stellte. Breuning konnte sich jetzt sicher sein, daß ihm das *NIMH* vertraute, und so stellte er im September desselben Jahres einen weiteren Antrag für ein noch umfänglicheres Forschungsvorhaben, das auf vier Jahre angelegt war. Allen diesen Anträgen hatte er detaillierte Berichte beigefügt, die die ausgezeichneten Resultate dokumentierten, die er bis dahin erhalten hatte. Der junge Psychologe, der 1977 dazu verurteilt schien, ohne nennenswerte Aufstiegschancen in Coldwater ausharren zu müssen, hatte es ganz schön weit gebracht. Nun war er ein wirklicher Wissenschaftler, der an einer renommierten Universität arbeitete, über Tausende von Dollar verfügen konnte und eine Gruppe von Forschern leitete, in der er sogar einen Platz für seine Frau gefunden hatte.

Alles schien auf eine erfolgreiche und strahlende Karriere Breunings hinzudeuten. Nachdem er zusammen mit Alan Poling ein wichtiges Handbuch über Psychopharmakologie mit dem Titel *Drugs and the Mentally Retarded* (1982) veröffentlicht hatte, war Breuning zu einer unumstrittenen Autorität der amerikanischen Psychiatrie avanciert. Wer hätte jetzt noch seine Befähigung zum Wissenschaftler bezweifeln können? Sicherlich niemand – außer seinem einstigen Lehrer und Vorgesetzten, der seit einigen Jahren den Forschungsergebnissen seines ehemaligen Schülers, die seinen eigenen Theorien so spektakulär widersprachen, größte Aufmerksamkeit widmete.

Ein erster Verdacht war Sprague im September des Jahres 1983 gekommen. Er hatte eines der Laboratorien besucht, die an den von ihm geleiteten Forschungsvorhaben beteiligt waren und sich bei dieser Gelegenheit entschlossen, nach Pittsburgh zu fahren, um sich über den Stand von Breunings Forschungsarbeit zu informieren. Breuning und seine Frau Vicky Davis, die zusammen mit ihrem Mann an dem Forschungsprojekt arbeitete, luden ihn ein, den Tag mit ihnen in ihrem neuen Haus zu verbringen. Nachdem sie über dies und jenes gesprochen hatten, beklagte sich Sprague über die Schwierigkeiten, die seine Forschungen hinauszögerten. Es wollte ihm einfach nicht gelingen, zwei Krankenschwestern zu finden, die bei der Beurteilung von arzneimittelbedingten Bewegungsstörungen in mehr als 80 Prozent der Fälle zu einem einstimmigen Urteil kamen. Er war überrascht, als Breunings Frau daraufhin sagte, daß bei ihren Experimenten alles glatt verlief und sie in der Lage seien, solche Bewegungsstörungen mit hundertprozentiger Sicherheit zu bestimmen. »Ich war sehr überrascht und konnte es nicht glauben«, sagte Sprague später, »und es war mir sofort klar, daß es sich um eine unhaltbare Behauptung handelte, denn ich halte es nicht für möglich, daß irgend jemand, so fähig er auch in der klinischen Arbeit sein mag, ein solches Ergebnis auf einem Gebiet erzielen kann, das so komplex wie die Bestimmung abnormaler Bewegungsstörungen ist.« Sprague wußte aus Erfahrung, wie schwierig es ist, den Grad solcher Bewegungsstörungen genau zu diagnostizieren. Die Schwestern müssen Dutzende von Patienten untersuchen und dabei auf Störungen bei 34 verschiedenen Bewegungen achten, vom

Zittern des Fußes bis zur Bewegung der Zunge. Jedes dieser Symptome müssen sie auf einer Skala von 0 bis 4 einordnen. Es war sehr unwahrscheinlich, daß sich zwei Krankenschwestern immer über den genauen Grad dieser Bewegungsstörungen einig waren. Eigenartigerweise stimmten die Diagnosen von Breunings Schwestern Punkt für Punkt in 100 Prozent der Fälle überein. Die Schwestern von Sprague, die mit dem gleichen Problem konfrontiert waren, kamen nur in 80 Prozent der Fälle zu einem einstimmigen Urteil.

Der alte Professor konnte nicht glauben, daß die Krankenschwestern seines Mitarbeiters solche Präzisionsmaschinen waren. Und so kam ihm der Verdacht: Was, wenn sämtliche Forschungsergebnisse Breunings, die gegen den Einsatz von Beruhigungsmitteln sprachen, falsch, also erfunden wären? Von jenem Moment an wurden die Aufdeckung und der Beweis dieser Fälschungen zu Spragues Lebensinhalt.

Bald schon bot sich ihm eine günstige Gelegenheit. Im Sommer 1983 organisierte Sprague einen Kongreß für das *American College of Neuropsychopharmacology*. Er lud Breuning ein, einen Vortrag über seine Untersuchungen in Pittsburgh zu halten, für die er eine beachtliche finanzielle Unterstützung erhalten hatte. Sprague wollte Breuning auf den Zahn fühlen, denn er hatte bereits Gelegenheit gehabt, einen der Berichte zu lesen, die Breuning dem *NIMH* geschickt hatte. Dabei war ihm etwas Merkwürdiges aufgefallen. Um die Untersuchung durchzuführen, die er in jenem Bericht beschrieb, hätte Breuning in einem Jahr 273 Tage arbeiten müssen, in dem es nur 261 Arbeitstage gab, und dies ohne jeden Zwischenfall: Kein Patient hätte erkranken, kein Versuchsgerät ausfallen dürfen.

Mit großer Neugierde las Sprague deshalb im November desselben Jahres die Zusammenfassung des Vortrags, den Breuning vor dem Kongreß halten wollte. Er fand darin eine Bestätigung seines Verdachts. Es war offensichtlich, daß Breuning die Experimente, mit denen er seine überraschenden Ergebnisse erzielt haben wollte, nicht wirklich durchgeführt haben konnte. In seiner Zusammenfassung verwies er auf 57 behinderte Kinder, die er eineinhalb Jahre beobachtet hatte. Die betreffenden Untersuchungsergebnisse waren bereits von ihm und Gualtieri veröffentlicht worden. Von den 57 Kindern, so behauptete Breuning, hatte er 45 weitere zwei Jahre beobachtet, wobei er ihr Verhalten im Abstand von jeweils sechs Monaten neu beurteilt habe. Niemand, der nicht über die Details von Breunings Untersuchungen direkt auf dem laufenden war, hätte gegen diese Angaben etwas einwenden können. Sprague jedoch, der Breunings Arbeit nun schon seit einiger Zeit genau verfolgte, fiel auf, daß die von ihm beschriebenen Experimente nicht stimmen konnten. Er wußte nämlich, daß die 57 Kinder ursprünglich in Coldwater beobachtet worden waren und daß ihre Untersuchung Ende 1980 abgeschlossen worden war. Dies bedeutete, daß die für zwei weitere Jahre durchgeführten Experimente mit 45 der 57 Kinder sofort im Anschluß daran begonnen worden sein mußten. Tatsächlich aber war Breuning im Januar des Jahres 1981 von Coldwater nach Pittsburgh gewechselt. Wie war es ihm dann aber gelungen, für weitere zwei Jahre Patienten zu untersuchen, die er gar nicht mehr in seiner Nähe hatte?

Am 4. Dezember 1983, einem Sonntagmorgen, konfrontierte Sprague Breuning direkt mit dieser Frage. Dieser sah sich außerstande, darauf eine plausible Antwort zu geben. Sprague, der bereits mit Gualtieri gesprochen hatte, gab ihm daraufhin 48 Stunden Zeit, um ihm die Originalaufzeichnungen der Experimente zukommen zu lassen. Andernfalls würde er seinen Vortrag auf dem Kongreß unterbinden und das *NIMH* über seine Entdeckung informieren. Nach drei Tagen schickte ihm Breuning die Versuchsaufzeichnungen von nur 24 Patienten, da er die anderen, wie er sagte, nicht mehr finden konnte. Auch wenn diese Aufzeichnungen authentisch gewesen wären, war Breunings Schicksal nun besiegelt: Mit solch dürftigem Datenmaterial verloren seine präzisen Statistiken aus mathematischer Sicht jeden Wert. Die Ergebnisse, die er durch den Entzug von Beruhigungsmitteln und die Verabreichung von stimulierenden Psychopharmaka erzielt hatte, waren also wissenschaftlich in keiner Weise bewiesen.

Sprague wußte, daß auch die Daten der 24 übrigen Patienten erfunden waren. Am 29. und 30. November hatte er nämlich mit Dr. Neil A. Davidson telefoniert, dem Direktor des psychologischen Dienstes und Leiter des Programms für Verhaltenstherapie in Coldwater.

Durch dessen Hände gingen sämtliche Daten, die von Experimenten mit den Kindern in Coldwater stammten. Davidson war aus allen Wolken gefallen. Er wußte nicht das geringste von diesen Untersuchungen und hielt es auch für unmöglich, daß die 24 Kinder mit den in Breunings Bericht genannten Merkmalen jemals in Coldwater gewesen waren. Die gewissenhaften Experimente, die Breuning dem *NIMH* so detailliert beschrieben und für die er 133 000 Dollar kassiert hatte, waren nie durchgeführt worden. Es war also nicht im mindesten erwiesen, daß behinderte Kinder durch die Aufgabe der Behandlung mit Beruhigungsmitteln ihre kognitiven Fähigkeiten besser entfalten können.

Es handelte sich um eine Entdeckung von einiger Tragweite, denn mittlerweile beeinflußten die Untersuchungen Breunings die Behandlung von behinderten Kindern überall in den USA. Folglich mußten sofort alle betreffenden Institutionen benachrichtigt werden, damit sie angemessene Maßnahmen ergriffen und so schnell wie möglich Wissenschaftler und Ärzte darüber informierten, daß die Forschungsergebnisse, die sie für gesichert gehalten hatten, in Wirklichkeit nicht bewiesen waren. Am 20. Dezember 1983 schrieb Sprague deshalb einen Brief an Lorraine Torres, die Leiterin des Außendienstes des *NIHM*. Aufgabe von Torres war es, die Bewilligungspraxis der einzelnen wissenschaftlichen Kommissionen bei Finanzierungsanträgen und die Verwendung der Gelder zu kontrollieren. »Mit großem Bedauern«, so erklärte Sprague, »entschloß ich mich, diesen Brief zu schreiben, denn ich wußte wohl, daß er das Ende der Karriere eines fähigen und jungen Wissenschaftlers besiegeln würde, den ich bis dahin ebenso schätzte wie jeden anderen Kollegen, mit dem ich zusammengearbeitet habe.« Doch Spragues Skrupel waren übertrieben. Sein Brief löste nicht die Kontroverse aus, die er erwartet hatte. Es verging außerdem noch viel Zeit, bis Breunings Karriere ruiniert war: Genau fünf Jahre dauerte es, während derer Sprague gegen die Trägheit und die Verschleierungsversuche der Universität und jener Gremien anzukämpfen hatte, die in Amerika Forschungsvorhaben finanzieren. Zeitweilig setzte er dabei nicht Breunings, sondern seine eigene Karriere aufs Spiel.

Zunächst zeigte sich das *NIMH* nicht sehr beunruhigt über die Tatsache, daß jemand Geld für Forschungsprojekte erhielt, die er gar nicht durchführte. Statt die Sache selbst zu untersuchen, betraute es die Universität von Pittsburgh mit der Prüfung der Stichhaltigkeit von Spragues Anschuldigungen. Die Universität setzte eine Untersuchungskommission ein. Diese erledigte ihren Auftrag äußerst schnell und präsentierte dem Dekan der *Medical School* von Pittsburgh, Donald Leon, am 17. Februar 1984 ihren Bericht. Breuning hatte gegenüber der Kommission gestanden, daß die Angaben in dem Vortrag, den er auf dem Kongreß halten wollte, falsch waren. Die Kommission vermutete, daß es sich bei den angeblich in Coldwater durchgeführten Untersuchungen sehr wahrscheinlich um eine reine Erfindung handelte. Die Kommissionsmitglieder konnten sich jedoch nicht mit Breunings Aktivitäten nach seinem Wechsel an das Psychiatrische Institut von Pittsburgh befassen und forderten Leon aufgrund der bereits entdeckten gravierenden Unregelmäßigkeiten auf, ein ordentliches Untersuchungsverfahren einzuleiten. Aber der Dekan hatte es nicht so eilig wie die Kommission und zeigte sich auch von den alarmierenden Ergebnissen des Berichts nicht sehr beeindruckt. Er ließ das Dossier erst einmal fünf Monate in der Schublade liegen. Am 6. Juli 1984 schrieb er schließlich einen Brief an Lorraine Torres, vergaß jedoch, sie darüber zu informieren, daß Breuning die Fälschungen in seiner Vortragszusammenfassung gestanden hatte. Statt dessen legte er Wert auf die Feststellung, daß »Breuning sich während seiner Tätigkeit in Pittsburgh nichts Ernstliches zuschulden kommen ließ« und er deshalb keinen Grund sähe »gegen ihn vorzugehen«.

Die *Medical School* in Pittsburgh führte eine oberflächliche Untersuchung durch, aus der aber doch zweifelsfrei hervorging, daß Breuning sich eines Wissenschaftsbetrugs schuldig gemacht hatte. Statt der Sache auf den Grund zu gehen und festzustellen, welche Untersuchungen Breuning gefälscht hatte, drängte man ihn dazu, sein Amt niederzulegen, ohne daß er in irgendeiner Form öffentlich angeklagt wurde. Damit erhielt Breuning die Möglichkeit, im April 1984 (also einen Monat nach Abschluß der Untersuchung gegen ihn) eine Stelle als Leiter des psychologischen Dienstes am *Polk Center* zu erhalten, das

zum Gesundheitsamt von Polk in Pennsylvania gehörte. Hier war er
– wohlgemerkt! – verantwortlich für die Behandlung geistig zurück-
gebliebener Kinder.

Niemand schien also daran interessiert zu sein, Ärzte und Patienten
darüber zu informieren, daß die von Breuning propagierte Therapie
wissenschaftlich nicht abgesichert und unter Umständen gefährlich war,
weil sie auf wissenschaftlichen Fälschungen basierte. Sprague war
offenbar der einzige, den dies kümmerte. Er bombardierte Zeitschriften
und Institutionen mit Briefen, doch niemand schien ihm zu glauben.
Ganz im Gegenteil: Er fing an, den zuständigen Stellen lästig zu werden.

Im August 1984 entschloß sich das *NIMH* endlich zu einer eigenen
Untersuchung und beauftragte James Schriver, Material für eine
Untersuchungskommission zusammenzutragen, die im folgenden Jahr
ihre Arbeit aufnehmen sollte. »Der erste, den Schriver unter die Lupe
nahm«, so berichtete Sprague später, »war ich selbst.« Zwei Wochen
lang nistete sich der Prüfer des *NIMH* in seinem Büro ein und
befragte ihn zu allen nur denkbaren Details. Sprague war geduldig: Er
antwortete auf sämtliche Fragen und stellte 394 Seiten Beweismaterial
zur Verfügung. Zwar konnten ihm keine Verfehlungen nachgewiesen
werden, aber er wurde dafür getadelt, Breunings Arbeit nicht sorgfältig genug überwacht zu haben. Die Konsequenz war, daß Spragues
Antrag auf weitere finanzielle Unterstützung seiner Forschungen auf
Eis gelegt wurde, bis die Untersuchungskommission (die noch nicht
benannt worden war) ihre Arbeit abgeschlossen hatte. Dies war eine
kaum verhüllte Aufforderung, sich ruhig zu verhalten.

Aber Sprague gab keine Ruhe. Er setzte alles daran, die Angehörigen der mit Breunings Methode behandelten Patienten zu warnen.
Die Zeitschriften, die Breunings Artikel veröffentlicht hatten, sollten
ihre Leser darüber informieren, daß diese sehr wahrscheinlich falsche
Angaben enthielten, und außerdem sollten sämtliche Untersuchungen
von Breuning und seiner Frau unter die Lupe genommen werden.
Das Ergebnis dieser Anstrengungen war, daß Sprague die Mittel für
seine Forschung um 15 Prozent gekürzt wurden.

In der Zwischenzeit nahm jedoch die akademische »Gerechtigkeit«
ihren Lauf. Im Februar 1985 hatte das *NIMH* endlich eine eigene

Untersuchungskommission unter Vorsitz von Arnold J. Friedhoff benannt, einem namhaften Psychiater an der Universität von New York. Die anderen Mitglieder der Kommission waren Edward Zigler, ein Psychologe aus Yale, Herbert G. Vaugham, Direktor eines Forschungsinstituts zur Untersuchung mentaler Retardation, sowie zwei weitere Psychiater, C. Keith Conners und Richard I. Shader. Nach zweijähriger Arbeit legte die Kommission dem *NIMH* ihren Bericht vor. Sie ging nicht nur mit Breuning, sondern auch mit den Verantwortlichen an der Universität von Pittsburgh streng ins Gericht:»Die Kommission ist zu der einhelligen Auffassung gelangt, daß Stephen Breuning bewußt, vorsätzlich und wiederholt irreführende Angaben über wissenschaftliche Untersuchungen gemacht hat, die mit Geldern der Gesundheitsbehörde finanziert wurden. Sie stellt fest, daß er die in seinen Forschungsberichten beschriebenen Untersuchungen nicht durchführte und nur wenige der Versuchspersonen, die er in seinen Veröffentlichungen und Berichten beschreibt, tatsächlich untersucht hat. Weiter stellt die Kommission fest, daß er die umfassenden Forschungsvorhaben nicht ausführte und die strenge Methodik nicht anwandte, die in den genannten Berichten projektiert werden. Außerdem hat Dr. Breuning offen oder verdeckt falsche Angaben über die Orte gemacht, an denen er seine Untersuchungen angeblich durchführte. Die Kommission zieht daher auf der Basis der genannten Tatbestände einhellig den Schluß, daß sich Dr. Breuning als Wissenschaftler gravierender Verfehlungen schuldig gemacht hat.« Die Kommission wies auch auf die Komplizenschaft von Vicky Davis hin, die ihr Gehalt direkt aus den Mitteln des *NIMH* bezog.

Eine der Falschangaben, die die Kommission am meisten überraschte, hatte sie in einem von Breunings Artikeln entdeckt. Darin gab dieser Daten von Experimenten mit zehn Patienten an, die er am *Oackdale Regional Center for Developmental Disabilities* in Lapeer in Michigan untersucht hatte. Die Mitarbeiter dieser Institution versicherten jedoch, daß die einzigen von Breuning damals untersuchten Patienten Fische und Mäuse waren.

Sprague wähnte endlich das Ende seines Kampfes nahe und rechnete damit, daß das *NIMH* sowohl die Wissenschaftler als auch die

Angehörigen der mit Psychopharmaka behandelten Patienten über die Ergebnisse der Untersuchung informieren würde. Er dachte, daß die wissenschaftlichen Zeitschriften, die Breunings Artikel veröffentlicht hatten, ihre Leser nun darüber aufklären würden, daß die Forschungsergebnisse des ehemals so vielversprechenden jungen Psychiaters reine Erfindung waren. Aber die Sache verlief dann doch etwas anders. Monate vergingen, doch das *NIMH* hielt den Untersuchungsbericht unter Verschluß. Statt dessen wurde die Finanzierung von Spragues eigenem Forschungsprojekt zum Spielball verschiedener Büros des *NIMH*. Der alte Professor, der sich zudem noch um seine schwer erkrankte Frau kümmern mußte, verbitterte zunehmend. Da er sich nicht geschlagen geben wollte, wandte er sich schließlich an die Presse. Im November 1985 erzählte er die ganze Geschichte einer Redakteurin von *Science*, Barbara Cullinton. Den Artikel schrieb jedoch jemand anderer, Constance Holden. Dies geschah im Februar 1986. Monate vergingen, doch der Artikel wurde nicht veröffentlicht. Auf seine Nachfragen erhielt Sprague nur ausweichende Antworten. Weitere Monate vergingen. Im September 1986 erzählte Sprague die Geschichte Daniel Greenberg, einem Redakteur von *Science & Government Report*. Greenberg rief daraufhin *Science* an und deutete an, daß er nicht nur die Absicht habe, über den Fall Breuning zu schreiben, sondern auch über die Selbstzensur in der Redaktion von *Science*, die verhinderte, daß ein bereits fertiger Artikel gedruckt wurde. Daraufhin entschloß man sich bei *Science*, den Artikel doch noch zu publizieren. 23 Tage später sandte das *NIMH* einen Auszug aus dem Bericht von Friedhoff an alle beteiligten Stellen. In seiner endgültigen Fassung wurde der Bericht aber erst im April 1987 veröffentlicht.

Mittlerweile war die Affäre ins öffentliche Bewußtsein gedrungen. *Newsweek* berichtete darüber, und alle Beteiligten (außer Breuning, der seine Einwände auf Band gesprochen hatte) nahmen an der bekannten Radiosendung »60 Minutes« von *CBS* teil, die den Titel trug: »The Facts Were Fiction« (»Die Tatsachen waren erfunden«). Morley Safer, der Moderator, fragte am Ende der Sendung Thomas Gualtieri, was er als Psychiater vom Verhalten seines ehemaligen Kollegen halte. »Dazu muß man nicht Psychiater sein«, erwiderte

Gualtieri. »Ich halte ihn für einen geborenen Lügner und für einen Betrüger, aber das ist keine psychiatrische Diagnose.«

Erst an diesem Punkt erwachte das puritanische Gewissen Amerikas. Der Kongreß ernannte im April 1988 zwei parlamentarische Untersuchungskommissionen, die mit unterschiedlichen Fragestellungen das Problem des Wissenschaftsbetrugs untersuchen sollten. Beide Kommissionen diskutierten den Fall Breuning ausgiebig, der in der Zwischenzeit auch vor Gericht gelandet war. Auf Betreiben des Justizministeriums mußte sich Breuning vor der großen Jury eines Bundesgerichtes in Baltimore, Maryland, verantworten. Richter Beckingridge L. Willcox, der damals oberster Bundesrichter des Staates Maryland war (und zuständig für Betrügereien zu Lasten des *NIH*, da das *NIH* seinen Sitz in Behtesda, Maryland hat), klagte Breuning des Verstoßes gegen den *False Claims Act* an, ein Gesetz, das die Aneignung von Staatsgeldern durch Vorspiegelung falscher Tatsachen unter Strafe stellt. Willcox beschuldigte Breuning außerdem, die Untersuchung der Friedhoff-Kommission durch Falschaussagen behindert zu haben.

Am 10. November 1988 verkündete Richter Frank A. Kaufman das Urteil. Das Bundesgericht erklärte Breuning für schuldig, seine Untersuchungen gefälscht zu haben. Die Universität von Pittsburgh erstattete daraufhin dem *NIMH* 163 000 Dollar, die Summe also, die die Universität erhalten hatte, um die Untersuchungen von Breuning zu finanzieren. Breuning selbst mußte 11 352 Dollar zurückzahlen und wurde darüber hinaus mit 60 Tagen Haft auf Bewährung, 250 Stunden sozialem Dienst und fünf Jahren Arbeitsverbot im Bereich der psychologischen Forschung belegt.

Die Gerechtigkeit hatte schließlich gesiegt, und auch Sprague wurde die verdiente Anerkennung zuteil: Im Januar 1989 verlieh ihm die Amerikanische Gesellschaft zur Förderung der Wissenschaft den »Preis für Freiheit und Verantwortung in der Wissenschaft« (*Scientific Freedom and Responsibility Award*).

2. »*Der ehrliche Jim*«

Im Jahr 1968 brachte das amerikanische Verlagshaus Athenaeum ein Buch mit dem Titel *Die Doppel-Helix* heraus, in dem James Watson über die Hintergründe der Entdeckung der DNA-Struktur berichtete, für die er 1962 den Nobelpreis erhalten hatte. Ein erster Entwurf mit dem Titel *Honest Jim* kursierte bereits zwei Jahre zuvor unter seinen Freunden und Bekannten. Einerseits erinnert dieser Titel an einen bekannten Universitätsroman von Kingsley Amis (*Lucky Jim*), andererseits enthielt er eine ironische Anspielung auf jenen extrem konkurrenzorientierten und skrupellosen Wissenschaftlertypus, für den Watson sich und andere Wissenschaftler hielt. Das Adjektiv »ehrlich« wird im Englischen häufig ironisch verwendet, um über eine Person das genaue Gegenteil zu sagen.

Watson gestand in seinem Buch, daß er zu allem entschlossen war, um die DNA-Struktur noch vor seinen Konkurrenten zu entdecken. So hatte er zum Beispiel gehofft, seine attraktive Schwester als eine Art Lockvogel einsetzen zu können, um sich den Zugang zum Labor von Maurice Wilkins zu verschaffen. Später hatte er die Freundschaft von Peter Pauling ausgenutzt, um dessen Vater auszuspionieren, der bereits einen Nobelpreis erhalten hatte und in seinen Augen ein gefährlicher Konkurrent war. Es war ihm auch geglückt, Informationen über die Arbeit anderer Konkurrenten von einem Mitglied der Kommission zu erlangen, die mit der Finanzierung ihrer Forschungsprogramme befaßt war.

Nicht viel anders sind die Schilderungen, die Watson von seinen Kollegen gibt, deren Verbohrtheit, persönliche Fehler und häufig sogar Dummheit er herauszustellen nicht müde wird. Das war auch der Grund, warum *Harvard University Press*, der Verlag, bei dem der Autor schon seit langem unter Vertrag stand, sich weigerte, das Buch zu veröffentlichen. Auch hatten in der Zwischenzeit Francis Crick und Maurice Wilkins, die beiden Wissenschaftler, denen zusammen mit Watson der Nobelpreis verliehen worden war, versucht, die Publikation zu verhindern. Als das Buch schließlich bei einem anderen Verlag erschien, löste es eine Lawine von Kontroversen aus, die es in kürzester Zeit zum Bestseller machten.

In seiner Besprechung des Buches in der *Chicago Sunday Times* schrieb Richard Lewontin, ein bekannter Biologe aus Harvard: »Watson hat über die Motive und das Verhalten der Wissenschaftler die Wahrheit geschrieben, und das war ihrem öffentlichen Ansehen nicht gerade zuträglich. Der Mythos des objektiven, selbstlosen Wissenschaftlers (...) ist ein Mythos, der irgendwie den Zynismus unserer Zeit überlebt hat (...) Die Wissenschaft ist von Wettbewerb und Aggressivität geprägt, jeder Wissenschaftler kämpft gegen einen anderen, das Wissen ist nurmehr ein Nebenprodukt.« Und er fügte hinzu: »Sollte es je zu einer Verleumdungsklage kommen, so müßte sie schon von der gesamten Forschergemeinde angestrengt werden.« Im internationalen Kreis der Wissenschaftler wurde Watsons Buch dementsprechend dann auch als eine Art Verrat aufgefaßt, weil es in der öffentlichen Meinung das traditionelle mythische Bild zerstörte, demzufolge die Wissenschaft von körperlosen Geistern betrieben wird, die, unbeirrbar, mit logischen Schritten auf dem Weg zu neuen Entdeckungen sind und nur ein einziges Ziel vor Augen haben: das Wissen zu vermehren. Der ehrliche Jim, alias James Watson, präsentierte sich dagegen als typischer Vertreter einer neuen Generation von gefühllosen, zynischen, amoralischen jungen Wissenschaftlern, in deren Wirkungskreis offenkundig die Rücksichtslosigkeit und die technische Raffinesse der Geschäfts- und Industriewelt Einzug gehalten hatten.

Niemand war sich jedoch zu dieser Zeit der Tragweite und des Ausmaßes der Revolution in der Sozialstruktur der Wissenschaft bewußt, die diesen neuen Typus von Wissenschaftler hervorgebracht hatte. Es bestand eine mehr oder weniger große Einigkeit darüber, daß die Wandlung der Wissenschaft von einer Beschäftigung weniger Auserwählter zu einem von vielen ausgeübten Beruf den Wettbewerb erhöht und damit auch die bestehenden moralischen Kriterien in den Wissenschaften gelockert hatte, weshalb es nun auch in diesem Bereich zu Verfehlungen kam, die bis dahin in den Akademien und Laboratorien keine besondere Rolle gespielt hatten. Diese Auffassung, so zutreffend sie auch sein mochte, ließ jedoch eine wichtige Tatsache außer acht: den Verlust der Uneigennützigkeit, jener Eigenschaft des Wissenschaftlers vergangener Zeiten also, die diesen unabhängig von den materiellen Vorteilen, die seine Forschung und seine etwaigen Entdeckungen ihm verschaffen konnten, zur Suche nach der Wahrheit angehalten hatte. Man meinte weiterhin, daß der skrupellose Wettbewerb, den der ehrliche Jim praktizierte, allein von einem ungeheuren Ehrgeiz nach Ehrungen und Prestige rührte, und man verstand nicht, daß dies mittlerweile nur noch teilweise der Wahrheit entsprach. Der sich ständig beschleunigende Wettlauf um Entdeckungen und Veröffentlichungen wurde in der Zwischenzeit nämlich von der gewaltigen ökonomischen Struktur angetrieben, die der Wissenschaft zugrunde lag und sie trug.

Nur wenigen fielen zum Beispiel jene Passagen in Watsons Buch auf, in denen er die Kämpfe und Schwierigkeiten beschrieb, die er mit der Kommission der *National Foundation* auszufechten hatte, die ihm ein Stipendium für ein Forschungsvorhaben in Herman Kalckars Labor in Kopenhagen bewilligt hatte. Die biochemischen Untersuchungen Kalckars interessierten den jungen Forscher in Wirklichkeit nur wenig, und nachdem er Kalckar auf eine Reise zu einem Kongreß im berühmten Zoologischen Institut von Neapel begleitet hatte, entschied er sich, einen anderen Weg einzuschlagen und sich mit der Struktur der DNA zu beschäftigen. Diesen Gesinnungswandel löste ein mit Hilfe der Brechung von Röntgenstrahlen gewonnenes Bild eines DNA-Moleküls aus, das Maurice Wilkins in Neapel bei einem Vortrag zeigte.

Bei dieser Gelegenheit kam Watson der Gedanke, Wilkins mit seiner gutaussehenden Schwester Elisabeth bekanntzumachen. Auf diese Weise wollte er seine Sympathie gewinnen, um ihm dann nach London folgen und in seinem Labor arbeiten zu können. Wilkins biß jedoch nicht an, und Watson entschied sich für das Laboratorium von Perutz in Cambridge, wo mit der gleichen Methode zwar nicht die DNA selbst, aber Großmoleküle und besonders Hämoglobin untersucht wurden. Diese Veränderung seines Forschungsprogramms wurde von der Kommission jedoch nicht akzeptiert, die ihm das Stipendium gewährt hatte, und Watson riskierte mit dem Wechsel von Kopenhagen nach Cambridge, am Ende ohne Geld dazustehen.

Diese Abhängigkeit des Lebens und der Arbeit des Forschers von den Gremien und Mechanismen der Forschungsfinanzierung blieb damals unbemerkt. Liest man aber heute diese Seiten erneut, so wird klar, daß eines der Hauptmerkmale des von Watson und seinen Kollegen verkörperten neuen Wissenschaftlertypus darin besteht, daß ihre Arbeit von einer ökonomischen Struktur bestimmt wird, die sich grundlegend von den Arbeitsbedingungen früherer Wissenschaftler unterscheidet. Die Begegnung von Neapel entschied, in welcher Richtung Watson weiterforschen wollte, aber um an dem Kongreß teilzunehmen, mußte er eine Genehmigung aus Washington einholen, und das gleiche mußte er tun, um von Kopenhagen nach Cambridge wechseln zu können. Im ersten Fall erhielt er eine prompte und großzügige Genehmigung, im zweiten Fall aber, der zu einer radikalen Änderung seines Forschungsprogramms führte, stieß Watson auf erheblichen Widerstand. Sein »Arbeitgeber« hatte beschlossen, ihn für die Untersuchungen zu bezahlen, die er in Kopenhagen anstellte und schien nicht im mindesten daran interessiert, für die Untersuchungen aufzukommen, die Watson in Cambridge durchführen wollte. Seine Forschungsarbeit hatte sich, wie man ihm mitteilte, streng nach dem Programm zu richten, das er bei der Beantragung des Stipendiums präsentiert hatte.

Keiner der zahlreichen Rezensenten seines Buches räumte dieser Tatsache die ihr gebührende Aufmerksamkeit ein. Im Mittelpunkt des Interesses stand eindeutig die unbesonnene Ehrlichkeit, mit der Watson den skrupellosen Wettbewerb entblößt hatte, der schon damals in der Welt der Wissenschaft herrschte. Es war offensichtlich noch zu früh, um zu erkennen, daß die Verfügungsmacht der Finanzierungsgremien über die Forschung jene intellektuelle Autonomie beseitigte, die Wissenschaftler und Künstler immer gefordert hatten.

Während dem Forscher zuvor das Recht zugestanden worden war, unter den Bedingungen weitestgehender Freiheit und Autonomie zu arbeiten, wurde ihm diese Freiheit von einem bestimmten Punkt an genommen. Es wurde ihm auferlegt, ausformulierte und – so das neue Losungswort – »zweckgerichtete« Forschungsvorhaben durchzuführen, so daß die von reiner Neugierde getriebene Forschung dem Nutzen untergeordnet wurde, den sie erbringen konnte. Das große Verdienst von Watsons Buch lag darin, das Ende des Mythos vom reinen Wissenschaftler allen vor Augen geführt und die Geburt eines neuen Wissenschaftlertypus angekündigt zu haben, den man mit Diderot als eine Art »Wissenschaftssöldner« bezeichnen kann. Dieser neue Typus war das Ergebnis eines langen Wandlungsprozesses, in dessen Verlauf aus einer Tätigkeit, die man immer für weitgehend frei von sozialen, politischen und materiellen Abhängigkeiten und Interessen gehalten hatte, ein Beruf wie jeder andere geworden war.

Der Weg, der den Wissenschaftler zum Professionalismus führte, beginnt – um es symbolisch auszudrücken – im Jahr 212 v. Chr., als ein Soldat des Konsuls Claudius Marcellus Archimedes, den größten Mathematiker des Altertums, tötete, und er endet am 2. August 1939, als Einstein Roosevelt mitteilte, daß die amerikanischen Wissenschaftler bereit seien, die größte je von Menschen erdachte Bombe zu bauen. Archimedes war wie Einstein eine eigenwillige Persönlichkeit, ein Exzentriker, der wenig Interesse für die praktischen Seiten des Lebens aufbrachte.

Man sagt, daß Archimedes während der Belagerung von Syrakus, die von 214 bis 212 dauerte, mit großem Einfallsreichtum Kriegsmaschinen erfand, um den Feind abzuwehren: Steinschleudern, Flaschenzüge und Haken, mit denen römische Schiffe hochgezogen werden konnten, um sie dann zerbersten zu lassen, sowie optische Vorrichtungen, um sie in Flammen zu setzen. Aber nicht einmal mit seinen Erfindungen gelang es, die Römer zurückzuschlagen, und so eroberten und plünderten sie schließlich die Stadt. Archimedes jedoch ließ sich durch das Getümmel nicht stören, und während die Legionäre Syrakus in Schutt und Asche legten, hielt er sich im Garten seines Hauses auf und versuchte, ein Problem zu lösen, indem er geometrische Figuren in den Sand zeichnete. Als ein Soldat hereinkam, der den Befehl hatte, ihn zum Konsul Marcellus zu bringen, beachtete Archimedes diese Aufforderung nicht, sondern bat ihn statt dessen, beiseite zu treten, um seine Zeichnungen nicht zu verwischen. Trotz eines Befehls von Marcellus, den Wissenschaftler zu schonen, beförderte ihn der verärgerte Soldat daraufhin ins Jenseits. Archimedes starb, weil er den Befehlen der Macht gegenüber taub blieb. Diese Geste, die ihn das Leben kostete, kann als Symbol der Uneigennützigkeit betrachtet werden, die über viele Jahrhunderte hinweg die Arbeit der Wissenschaftler bestimmt hat.

Die Situation hatte sich grundlegend geändert, als Einstein mit einer ebenso symbolschweren Geste Präsident Roosevelt bat, »eine Behörde einzurichten, die dauerhaft als Schaltstelle zwischen der Administration und den amerikanischen Kernphysikern fungieren soll«, um »extrem wirksame Bomben eines neuen Typs« zu bauen. In ökonomischer Hinsicht waren die Wissenschaftler schon seit langem nicht mehr auf die Uneigennützigkeit ihrer Arbeit bedacht. Sie bestritten mit ihrer Tätigkeit ihren Lebensunterhalt und bezogen ein regelmäßiges Gehalt. Einstein war vermutlich der letzte, der sich darüber beklagte. Häufig brachte er die Meinung zum Ausdruck, daß ein Wissenschaftler sich seinen Lebensunterhalt als Flickschuster verdienen solle. Denn schließlich könne er nicht für die Entdeckung neuer Theorien bezahlt werden, »weil man Entdeckungen nicht auf Bestellung macht«.

Philipp Frank, einer seiner Biographen, hat diesen Zug Einsteins besonders hervorgehoben. Einstein habe immer eine große Abneigung gegenüber der reinen Forschung gehabt, wenn sie als Beruf betrieben wurde. Dabei handelte es sich jedoch um eine Meinung, die ganz entschieden aus der Mode gekommen war: Die Wissenschaft war schon seit langem ein Beruf, der – gerade in ökonomischer Hinsicht – fest mit Gesellschaft, Politik und Industrie verbunden war. Durch sein Gehalt war der Wissenschaftler nun den Arbeitgebern gegenüber verpflichtet, die, wie Einstein richtig vermutete, kein Interesse daran hatten, ihn für nicht erwünschte Entdeckungen zu bezahlen. Jetzt mußten die Entdeckungen wirklich auf Bestellung gemacht werden. Der Arbeitgeber bestimmte, was zu untersuchen war und welche Mittel dafür verwendet wurden.

Seit dem Tod von Archimedes waren einundzwanzig Jahrhunderte vergangen, und viele Dinge hatten sich verändert. Wer sich in der Antike mit Forschung beschäftigte, mußte über private Einkünfte verfügen, denn niemand war bereit, eine Arbeit zu finanzieren, der keine soziale Bedeutung beigemessen wurde. Folglich kamen die Wissenschaftler (auch wenn sie sich selbst noch nicht so bezeichneten) fast ausschließlich aus den wohlhabenden Schichten, während einige, die nicht über hinreichende Einkünfte verfügten, wenigstens zeitweise einen Beruf ausübten. Es war jedoch ein streng befolgter Grundsatz, daß dieser Beruf nicht die Wissenschaft selbst sein durfte. Wissenschaft sollte nicht aus Gewinngründen betrieben werden. Der Mathematiker Hippokrates von Chios etwa (nicht zu verwechseln mit seinem Namensvetter Hippokrates von Kos) scheint von einer pythagoreischen Schule verwiesen worden zu sein, weil er Geometrie gegen Bezahlung unterrichtet hatte. In der antiken Welt mußte der Wissenschaftler in finanzieller Hinsicht völlig unabhängig sein.

Der Forscher war zu jener Zeit ein reiner Dilettant im etymologischen Sinne des Wortes, das heißt, er verbrachte seine Zeit mit Dingen, die nichts mit Politik, dem Staat, den Geschäften oder der Landwirtschaft zu tun hatten und, von gelegentlichen Ausnahmen wie Archimedes abgesehen, noch weniger mit dem Krieg. Obwohl Archimedes Kriegsmaschinen konstruierte, kann er strenggenommen nicht als militärischer Ingenieur betrachtet werden, weil die von ihm hinterlassenen Schriften nur die Ergebnisse seiner reinen Forschung wiedergeben. Die alten Römer nannten die Zeit, die nicht vom politischen Leben oder den Geschäften, den *negotia*, ausgefüllt wurde, *otium*, Muße. In der Muße konnte man sich um das Haus oder das Gut kümmern, oder man konnte sich dem Studium widmen, weshalb dieses Wort in der Folge wissenschaftliche Untersuchungen und das Studium selbst bezeichnete. Aus dieser Perspektive kann man den antiken Wissenschaftler als »reinen Müßiggänger« betrachten, als einen Menschen also, der so sehr in seine Studien vertieft ist, daß er keine Zeit mehr für die Geschäfte hat.

Schon zu Galileis Zeiten hatte sich dies bereits geändert. Die Adligen hatten keinerlei Interesse mehr an der Forschung, und die Wissenschaftler waren im allgemeinen notleidende Abkömmlinge bürgerlicher Handwerker- und Händlerfamilien. Sie waren alle mit der Notwendigkeit konfrontiert, auf irgendeine Weise für ihren Unterhalt sorgen zu müssen, um sich die Unabhängigkeit zu sichern, die sie für ihre Forschung benötigten. Dies konnte auf verschiedene Weise geschehen: Man konnte, wie Leonardo es ausdrückte, »das Brot verdienen«, indem man sich in den Dienst eines reichen Mäzens begab, eines reichen Adligen, eines Fürsten oder besser noch eines großzügigen Königs wie Ludwig XII. von Frankreich etwa, der ihm 1507 ein festes Gehalt als »ordentlicher Maler und Ingenieur« bewilligte. Außerdem konnte man versuchen, einen Lehrstuhl an einer Universität zu erhalten oder die kirchliche Laufbahn einzuschlagen. Letztere Möglichkeit war lange Zeit die attraktivste, und besonders im Mittelalter gehörte der größte Teil der Wissenschaftler der Geistlichkeit an, wie Albertus Magnus, Kopernikus, Raimundus Lullus, Roger Bacon, Nikolaus von Cues und Luca Pacioli.

Eigenartigerweise war die Universitätslaufbahn die am wenigsten begehrte Möglichkeit, sich seinen Lebensunterhalt zu verdienen. Die Universitäten hatten nämlich traditionell die Aufgabe, für die kirchliche, juristische und medizinische Ausbildung zu sorgen, während die Naturwissenschaften ein Schattendasein führten und auf keinen besonderen Beruf vorbereiteten. Der Staat war bereit, für die Ausbildung der Untertanen zu zahlen, nicht aber für die reine Forschung. Folglich konnte man sich in jener Zeit nicht vorstellen, Forschung und Lehre zu vereinen, wie dies an den heutigen Universitäten geschieht. Der Beruf des Professors war deshalb für die Wissenschaftler uninteressant und lästig, weil er Zeit beanspruchte, die der Forschung verloren ging. Darüber hinaus war die Entlohnung schlecht und unterlag schwankenden Kriterien, denn die Idee eines »Gehaltes« hatte sich noch nicht durchgesetzt. Als zum Beispiel Galilei seine Stelle an der Universität von Pisa antrat, erhielt er einen jährliches Gehalt von 60 Scudi, während Mercurialis, ein damals berühmter Professor, der jedoch keine Spuren in der Geschichte der Wissenschaft hinterlassen hat, 2 000 Scudi verdiente.

Nur wenige Wissenschaftler konnten allein von ihrem Professorengehalt leben. Der überwiegende Teil war auf anderweitige Einkünfte angewiesen. So war es üblich, Privatstunden im eigenen Haus zu geben und eventuell die Studenten noch gegen zusätzliche Bezahlung bei sich logieren zu lassen. Insgesamt war das durchschnittliche Einkommen der Wissenschaftler nicht sehr hoch, und viele von ihnen lebten unter ziemlich elenden Bedingungen. Selbst Galilei litt unter ständigen finanziellen Problemen. In der wichtigsten Phase seiner Laufbahn, seiner achtzehnjährigen Lehrtätigkeit in Padua, erhielt er anfänglich von der Republik Venedig ein Gehalt von 180 Gulden im Jahr. Diese Summe lag weit unter seinem Bedarf, und obwohl sie bis zum Jahr 1609 auf 1000 Gulden erhöht worden war, reichte sie immer noch nicht aus, so daß er gezwungen war, Privatstunden zu geben und sein Haus in eine Pension zu verwandeln, in der er 20 Studenten beherbergte. Außerdem hatte er eine kleine Werkstatt eingerichtet, in der er mathematische Instrumente herstellte, die er verkaufte. Es war ein schweres Leben. Eine Änderung trat erst im Jahr 1610 ein, als er bereits 46 Jahre alt war. In diesem Jahr rief ihn einer seiner alten Schüler, Cosimo II. de' Medici, nach Florenz und verlieh ihm den Titel »Erster Mathematiker der Universität zu Pisa und erster Mathematiker und Philosoph des Großherzogs der Toskana«.

In einem Brief aus dem Jahr 1609 legte Galilei dar, warum nur eine solche Beziehung zu einem fürstlichen Mäzen es ihm erlaubte, in Ruhe zu arbeiten: »Von einer Republik, auch wenn sie glänzend und großzügig ist, ein Gehalt zu bekommen, ohne der Öffentlichkeit zu dienen, ist nicht üblich, denn um sich der Öffentlichkeit nützlich zu erweisen, muß man die Öffentlichkeit zufriedenstellen, und nicht nur einen einzelnen; und solange ich in der Lage bin, Vorlesungen zu halten und zu dienen, kann mich niemand von dieser Amtspflicht entbinden und mir die Studien belassen; und so kann ich mir ähnliche Bequemlichkeit nicht von anderen erhoffen als von einem absoluten Fürsten. Weil mir aber die Privatstunden und häuslichen Privatschüler hinderlich sein werden und die Studien verzögern, will ich von diesen gänzlich und von jenen zum größten Teil entlastet sein; sollte ich jedoch heimkehren, wünschte ich, daß es das erste Anliegen wäre, mir Muße und Bequemlichkeit zu verschaffen, um meine Arbeiten zu Ende zu bringen, ohne lesen zu müssen.«

Das Wort »lesen« steht hier für lehren, und es ist klar, daß Galilei danach strebte, sich nahezu völlig von den universitären Lehrverpflichtungen frei zu machen, um sich jener Muße hingeben zu können, die den Wissenschaftlern zu Zeiten des Archimedes noch nicht so teuer zu stehen gekommen war. Galilei und die Wissenschaftler seiner

Generation waren folglich »Teilzeit-Müßiggänger«, die gezwungen waren, sich auf jede erdenkliche Art und Weise abzumühen, um die notwendige finanzielle Unabhängigkeit für die Forschungsarbeit zu erlangen, an der ihnen am meisten lag, die aber niemand zu finanzieren bereit war.

Mit der Zeit änderte sich dies jedoch, und der Staat ging dazu über, die Wissenschaftler nicht nur für ihre Lehrtätigkeit an der Universität zu bezahlen, sondern ihnen auch ausdrücklich Zeit für die freie und autonome Forschung einzuräumen.

Das neue Modell gewann im ausgehenden 17. Jahrhundert in Frankreich an Konturen und wurde später in Deutschland perfektioniert. Sein Urheber war Jean-Baptiste Colbert, der mächtige Sekretär Ludwigs XIV., der im Jahr 1666 entschied, die *Académie des Sciences* mit staatlichen Geldern zu finanzieren, wie man es bereits bei ähnlichen Akademien praktizierte, die zur Förderung von Malerei, Bildhauerei, Architektur und Theater gegründet worden waren.

Der Akademie der Wissenschaften wurden andere Institutionen an die Seite gestellt, wie das im Jahr 1667 gegründete Pariser Observatorium und ältere, nun wiederbelebte Einrichtungen wie das *Collège de France*, das auf das Jahr 1530 zurückgeht, oder der *Jardin des Plantes* von 1635. Mit der Einrichtung der Akademie der Wissenschaften als einer vom Staat finanzierten Forschungsstätte verliehen Colbert und seine Amtsnachfolger einer neuen Schicht von Gelehrten nicht nur Würden und Ehrungen, sie verschafften ihnen auch Arbeitsmöglichkeiten und ein Gehalt. Diese Gelehrten nahmen die Tradition Galileis wieder auf und unterschieden sich damit deutlich von den Hochschullehrern ihrer Zeit. Das Ziel bestand jedoch nicht darin, diese beiden Schichten gleichzustellen, sondern sie zu verschmelzen, bis die Gestalt des gelehrten Professors verschwand, der nur zu »lesen« verstand, das heißt, der nur die Schriften der Alten erklären und kommentieren konnte.

Der lange Prozeß dieser Verschmelzung endet 1794 mit Napoleons Gründung der *Ecole Polytechnique* in Paris. Diese Schule und das *Musée National d'Histoire Naturelle* (der neue Name, den der *Jardin des Plantes* von den Revolutionären erhalten hatte) waren die ersten modernen

wissenschaftlichen Institutionen. Hier wurden nicht länger ein über-
holtes Bücherwissen, sondern die Ergebnisse und Perspektiven experimenteller Forschung gelehrt, und diese Ergebnisse konnten in den
Laboratorien überprüft und vertieft werden. Die Laboratorien waren
mit der Lehre institutionell verbunden. In ihnen arbeiteten neben den
Professoren auch Assistenten, Techniker und eine kleinere Zahl bereits
gut vorbereiteter Studenten. Nun hatte die Forschung die Lehre
eingeholt. Der Wissenschaftler und der Professor waren zu einer
einzigen Person verschmolzen.

Es ist ein wichtiger Aspekt des von Colbert vorgeschlagenen und von
Napoleon perfektionierten Modells, daß die Wissenschaftler dem Staat
gegenüber keine Verpflichtungen eingingen, wenn sie ihre Forschungen betrieben. Die unmittelbare Verwertbarkeit der Forschungsergebnisse stand mit anderen Worten nicht im Vordergrund – wenngleich es
natürlich ein offenes Geheimnis war, daß sich Forschung in jedem Fall
auch in technischen Fortschritt umsetzt. Auch konnte es vorkommen,
daß Wissenschaftler als Berater und Experten gerufen wurden, um
vitale Probleme des Staates, insbesondere auf militärischem Gebiet, zu
lösen. Grundsätzlich wurde aber die Forschungstätigkeit der Wissenschaftler bezahlt, ohne eine direkte Gegenleistung zu verlangen.

Dieser Ansatz wurde in Deutschland anläßlich der Neuorganisation
der Universität von Berlin im Jahr 1806 aufgegriffen und später auf
alle deutschen Universitäten ausgeweitet. Zu Beginn des 19. Jahrhunderts entstanden hier die ersten wirklich modernen Laboratorien.
Von diesem Moment an wurde die Berufung zur Forschung, die
Galilei noch so viel Bitterkeit bereitet hatte, zum Angelpunkt eines
angesehenen Berufs, der ein hohes Gehalt, Reputation und völlige
Autonomie garantierte. Mit seiner Etablierung erhielt der neue Beruf
auch einen Namen. Bis dahin waren diejenigen, die sich mit wissenschaftlicher Forschung beschäftigten, als »Naturphilosophen« oder
einfach »Philosophen« bezeichnet worden. Dies hing auch damit
zusammen, daß die Wissenschaft bis zum Ende des 18. Jahrhunderts
noch nicht in die verschiedenen Disziplinen wie Zoologie, Botanik,
Geologie, Physik oder Chemie aufgegliedert war. Im Jahr 1834 berichtete die englische Zeitschrift *Quaterly Review* jedoch von den

Schwierigkeiten der Britischen Gesellschaft zur Förderung der Wissenschaft, eine Bezeichnung zu finden, die unterschiedslos für all jene gelten konnte, die sich in den verschiedenen wissenschaftlichen Disziplinen betätigten:»Philosoph«, so stand dort zu lesen, »erschien den meisten als zu weit gefaßt, weshalb einige scharfsinnige Gentlemen vorschlugen, in Analogie zu der Bezeichnung ›Artist‹ den Begriff ›scientist‹ [Wissenschaftler] zu benutzen.« Der Naturwissenschaftler und Philosoph William Whewell nahm diesen Vorschlag auf und verwendete den Terminus im Vorwort seines Buches *The Philosophy of the Inductive Sciences* aus dem Jahr 1840:»Wir brauchen in der Tat eine Bezeichnung, die für all jene gilt, die sich allgemein mit Wissenschaft beschäftigen. Ich neige dazu, sie Wissenschaftler zu nennen.«

Einer weitverbreiteten Meinung zufolge ist das Ideal des Wissenschaftlers, das sich zu Beginn des 19. Jahrhunderts in Frankreich und Deutschland durchgesetzt hat, auch heute noch vorherrscht. Im Hinblick auf Europa mag dies teilweise (wenn auch mit großen Einschränkungen) zutreffen, in bezug auf die Vereinigten Staaten läßt sich dies jedoch keinesfalls behaupten. Dort dominiert der Typus von Wissenschaftler, den der »ehrliche Jim« verkörpert. Und dieser Typus beginnt sich – nicht nur in Europa, sondern weltweit – zunehmend durchzusetzen.

In den USA erfuhr der Beruf des Wissenschaftlers seine vorläufig letzte Wandlung: Hier büßte er sein Recht auf Muße ein, das Recht, Gegenstand und Ansatz der Forschung autonom und frei zu wählen, ohne die Verpflichtung, auf im voraus festgelegte Ziele hinarbeiten zu müssen. Politiker und Militärs übernahmen mit dem Manhattan Projekt, das zum Bau der ersten Atombombe führte, die Kontrolle über die Arbeit der Wissenschaftler, deren Tätigkeit zunehmend bis ins einzelne geplant und gelenkt wurde. Häufig wird behauptet, die Militärs trügen allein die Schuld daran, daß die amerikanischen Wissenschaftler ihre Autonomie verloren haben. Größeres Gewicht hatte aber die Tatsache, daß die Forschung selbst nach den Kriterien der pragmatischen Effizienz- und Managerlogik organisiert wurde, wie sie für die amerikanische Gesellschaft typisch ist. Diese Logik war unvereinbar mit der Idee wissenschaftlicher Autonomie. In Amerika hatte der Wissenschaftler keine Möglichkeit, ein »Müßiggänger« zu sein. Thomas Alva Edison brachte dies in einem Interview zum Ausdruck, das 1893 in der Zeitschrift *Scientific America* wiederveröffentlicht wurde: »Ich betreibe Wissenschaft nicht, nur um die Wahrheit zu erkennen, wie dies Newton, Kepler, Faraday und Henry getan haben. Ich bin ein professioneller Erfinder. Meine Studien und meine Experimente habe ich mit dem alleinigen Ziel durchgeführt, etwas zu erfinden, das kommerziellen Nutzen bringt.«

1876 schuf Edison in Menlo Park nahe bei New York das erste Modell eines amerikanischen Laboratoriums, in dem unter anderem die Glühbirne und der Phonograph erfunden wurden. Die grundlegenden Merkmale, die dieses Laboratorium von den deutschen Laboratorien unterschied, waren einerseits das fast ausschließliche Interesse an den Anwendungsmöglichkeiten der Forschung und andererseits die strikte Planung der Teamarbeit, die es erlaubte, einzelne Probleme in ihre verschiedenen Teilaspekte zu zerlegen und sie mit einem Höchstmaß an Effizienz in kürzester Zeit zu lösen, wobei man die Kosten und die Konkurrenz ständig im Blick behielt. Genau dieser Arbeitsstil wurde auf einen Gegenstand der reinen Forschung angewandt, nämlich auf die Atomphysik, als Einstein der amerikanischen Regierung den Vorschlag der Wissenschaftler unterbreitete, den ersten nuklearen Sprengsatz zu bauen. Mehr als jeder andere bemühte sich Vannevar Bush, der wissenschaftliche Berater von Präsident Roosevelt, die von Edison entwickelten Managementkriterien auf das Gebiet der reinen Forschung zu übertragen.

Bush kam 1890 als Kind eines Pastors in Everett, Massachusetts, zur Welt und promovierte 1916 am *Massachusetts Institute of Technology* in Ingenieurwissenschaften. Dort herrschte ein ganz anderer Geist als in den Physikinstituten des alten Kontinents. Der amerikanische Pragmatismus überwog hier die »antiquierten« Ideale, von denen sich die europäische Forschung leiten ließ. An Stelle der Erkenntnis dominierten das Erfinden und Konstruieren. Dieser Geist hatte Bush geprägt, und später leistete er einen größeren Beitrag als jeder andere, ihm zum Durchbruch zu verhelfen. Er ließ sich fünfzig Erfindungen patentieren und baute zusammen mit H. Caldwell den Prototyp des modernen Analogrechners. Roosevelt tat also gut daran, ihm die Leitung des Amtes für wissenschaftliche Forschung und Entwicklung (*Office for Scientific Research and Development*) zu übertragen, das über etwa dreitausend Wissenschaftler wachte, einschließlich derjenigen, die an der ersten Atombombe arbeiteten. Es war Bush, der die Grundlagen des amerikanischen Wissenschaftssystems schuf.

3. Das amerikanische System

Das grundlegende Prinzip des neuen Systems bestand darin, daß die Regierung der USA von nun an die Finanzierung der Forschung an den Universitäten übernahm, die bis dahin Privatunternehmen gewesen waren und diesen Status auch beibehielten. Die beiden wichtigsten Regierungsbehörden, die die Forschung in den USA finanzieren, sind die Nationale Gesundheitsbehörde (*National Institute of Health*) und die Nationale Wissenschaftsstiftung (*National Science Foundation*). Zweck des *Institute of Health* ist es, die Gesundheit des amerikanischen Volkes zu verbessern. Um diese Aufgabe zu erfüllen, führt es selbst biomedizinische Forschungen durch, deren Gegenstand die Erforschung von Krankheitsursachen, Vorbeugungs- und Heilungsmöglichkeiten ist, oder es gewährt für solche Forschungen finanzielle Unterstützung. Zweck der im Jahr 1950 gegründeten *National Science Foundation* ist es dagegen, den Fortschritt in den Wissenschaften und im Ingenieurwesen zu fördern, indem sie die Forschung in diesen Bereichen unterstützt und Erziehungsprogramme formuliert, »um die Nation besser auf die Herausforderungen der Zukunft vorzubereiten«. Diese beiden Institutionen bedienen sich zur Förderung der Forschung verschiedener Finanzierungsarten: direkte Projektfinanzierung, Verträge, Mittel für die Mitarbeiterschulung und Stipendien für die Ausbildung von Wissenschaftlern.

Bis in die 60er Jahre wurde der Großteil der Mittel vom Verteidigungsministerium verteilt und konzentrierte sich dementsprechend auf die militärische Forschung. Danach fiel immer stärker ins Gewicht, was als »Medizinisierung« der amerikanischen Forschung bezeichnet worden ist und in deren Folge sich der Anteil der Forschungsfinanzierung durch das *NIH* erheblich erhöhte. Gegenwärtig verfügt es über 40 Prozent des gesamten Bundesbudgets für die Universitäten. Diese gewaltige biomedizinische Forschungsmaschine kostet die amerikanische Regierung heute zusammengenommen neun Milliarden Dollar im Jahr. Darüber hinaus verteilt sie weitere 50 Millionen Dollar, die, wie Präsident Bush am 3. Februar 1992 in San Antonio ankündigte, in den nächsten fünf Jahren um weitere 200 Millionen Dollar aufgestockt werden. Auch wenn die USA heute der medizinischen Forschung, die dem Schutz der Gesundheit dient, absolute Priorität einräumen, bedeutet dies noch nicht, daß sie die Absicht haben, andere Technologien und vor allem militärisch relevante Technologien zu vernachlässigen. Im Jahr 1989 gab der Verteidigungsminister beispielsweise die erste Fassung eines sogenannten »Plans für kritische Technologien« bekannt, der sich nahezu ausschließlich mit jenen Technologien befaßt, mit deren Hilfe die qualitative Überlegenheit der amerikanischen Waffensysteme aufrechterhalten werden kann. Diesen Technologien stellte die Nationale Kommission für kritische Technologien, die vom Direktor des Büros für Wissenschaftspolitik und Technologie des Weißen Hauses benannt wurde, weitere 25 an die Seite, denen absolute Priorität eingeräumt werden sollte. Der Katalog reicht vom Bereich der Umweltenergietechnik über Transportsysteme, Biotechnologie, Informations- und Telekommunikationstechnologien bis zu industriellen Fertigungstechniken und Materialprüfung. Im Frühjahr 1990 veröffentlichte das Handelsministerium einen Bericht über Zukunftstechnologien, die nach Meinung von Experten die Entwicklung neuer Produkte bis zum Jahr 2000 garantieren können. Die amerikanische Wissenschaftspolitik wird mit anderen Worten von jenem Pragmatismus dominiert, der für die von Edison verfochtene Vision von Wissenschaft typisch war. Das Interesse an reiner Forschung hat immer stärker nachgelassen, und die Wissenschaftler sind heute, wie Einstein befürchtet hatte, gezwungen, sich nur mit solchen Forschungsprojekten zu befassen, für die die Regierung zu zahlen bereit ist.

Über die wissenschaftliche Forschung wacht eine bürokratische Maschinerie, die darüber entscheidet, wer wieviel Geld erhält. Die Regierung kontrolliert die Zuweisung der Gelder nicht direkt, sondern delegiert diese Kontrolle an Kommissionen, die aus Wissenschaftlern bestehen. Diese entscheiden in der Praxis, welcher ihrer Kollegen Finanzmittel erhalten soll. Die Kommissionen stellen ein *peer review system* dar, ein »Kontrollsystem der Gleichen« – weil in ihnen Experten für das jeweilige Fachgebiet sitzen, die darüber urteilen, ob die von ihren Kollegen gestellten Finanzierungsanträge begründet sind. Bei der Beurteilung der Frage, ob ein bestimmtes Forschungsvorhaben finanziert werden soll oder nicht, achtet die Kommission der Gleichen vor allem auf die Bekanntheit, die Professionalität und die Seriosität des Antragstellers. Eine brillante Idee zu haben reicht bei weitem nicht aus, um Mittel zu erhalten. Man muß nicht nur nachweisen, daß man qualifiziert ist, sondern auch, daß man bereits bedeutende Beiträge auf dem betreffenden Gebiet geleistet hat. Zu belegen ist dies im wesentlichen durch die Anzahl der veröffentlichten Artikel und Bücher. Die Menge der Veröffentlichungen ist sogar der entscheidende Maßstab für die Zuweisung oder Verweigerung von Finanzmitteln. Der Satz *publish or perish*, »veröffentliche oder geh unter«, bringt diesen Sachverhalt auf den Punkt.

Die Macht der »Gleichen«, also der Kollegen, ist jedoch nicht unumschränkt. Sie wird ausgeglichen und gelegentlich übertroffen von der Macht der Funktionäre und Bürokraten, die mit der Bereitstellung der Forschungsgelder betraut sind. Die Beamten des Verteidigungsministeriums können finanzieren, wen immer sie wollen, ohne irgend jemanden um Rat und Meinung fragen zu müssen. Auch bei der *National Science Foundation* treffen die Bürokraten die Entscheidungen, allerdings müssen sie zuvor die Meinung der wissenschaftlichen Beiräte einholen. Ganz anders werden die vom *NIH* bereitgestellten Mittel verwaltet. Hier werden die endgültigen Entscheidungen von mit Wissenschaftlern besetzten Kommissionen getroffen, während sich die Beamten darauf beschränken, die Einhaltung der bürokratischen Regeln der Mittelvergabe zu kontrollieren, deren formale Kriterien von der Form des Antrags bis zu den Zahlungsmodalitäten für Geräte, Mitarbeiter und Fotokopien reichen. In jedem Fachgebiet beurteilt eine Gruppe von Wissenschaftlern die Finanzierungsanträge. Nach einer genauen Prüfung vergibt jedes Mitglied in geheimer Abstimmung Punkte für jeden einzelnen Antrag. Die erreichte Punktzahl entscheidet im wesentlichen über dessen Schicksal. Eine Entscheidung, die auf dieser Ebene zustande gekommen ist, ist meistens endgültig, auch wenn es noch einen höherrangigen Beirat gibt, der sie revidieren kann. Dies geschieht jedoch nur selten. Es ist bemerkenswert, daß dies ausgerechnet dem Antrag von Robert Sprague widerfuhr, dem Ankläger von Breuning. Sein Antrag fand bei den Wissenschaftlern große Unterstützung, wurde aber vom Beirat abgelehnt.

Die großen Vorzüge dieses Systems sind Durchsichtigkeit, Praktikabilität und Nachvollziehbarkeit. Zudem wird es im allgemeinen, jedenfalls in formaler Hinsicht, mit jener garantierten Korrektheit gehandhabt, die dem puritanischen Geist entspringt, auf den sich das gesamte amerikanische Verwaltungssystem stützt. Es verwundert deshalb nicht, daß in den USA mit diesem gut geordneten Verwaltungsapparat große Erfolge erzielt wurden, an vorderster Stelle der Bau der Atombombe. Diese Erfolge haben den USA eine unbestreitbare technologische Überlegenheit gesichert, die sich in vielen Bereichen der Industrie und vor allem auf militärischem Gebiet erweist. Einer der verläßlichsten Gradmesser der wissenschaftlichen Überlegenheit Amerikas aber ist wahrscheinlich die Zahl der erhaltenen Nobelpreise.

Diese prestigeträchtige Würdigung, die auf das testamentarische Vermächtnis des Industriellen Alfred Nobel zurückgeht, wurde erstmals 1901 verliehen, und während der ersten 50 Jahre, besonders deutlich in der Dekade von 1921 bis 1931, waren es fast immer europäische Wissenschaftler, denen der Preis zuerkannt wurde. In den ersten zehn Jahren erhielten die Amerikaner nicht einen einzigen Nobelpreis. Der erste Amerikaner, der nach Stockholm eingeladen wurde, war A.A. Michelson im Jahr 1907, gefolgt von A. Carrel im Jahr 1912 (der allerdings aus Frankreich stammte), und dann dauerte es noch weitere elf Jahre, bis 1923 R.A. Millikan der Preis verliehen wurde. Nach 1931 erhielten die Europäer immer weniger Nobelpreise, während der unaufhaltsame Aufstieg der Amerikaner begann, die zwischen 1932 und 1941 beinahe 20 Preise erhielten und im folgenden Jahrzehnt die Europäer überflügelten. Ihr Aufstieg setzte sich trotz einer merkwürdigen Abschwächung zwischen 1962 und 1971 fort, um in dem Jahrzehnt von 1972 bis 1982 den absoluten Rekord von 45 Nobelpreisen zu erreichen. Seither wurden die Preise jedoch wieder weniger, eine Entwicklung, die für die gesamten 80er Jahre kennzeichnend war, während die wieder aggressivere, konkurrenzfähigere europäische Wissenschaft in dieser Zeit aufholte. Es ist bezeichnend, daß die Amerikaner 1991 keinen einzigen Nobelpreis erhielten. In Physik wurde ein Franzose gewürdigt, in Chemie ein Schweizer und in Medizin zwei Deutsche. Etwas Vergleichbares hatte es seit 1957 nicht mehr gegeben. Während man dies damals jedoch angesichts des Aufstiegs der amerikanischen Wissenschaft dem Zufall zuschreiben konnte, fällt das gute Abschneiden der Europäer heute mit einem allgemeinen Niedergang auf US-amerikanischer Seite zusammen und hat damit eine ganz andere Bedeutung: Es gehört zu den unverkennbaren Zeichen einer Tendenzwende, die mit verschiedenen Fehlentwicklungen in der amerikanischen Wissenschaft in Zusammenhang gebracht werden muß. Diese Fehlentwicklungen scheinen zu zeigen, daß das System heute nicht mehr in der Lage ist, den Fortschritt der Forschung zu garantieren.

Warum läuft die gut geölte Maschine der amerikanischen Wissenschaft nicht mehr so einwandfrei? Vor kurzem hat der Physiker Charles W. McCutchen hervorgehoben, daß das von Vannevar Bush eingeführte System Probleme mit sich bringt, und zwar unabhangig davon, ob die Macht bei den Funktionären oder bei den mit Wissenschaftlern besetzten Kommissionen liegt. Im ersten Fall leidet die wissenschaftliche Forschung unter den bekannten Nebenwirkungen der Bürokratisierung. Wo die Macht bei den Funktionären liegt, ist das Interesse an den formalen Aspekten der Verwaltung in der Regel größer als am kreativen Potential der Forschung. Darüber hinaus spürt man hier deutlicher den Einfluß der Planungsvorgaben, die der Wissenschaft von den Politikern mit Hilfe der Bürokraten aufgezwungen werden. All dies führt dazu, daß die Handlungsfreiheit der Wissen-

schaftler beträchtlich beschnitten wird. Sie haben bei der Wahl und
der Bearbeitung ihrer Forschungsgegenstände darauf zu achten, den
Kriterien und Anweisungen zu genügen, denen die Verwaltungs-
beamten folgen.

Um die bürokratischen Hindernisse zu überwinden, benutzen die
Wissenschaftler verschiedene Tricks. So wird zum Beispiel im Finan-
zierungsantrag ein Forschungsvorhaben beschrieben, das in Wirklichkeit schon durchgeführt, aber noch nicht veröffentlicht wurde. In
diesem Fall kennt der Forscher bereits die Ergebnisse und kann
folglich die Experimente, die er angeblich durchführen will, im Hinblick darauf beschreiben. Hat er die Bewilligung für ein solches
Projekt erhalten, kann er die Mittel für neue Forschungen verwenden, die er in seinem Antrag überhaupt nicht erwähnt hat. Es handelt
sich hier um ein äußerst zweifelhaftes Vorgehen, und trotzdem ist es
eine der am meisten verbreiteten Praktiken, um die Hürden des
Systems zu überwinden. Eine andere Strategie besteht darin, die
Finanzierung von Forschungen in einem Gebiet zu beantragen, bei
dem jedes Resultat, ob positiv oder negativ, gleich wichtig ist. Die
Tatsache, daß Wissenschaftler dazu gezwungen sind, zu solchen Praktiken Zuflucht zu nehmen, erweckt den Eindruck, daß das amerikanische System daraufhin angelegt ist, Kreativität zu bestrafen oder jedenfalls zu behindern. Neue Ideen und kreative, wirklich innovative
Wissenschaftler scheinen weit geringere Chancen zu haben, finanziert
zu werden, es sei denn, es gelingt der Beweis, daß sie den nationalen
Interessen oder der Industrie nützen.

Zu den Mängeln, die mit der Bürokratisierung verbunden sind,
kommen solche, die mit den wissenschaftlichen Kommissionen zu-
sammenhängen. McCutchen zufolge weist das System der »Kontrolle
der Gleichen« eine solche Fülle von Mängeln auf, daß es nicht länger
als die optimale Methode der Verteilung von Finanzmitteln angesehen werden kann. Vor allem entscheiden die Kollegen, wie McCutchen
betont, nicht vorurteilsfrei, denn die Wissenschaftler liegen untereinander im Wettstreit und kämpfen gleichzeitig für den Erhalt der
eigenen Kaste. Der hervorstechendste Mangel des *peer review system* ist
die Tatsache, daß es in der Praxis die Erhaltung des Establishments

begünstigt. Damit schließt es nicht nur systematisch die Amateure aus (wozu nicht nur unfähige Provinzgelehrte, sondern auch Vorreiter des wissenschaftlichen Fortschritts wie Edison oder Marconi zählen), sondern auch Wissenschaftler mit einer regulären wissenschaftlichen Ausbildung, deren Forschungen im Hinblick auf die herrschenden Lehrmeinungen innovativ sind. Es handelt sich dabei um solche Forschungen, die nach Meinung des Wissenschaftshistorikers Thomas Kuhn erforderlich sind, um von der Normalphase der Wissenschaft (in der nichts anderes geschieht als die Ausformulierung und technologische Ausbeutung von bereits gemachten Entdeckungen) zur Revolutionsphase der Wissenschaft überzugehen, in der es zu neuen Hypothesen, neuen Theorien und neuen Entdeckungen kommt.

McCutchen ist der Auffassung, daß das gegenwärtige System der Projektfinanzierung die Kategorie des Talents außer acht läßt. Dies war bis Ende der 60er Jahre noch anders, als das Verhältnis zwischen den verfügbaren Mitteln und der Zahl der Forscher es möglich machte, die Mehrzahl der Projekte zu finanzieren und es noch nicht zu jenem harten Konkurrenzkampf gekommen war, der sich mit der Erhöhung der Zahl der Wissenschaftler und der Verminderung der Finanzmittel in der Folge einstellen sollte. Als diese Situation Mitte der 70er Jahre eintrat, kam es zu einer Art Diktatur der Mittelmäßigen: Wissenschaftler mit mäßigen Fähigkeiten besetzten die Gremien für die Zuweisung und Verteilung der Forschungsgelder, die sie nach eher kurzsichtigen Kriterien verwalteten. Dieser Mißstand wurde noch vergrößert durch die Tolerierung von Intrigen und Kungeleien, mit denen die eigenen Gruppeninteressen geschützt werden sollten.

Auch andere Untersuchungen zur Wissenschaftsgeschichte kamen bereits vor Jahren zu einer ähnlichen Einschätzung wie McCutchen. Derek De Solla Price beispielsweise vertrat in seinen Arbeiten die (heute allgemein akzeptierte) Meinung, daß die enorme Ausdehnung der Wissenschaft zur Vorherrschaft mittelmäßiger Wissenschaftler über ihre hochgradig kreativen Kollegen führte. Mit dem allmählichen Anwachsen der Zahl der Wissenschaftler sind die kreativen und innovativen Wissenschaftler gegenüber den mittelmäßigen proportional immer weniger geworden. Setzt man dies nun in Beziehung zu der

Tatsache, daß sich die Verteilung der Intelligenz in einer Population graphisch als eine glockenförmige Kurve darstellt, dann zeigt sich, daß das gegenwärtige System dahin tendiert, Wissenschaftler aus dem breiten Mittelstück der Glockenkurve auszuwählen, also sowohl die Dilettanten als auch die Genies auszuschalten. Die schöpferischen und hoch intelligenten Menschen werden mit anderen Worten von der Forschung ausgeschlossen. Schuld an dieser Diskriminierung ist die Tatsache, daß die Mitglieder der Kommissionen nur die Finanzierung derjenigen Projekte beschließen, die in der Reichweite ihrer Vorstellungskraft liegen.

Man kann nur McCutchen beipflichten, daß dies weniger ein Kontrollsystem als vielmehr eine »moderne Verschwörung« ist, bei der die urteilenden Akteure, ihrem persönlichen Vorteil folgend, schöpferische Forscher zwingen, nicht mehr schöpferisch zu sein, wenn sie Wert darauf legen, zu arbeiten und dafür Geld zu erhalten. Statt also Anreize für wirklich kreative Forscher zu schaffen, werden systematisch professionelle, aber wenig kreative Wissenschaftler ausgewählt und bevorzugt, von denen man sich mehr erhofft, als sie dann einlösen können. Das ist der Grund, warum sich diese Forscher am Ende manchmal gezwungen sehen, bei einem Betrug Zuflucht zu nehmen, um ihren »Arbeitgeber« zufriedenzustellen.

So kommt es nicht nur zu verschiedenen Mißbräuchen, bei denen der wissenschaftliche Betrug an erster Stelle steht, sondern auch zu dem viel beunruhigenderen Phänomen des Stillschweigens, ja der bedingungslosen Verteidigung der Schuldigen durch die Institutionen, die eigentlich die Pflicht hätten, das System zu überwachen und sein korrektes Funktionieren zu gewährleisten.

Gerade auf höchster Ebene besteht zwischen Behörden, Universitäten, Forschungslabors und wissenschaftlichen Zeitschriften eine stille Übereinkunft, die von anderen als rein wissenschaftlichen Interessen bestimmt wird und jedem Versuch einer Reform des Systems Widerstand entgegensetzt. Es handelt sich dabei um ein ausgedehntes Netz, in dem die Verantwortlichen oft schwer auszumachen sind.

Eine Korrektur des Systems wäre also dringend geboten. Dies beweisen auch die Schwierigkeiten, mit denen das *Office of Scientific*

Integrity (*OSI*) zu kämpfen hat. Diese Behörde wurde 1989 auf Betreiben des amerikanischen Kongresses gegründet, erhielt aber keineswegs die zu einem wirksamen Eingreifen erforderliche Eigenständigkeit. Tatsächlich ist sie der Nationalen Gesundheitsbehörde unterstellt, aus der sich auch ihre Beschäftigten rekrutieren. Dies waren ursprünglich neun Forscher, die über ein Jahresbudget von einer Million Dollar verfügten. Die Behörde erfüllte im wesentlichen zwei Aufgaben: Vor allem hatte sie darauf zu achten, daß die Universitäten und Forschungslabors, die von der Regierung finanziert werden, die vom Gesundheitsministerium aufgestellten Auflagen zum Schutz vor Betrügereien einhielten. Diese Auflagen sehen unter anderem vor, daß Universitäten und Forschungslabors selbst Untersuchungen in die Wege leiten, wenn sie Manipulationen bei ihren Forschern vermuten, und darüber dem *OSI* einmal jährlich Bericht erstatten. Zweitens prüfte das *OSI* diese Berichte und leitete sie zur Genehmigung an eine andere Behörde weiter. Diese Behörde, das *Office of Scientific Integrity Review* (*OSIR*), gehört zum Gesundheitsministerium.

In den ersten zwei Jahren seiner Tätigkeit lagen dem *OSI* 100 Fälle von Betrugsverdacht vor, von denen es aber nur 25 näher untersuchte. Nur 15 dieser Fälle endeten mit Schuldsprüchen. Die Arbeit dieser Behörde gestaltete sich jedoch recht schwierig und wurde ständig behindert. Im Juli 1991 trat die Direktorin des *OSI*, Suzan Hadley, aus Protest gegen die ständigen Einmischungen in ihre Arbeit zurück. Der letzte Fall einer solchen Einmischung gab dabei den Ausschlag. Einer der fünfzehn von Hadley nachgewiesenen Betrugsfälle betraf einen Arzt der Cleveland Klinik, dem vorgeworfen worden war, seine Untersuchungsergebnisse manipuliert zu haben, um weitere Forschungsgelder zu erhalten. Eine von der Klinik selbst durchgeführte Untersuchung widersprach diesem Schuldspruch. Direktorin der Klinik war Bernardine Healey, die aber im Juni 1991 zur Chefin des *NIH* ernannt wurde und offenbar auf die Tätigkeit des *OSI* Einfluß nehmen wollte, insbesondere bei dem Fall, in den ihre eigene frühere Klinik verwickelt war. Dies ging Hadley zu weit. Sie trat zurück und überließ ihren Posten Jules V. Hallum. Von da an verringerten sich die Aktivitäten des *OSI* merklich und im Juni 1992 wurde es schließlich von der

Regierung geschlossen und zusammen mit dem *OSIR* in eine neue Behörde, das *Office of Research Integrity (ORI)* umgewandelt, um den Auseinandersetzungen ein Ende zu bereiten.

4. Wenn Athene weint...

Es wäre jedoch falsch, das europäische System für besser zu halten und zu meinen, daß es hier zu keinen Unregelmäßigkeiten der beschriebenen Art käme. Vor allem in jüngster Zeit sind auch in Europa Betrugsfälle bekannt geworden. Der ausgefallenste ist der Fall von Jacques Benveniste und seinem »Gedächtnis des Wassers«. Weniger bekannt ist der Fall des Engländers M.J. Purves, der sich 1981 in große Schwierigkeiten brachte, weil er unbedingt beweisen wollte, daß das Gehirn eines Schafsembryos mehr Zucker aufnimmt, wenn sich das Tier im Wachzustand befindet.

Dieses für sich genommen zunächst nicht gerade weltbewegende Ergebnis hatte einige Kollegen von Purves neugierig gemacht. Die Beschreibung des Experiments ließ in ihnen den Verdacht aufkommen, daß hier etwas nicht stimmen konnte. Im Gegensatz zu vielen amerikanischen Universitäten handelte die Universität von Bristol unverzüglich: Sie benannte eine Untersuchungskommission, die bereits in den ersten Monaten des Jahres 1981 feststellte, daß das Experiment nicht wiederholbar ist. Das Vorgehen von Purves wurde verurteilt. Purves gestand seine Schuld ein und einigte sich mit der Universität auf ein offizielles Dementi, das nur aufgrund familiärer Gründe um einige Monate aufgeschoben wurde. Keiner seiner Kollegen konnte sich allerdings erklären, was einen talentierten Wissenschaftler wie Purves, der keine neuen Forschungsgelder nötig hatte, da ihn bereits die *Wellcome Foundation* und das Gesundheitsministerium in größerem Umfang unterstützten, dazu gebracht hatte, eine solche Fälschung zu begehen.

In dieser Hinsicht wenigstens erscheint der Fall des deutschen Neurobiologen Robert Gullis verständlicher. Gullis hatte bewiesen, so behauptete er jedenfalls, daß einige wichtige Botenstoffe des Nervensystems, besonders das Enzephalin, das bei der Verminderung von Angst eine Rolle spielt, eine Erhöhung der Konzentration einer Substanz mit dem Namen zyklisches Guanosinmonophosphat bewirken. Allgemein wurde dies für sehr wahrscheinlich gehalten und Professor Bill Lands, einer der bekanntesten Experten auf diesem Gebiet, hielt die von Gullis veröffentlichten Artikel für das Interessanteste, was er seit Jahren gelesen hatte. Nur waren sie leider völlig wertlos.

In einem Brief an die Wissenschaftszeitschrift *Nature* schrieb Gullis am 24. Februar 1977: »Ich möchte Sie von der Tatsache in Kenntnis setzen, daß einige von mir in verschiedenen Zeitschriften veröffentlichten Artikel keine verläßlichen Angaben enthalten. Die veröffentlichten Diagramme und Werte sind frei erfunden. Im Laufe meiner kurzen Forscherkarriere habe ich eher meine Hypothesen veröffentlicht als Ergebnisse, die ich durch Versuche erhalten habe. Ich war so sehr von meinen Ideen überzeugt, daß ich sie einfach zu Papier gebracht habe (...) Ich übernehme die volle Verantwortung für diese unglücklichen Vorfälle und bin bereit, die Konsequenzen daraus zu ziehen. Ich hoffe, daß meine Erfahrung anderen als Mahnung dient und möchte mich bei den Wissenschaftlern und allen beteiligten Personen entschuldigen.«

Hier handelt es sich unzweifelhaft um Betrügereien des amerikanischen Typs. Der einzige Unterschied besteht darin, daß sie in Europa seltener vorkommen als in den USA. Aber warum? Etwa deshalb, weil in Europa die bessere Wissenschaftspolitik betrieben wird? Ist es hier gelungen, die Autonomie der Wissenschaftler besser zu gewährleisten und den übertriebenen Konkurrenzkampf zu vermeiden, der in den Forschungslabors der USA herrscht? Leider scheint dies nicht so zu sein. In den europäischen Ländern wird heute ein Mittelweg zwischen dem alten Modell des 19. Jahrhunderts (das der Forschung geringe Mittel ohne rigorose Kriterien und ohne besondere bürokratische Kontrollmechanismen zur Verfügung stellte) und dem amerikanischen Modell beschritten. Einen Extremfall stellt das italienische System dar. Peter Aldhous hat in einer Sondernummer von *Science* zur europäischen Forschung vom April 1992 dargelegt, daß Italien keine Tradition der Bewertung von Finanzierungsanträgen durch eine »Kon-

trolle der Gleichen« besitzt. Die im Vergleich zu ihren amerikanischen Kollegen weit geringeren Mittel, die die italienischen Wissenschaftler erhalten, werden nach dem Gießkannenprinzip verteilt. Wenn
es auch stimmen mag, daß »es nicht einen einzigen Fall gibt, in dem
einem guten Wissenschaftler Gelder verweigert worden sind«, wie
Luigi Rossi Bernardi, der Präsident des Nationalen Forschungsrates
(*Consiglio Nationale delle Ricerche*) Aldous erklärte, so gibt es gleichwohl
Forschungslabors, auf die unabhängig von ihrer Seriosität und wissenschaftlichen Produktivität ein wärmerer Geldregen herabgeht. Als
Folge davon werden viele und manchmal sogar mehr mittelmäßige
Wissenschaftler finanziert als professionell fähigere Kollegen.

Diese wenig strenge Handhabung der Forschungsfinanzierung hat
jedoch den unbestreitbaren, wenn auch vielleicht einzigen Vorteil,
keinen Anreiz für Betrügereien zu bieten. Zu diesem Ergebnis kommt
auch eine Untersuchung, die von der französischen Zeitschrift *La
Recherche* in Auftrag gegeben wurde. Odile Robert faßt die Ergebnisse
der Studie zusammen und stellt fest, daß in Frankreich das Phänomen
des wissenschaftlichen Betrugs so gut wie bedeutungslos oder jedenfalls die Wahrscheinlichkeit wissenschaftlicher Fälschungen weit geringer ist als in den USA. Für Robert gibt es dafür zwei mögliche
Erklärungen: »Die erste ist quantitativer Natur: Wie bei den Nebenwirkungen von Arzneimitteln kommt es nur oberhalb einer gewissen
kritischen Schwelle zu Betrügereien, die nur in den USA aufgrund
der großen Menge von Forschern, die in diesem Land tätig sind,
erreicht werden kann. Die zweite Erklärung ist qualitativer Natur und
hat soziokulturelle Gründe: Die Kehrseite der offensichtlichen Effizienz
des amerikanischen Forschungssystems ist der Veröffentlichungszwang,
der für alle Forscher während ihrer gesamten Karriere gilt. Was
Forschungsergebnisse und Veröffentlichungen angeht, verstehen die
Amerikaner bei niedriger Produktivität keinen Spaß. Ein Forscher,
den man für unproduktiv hält, verliert sein Gehalt und seinen Arbeitsplatz, und auch das Überleben eines Großteils der Forschungs-
laboratorien ist von Zuschüssen abhängig. In Frankreich ist die Situation an den großen Forschungsinstituten insgesamt eindeutig ent-
spannter. Zu entspannt, wie manche meinen. Trotzdem schafft die

Sicherheit des Arbeitsplatzes bei den französischen Forschern ein psychologisches Klima, das einen wichtigen Schutz gegen die Versuchung darstellt, zu betrügen.«

In den anderen europäischen Ländern ist die Situation ähnlich. Der europäische Weg ist ein Mittelweg, der einige der alten Ideale, aber auch ungerechte Privilegien und Vorurteile bewahrt hat. Gleichzeitig findet erzwungenermaßen eine Angleichung an das in den Vereinigten Staaten praktizierte Modell statt, dessen Professionalität der heutigen Gesellschaft am meisten zu entsprechen scheint. Weil dieses Modell jedoch nur zur Hälfte eingeführt wurde, werden in Europa aber auch Betrügereien nicht so leicht aufgedeckt. In den Vereinigten Staaten gibt es einen gesetzlich festgeschriebenen Zugang zu allen Informationen, der von dem *Freedom of Information Act* garantiert wird. Das Gesetz verpflichtet jeden, der öffentliche Mittel für seine Arbeit in Anspruch nimmt, Einsicht in sämtliche seiner Dokumente und Unterlagen zu gewähren. Vertuschungsaktionen werden so zumindest erschwert.

Der Wissenschaftsbetrug ist gegenwärtig vor allem eine Begleiterscheinung der *Big Science* und damit des Wachstums der westlichen Wissenschaft. Alles scheint darauf hinzudeuten, daß das wahre Problem nicht im System liegt, sondern in den aufgeblähten Dimensionen, die es in den letzten Jahrzehnten angenommen hat. Der Forschungsbetrieb hat inzwischen Größenordnungen erreicht, die sein geregeltes Funktionieren unmöglich machen. Nicht das Finanzierungssystem muß also überprüft werden, sondern die Struktur und die Dimensionen der gewaltigen wissenschaftlichen Forschungsmaschinerie.

5. Die Wissenschaft als unendliches Unternehmen

Im Januar 1991 legte der Präsident der Amerikanischen Gesellschaft zur Förderung der Wissenschaft, Leon Lederman, seinen Jahresbericht über den Stand der wissenschaftlichen Forschung in den USA vor, wie es das Statut dieser Organisation vorschreibt. Es handelte sich um einen alarmierenden Bericht, der mit klaren Worten die offenkundigen Auswirkungen der Krise aufzählte, in der sich die amerikanische Forschung befindet. Die USA seien im Begriff, so Lederman, ihre wissenschaftliche Führungsrolle zu verlieren: Die Zahl der Nobelpreise für amerikanische Wissenschaftler nehme ab, die Zahl der Universitätsabschlüsse in den Naturwissenschaften sinke jedes Jahr um etwa 10 000, die Wettbewerbsfähigkeit der europäischen und vor allem der japanischen Wissenschaft wachse, so daß 1986 zum ersten Mal in der Geschichte der USA die Importe von High-Tech-Produkten die Exporte überstiegen und 1989 die drei japanischen Konzerne Canon, Toshiba und Hitachi die meisten Patente in den USA anmeldeten.

Die Hauptursache dafür sieht Lederman im ständigen Sinken der Finanzmittel, die für die Forschung aufgewendet werden. Die Regierung bemühe sich zwar, mehr Gelder bereitzustellen, doch blieben die Forscher unzufrieden. Trotz der Mehraufwendungen der letzten Jahre, die eine Tendenzwende (im Vergleich zum Einbruch der 70er Jahre) anzeigten, liege die inflationsbereinigte Summe für das Jahr 1990 wenig höher als 1968, also vor zwanzig Jahren, mit dem beträchtlichen Unterschied freilich, daß sich die Zahl der Wissenschaftler seither verdoppelt habe.

Lederman hatte seinem Bericht den Titel *Science: The End of the Frontiers?* (*Ist die Wissenschaft am Ende?*) gegeben und damit polemisch auf den Titel des Berichtes angespielt, den Vannevar Bush 1945 über den Stand der Forschung und den Organisationstypus gehalten hatte, der den Erfolg des Manhattan-Projekts begründet hatte: *Science, the Endless Frontier* (*Die endlose Wissenschaft*). Bush hatte in seinem Bericht die wissenschaftliche Forschung als ein Unternehmen dargestellt, das dem ständigen Fortschritt verpflichtet ist. Natürlich dachte Bush vor allem an die potentiell endlose Folge von Ergebnissen, die eine gut geölte und organisierte Wissenschaftsmaschine liefern konnte, aber ihm war nicht klar, daß seine Ideen auch ein gewaltiges Wachstum des Forschungsbetriebes selbst und der Zahl der Wissenschaftler mit sich bringen mußten, das auf Dauer nicht durchgehalten werden konnte. Ledermans Bericht nimmt zum ersten Mal, wenn auch noch undeutlich, das Ende des amerikanischen Traums vom unbegrenzten Wachstum der Wissenschaft zur Kenntnis.

Die Idee vom unbegrenzten Wachstum der Wissenschaft hatte schon John Derek De Solla Price zu Beginn der *Big Science* kritisiert. Solla Price ist ein Vertreter der Szientometrie, einer Disziplin, die Soziologie, Statistik und Wissenschaftsgeschichte miteinander zu verbinden versucht. Price weist darauf hin, daß nahezu jeder meßbare Bereich in der Entwicklung der Wissenschaft ein enormes Wachstum aufweist, während einige besonders bedeutsame Aspekte, wie beispielsweise der Umfang der zur Verfügung stehenden Mittel und die Zahl der wirklich begabten Wissenschaftler, diesem Wachstum nicht folgen können. Sei es aufgrund dieses unterschiedlichen Wachstums oder aus dem einfachen Grund, daß nichts unbegrenzt wachsen kann: Die Wissenschaft wird, so lautet die Schlußfolgerung von Price, an einem bestimmten Punkt einen Sättigungsgrad erreichen und sich auf einem bestimmten Niveau einpendeln.

Zunächst einmal wächst die Zahl der Wissenschaftler gewaltig an. Im Jahr 1896 gab es dem Historiker John D. Bernal zufolge auf der ganzen Welt nicht mehr als 50 000 Wissenschaftler, und von diesen widmeten sich nicht mehr als 15 000 der Forschung. 66 Jahre später belief sich die Zahl auf mindestens eine Million, und nimmt man die in der Industrie, den Behörden und der Lehre tätigen Forscher hinzu, so waren es sogar zwei Millionen. Zwischen 1976 und 1986 ist die Zahl der Wissenschaftler von einer Million auf 2 186 000 angestiegen. Heute liegt sie bei über drei Millionen, und davon arbeiten allein eine Million in den USA. Diese Zahlen besagen mehr, als es zunächst scheint. Sie besagen nämlich, daß die Zahl der Wissenschaftler tatsächlich exponentiell gestiegen ist.

Mathematisch betrachtet bedeutet exponentielles Wachstum eine Verdoppelung in gleichmäßigen Intervallen. Nach De Solla Price beträgt der Zeitraum, in dem sich die Anzahl der Wissenschaftler verdoppelt, zwölfeinhalb Jahre. Etwa alle dreizehn Jahre also verdoppelt sich die Zahl der Wissenschaftler, während die Bevölkerungszahl praktisch konstant bleibt. Im Jahr 1821 gab es beispielsweise 21 Millionen Italiener, eine Zahl, die im Jahr 1992 auf 56 Millionen angewachsen ist. Dies bedeutet, daß sich die italienische Bevölkerung in 131 Jahren nicht einmal verdreifacht hat, während die Wissenschaftler, von denen es 1861 selbst bei großzügiger Schätzung nur 3 000 gab, heute 71 000 zählen, sich seither also gut elfmal verdoppelt haben.

Aus diesem sozusagen natürlichen Grund wird sich die Zunahme der Wissenschaftler verlangsamen und schließlich zum Stillstand kommen. Doch gibt es noch eine weitere und in diesem Kontext bedeutsamere Tatsache, die mit einer Art Rückkoppelungseffekt des Wachstums der Wissenschaft in Zusammenhang steht. Es hat sich nämlich gezeigt, daß sich die Zahl der wirklich fähigen, innovativen und kreativen Wissenschaftler nur alle 20 Jahre verdoppelt, während sich die Gesamtzahl der Wissenschaftler nur alle zwölfeinhalb Jahre verdoppelt. Die absolute Zahl der Wissenschaftler steigt mit anderen Worten im Verhältnis doppelt so schnell wie die Zahl der hochkreativen Wissenschaftler. Wollte man die Zahl der hochkreativen Wissenschaftler verfünffachen, so müßte man zuerst die Zahl aller Wissenschaftler mit 25 multiplizieren. Um zum Beispiel 80 000 hochkreative Wissenschaftler zu haben, würde man eine Gesamtzahl von acht Millionen Wissenschaftlern benötigen. Mit dem Ansteigen der Zahl der Wissenschaftler, so lautet die Schlußfolgerung, erhöht sich die Zahl der wenig kreativen und mittelmäßigen im Verhältnis zu den genialen Wissenschaftlern. Je mehr Wissenschaftler es gibt, desto weniger kreatives Potential ist vorhanden und desto schwieriger wird es folglich, neue Entdeckungen zu machen.

Es ist jedoch der Kostenfaktor, der eine weitere exponentielle Zunahme der Wissenschaftler unmöglich macht. Man hat errechnet, daß die Kosten doppelt so schnell ansteigen wie die Zahl der Wissenschaftler. Das exponentielle Wachstum bei der Zunahme der Wissenschaftler führt also schlicht gesagt zum exponentiellen Wachstum der Ausgaben. Dies ist in der Hochphase der amerikanischen Wissenschaft auch tatsächlich eingetreten.

Die Gesamtausgaben für Forschung und Entwicklung in den USA machten 1929 0,2 Prozent des Bruttosozialprodukts aus, 1940 waren es 0,3, im folgenden Jahr 0,7 Prozent. Zwischen 1946 und 1952 betrugen die Ausgaben ein Prozent, 1956 waren es zwei Prozent und 1964 erreichten sie drei Prozent des Bruttosozialprodukts. Auch dies war ein exponentielles Wachstum. Bereits zu Beginn war die Wachstumsrate der Finanzierungsbeträge größer als die Zunahme der Wissenschaftler. Nach den Berechnungen von De Solla Price betrug zwischen 1950 und 1960 der Verdoppelungszeitraum für Aufwendungen im Bereich von Forschung und Entwicklung in Amerika fünf Jahre. Damit stiegen die jährlichen Ausgaben in diesem Bereich um 15 Prozent, während das Volkseinkommen nur um dreieinhalb Prozent stieg. Wäre diese Wachstumsrate beibehalten worden, so hätten die Ausgaben für Forschung und Entwicklung im Jahr 1973 zehn Prozent des Volkseinkommens erreicht. Statt dessen blieb es bei drei Prozent, die seither aus verständlichen Gründen nicht mehr überschritten wurden. Hätte sich die exponentielle Wachstumsrate nämlich fortgesetzt, so müßten die Amerikaner heute das Doppelte ihres Bruttosozialprodukts für die Forschung aufwenden.

Europa konnte sich solche Verrücktheiten nicht erlauben, obwohl die Forschungsausgaben auch hier in beachtlichem Maße gestiegen sind. 1962 gaben die USA allein fast 18 Milliarden Dollar für Forschung aus, während alle europäischen Länder zusammengenommen auf etwa viereinhalb Milliarden Dollar kamen. Italien verwandte 1964 0,6 Prozent des Bruttosozialprodukts für Forschung, Frankreich 1,6 Prozent und England zwei Prozent. Heute erhalten die 71 000 italienischen Wissenschaftler 1,4 Prozent des Bruttosozialprodukts. Mit dieser Zahl scheint das Wachstum der Forschungsausgaben in diesem Land eine dauerhafte Grenze erreicht zu haben.

Die paradoxen Konsequenzen eines fortlaufenden exponentiellen Wachstums der Wissenschaft machen nur zu deutlich, daß es hier wie in anderen Bereichen kein unbegrenztes Wachstum geben kann. Was wird also geschehen? Price zufolge wird genau das eintreten, was bei exponentiellem Wachstum in der Natur immer geschieht: Das Wachstum erreicht einen Höhepunkt, beginnt sich zu verlangsamen, und die Kurve neigt sich auf eine Sättigungsgrenze, jenseits derer es kein Wachstum mehr gibt.

6. Die Zukunft der Wissenschaft

Was also ist zu tun? Die naheliegendste Lösung bestünde in einer Veränderung der Größenordnung und einer Neuorganisation der Wissenschaft mit weniger Wissenschaftlern, weniger Geld und höheren Qualifikationsanforderungen. Bereits 1967 meinte Alvin M. Weinberg in seinem Buch *Probleme der Großforschung*, daß das amerikanische Wissenschaftssystem seit der Gründung der Berufsschulen für die verschiedenen Ausbildungsbereiche sozusagen »zwangsernährt« werde. Bis zum Zweiten Weltkrieg sei dies für die noch wachsende amerikanische Gesellschaft nützlich gewesen. Als sich diese Tendenz nach 1945 jedoch durch die Zunahme der Bundesmittel noch verstärkte, geriet schließlich das gesamte Forschungssystem potentiell in Gefahr. Seit langem also schon leidet die amerikanische Forschung an Gigantomanie, und es wäre an der Zeit, sie neu zu dimensionieren. Aber niemand scheint gewillt zu sein, dies in Angriff zu nehmen, nicht zuletzt deshalb, weil es allem Anschein nach unmöglich ist. Große Systeme und Organisationen, die an übermäßigem Wachstum leiden, verändern sich normalerweise nicht, sondern brechen zusammen oder sterben ab. Sie widersetzen sich Veränderungen ihrer Struktur. Und wer könnte heute das System der *Big Science* reformieren, dessen Krise in großem Maßstab auch die Krise der europäischen Wissenschaft vorwegnimmt? Price machte vor 20 Jahren einen Vorschlag, der heute weitaus vernünftiger klingt als damals: »Ein logistisch voll entwickeltes Land, das mit Wissenschaft ›gesättigt‹ ist, muß sich auch reif und weise verhalten. Es muß einen Teil seiner Führungsrolle an jüngere, noch wachsende Länder abgeben, die ihm langsam seine wissenschaftliche Überlegenheit abnehmen.« Abhilfe könnte demnach eine zunehmende Verlagerung der Forschung in die Entwicklungsländer schaffen.

Für diesen Vorschlag spricht vor allem eins: In den Entwicklungsländern kostet die Forschung weniger, und allein dieser Umstand beseitigt manche Fehlentwicklungen und Widersprüche, die notwendig mit der Professionalisierung und der Vermassung der Forschungstätigkeit einhergehen. Wo die Wissenschaft weniger kostet, kommt es nicht zur Diktatur der Mittelmäßigen, weil bevorzugt kreative und motivierte Wissenschaftler zur Forschung Zugang erhalten. Hier gibt es keine Machtstrukturen und aufgeblähte Bürokratien, die die Autonomie des Forschers ersticken, und es kommt auch nicht zu einer wahllosen Vermehrung von Veröffentlichungen und zur sinnlosen Produktion von falschen oder abwegigen Informationen. Das ganze System ist, kurz gesagt, organischer. In der Entwicklung der Ausgaben im Verhältnis zur Zahl der Wissenschaftler spiegelt sich hier noch wirklicher wissenschaftlicher Fortschritt wider.

Die Weltbank, die nach 1945 mit dem Ziel gegründet wurde, zum Wiederaufbau und zur Entwicklung der vom Krieg zerstörten Produktionskapazitäten beizutragen, betont seit 1989 die Bedeutung, die der Aufbau einer eigenen, autonomen Forschung für die Länder der Dritten Welt hat. Vor allem den afrikanischen Ländern empfiehlt die Weltbank, der Abwanderung von Wissenschaftlern Einhalt zu gebieten, denn mehr als 70 000 afrikanische Hochschulabsolventen sind nach ihrer Ausbildung in Europa geblieben, und viele der 34 000 Afrikaner, die in den USA studieren, werden in diesem Land wahrscheinlich dauerhaft bleiben. An zweiter Stelle empfiehlt die Weltbank, die Hälfte der zusätzlichen Finanzhilfen, die die afrikanischen Länder im nächsten Jahrzehnt erhalten sollen, in den Bereichen von Produktion, technischer Hilfe und Forschung auszugeben. Unterdessen hat die Akademie der Wissenschaften der Dritten Welt gefordert, daß Gelder für den Informationstransfer durch Zugriff auf Datenbanken und für den Kauf von wissenschaftlicher Literatur und Zeitschriften für wenigstens 50 noch zu gründende Zentralbibliotheken in den Entwicklungsländern zur Verfügung gestellt werden.

Die Bedeutung solcher Initiativen ist unlängst von dem Nobelpreisträger für Physik, Muhammad Abdus Salam, hervorgehoben worden. Er schlägt vor, in den nächsten 20 Jahren 10 bis 15 Prozent der Hilfen, die an die Entwicklungsländer verteilt werden, für die Förderung von Wissenschaft und Technologie zu verwenden. Absicht dieser Vorschläge ist es natürlich in erster Linie, eine angemessene Entwicklung der Länder der Dritten Welt zu garantieren und nicht die Kosten und die Geschwindigkeit der Wissenschaft im Westen zu verringern.

Aber es besteht kein Zweifel, daß ihre Befolgung die Voraussetzungen für eine Verlagerung der Forschungsaktivitäten aus den westlichen Ländern in die Entwicklungsländer schaffen könnte.

Dieser Transfer mag schwer vorstellbar sein und ist in der gegenwärtigen Situation kaum zu verwirklichen. Die wissenschaftliche und technologische Vorherrschaft des Westens scheint so fest verwurzelt zu sein, daß eine Zukunft unvorstellbar erscheinen muß, in der die Spitzenforschung in den Ländern Afrikas, Südamerikas oder in Afghanistan stattfindet. Aber das muß nicht immer so bleiben, denn »das erste, was es im Hinblick auf die Kluft zwischen der Wissenschaft und der Technologie des Nordens und des Südens zu begreifen gilt«, so erklärt Salam, »ist die Tatsache, daß sie ein relativ junges Phänomen ist.« Die Wissenschaftler zur Zeit Platons, als die Hochphase der Entwicklung einsetzte, gehörten zu einer Art griechischem *Commonwealth*, dem neben den Griechen die Ägypter, die Bewohner Süditaliens und die Vorfahren der heutigen Syrer und Türken angehörten, ganz abgesehen davon, daß die griechische Wissenschaft selbst orientalische Wurzeln hatte. Von 600 bis 650 n. Chr. gab es eine deutliche Vorherrschaft der chinesischen Wissenschaft, während von 650 bis 700 n. Chr. neben den Chinesen auch die Inder, die Araber, die Perser, die Türken und die Afghanen zum wissenschaftlichen Fortschritt beitrugen, in einer, so Salam, »ununterbrochenen Abfolge von Vertretern der Dritten Welt für die Dauer von 500 Jahren«. Erst nach 1100 erscheinen die ersten westlichen Namen wie Geradus Cremonensis und Roger Bacon. Aber noch weitere 250 Jahre dominieren Gelehrte der Dritten Welt, wie Ibn-Rushd, Naseer-ud-den Tuse, Musa bin Maimun und Sultan Ulug Beg. Erst nach 1450 gewann der Westen an Einfluß und übernahm ab etwa 1660 die Führung. Zu dieser Zeit wurden zwei der bedeutendsten Bauwerke der Neuzeit fertiggestellt: im Westen St. Paul's in London und im Osten das Tadsch Mahal, das Shah Dschahan in Agra für seine Frau errichten ließ. Für Salam veranschaulichen diese Bauwerke auf eindrucksvolle Weise das vergleichbare Niveau von Architektur, Kunstfertigkeit und Verfeinerung, das beide Kulturen in dieser Zeit erreicht hatten. »Zur gleichen Zeit aber«, so fügt Salam hinzu, »wurde – dieses Mal nur im Westen – ein drittes Monument errichtet, das eine noch größere Bedeutung für die Menschheit hatte. Es handelt sich um die *Principia* von Newton, die 1687 erschienen, und diese Arbeit hatte kein vergleichbares Gegenstück in Indien.«

Erst seit drei Jahrhunderten hat der Westen also jene eindeutige wissenschaftliche Überlegenheit inne, die heute so untrennbar mit unserer Kultur verbunden scheint. Ob dies so bleiben wird, ist fraglich, und Salam ist zuzustimmen, wenn er sagt: »Wissenschaft und Technologie folgen einem Zyklus und stellen ein Erbe der gesamten Menschheit dar. Osten und Westen, Süden und Norden waren in der Vergangenheit gleichermaßen an ihrer Entstehung beteiligt und werden es, wie wir hoffen, in der Zukunft wieder sein, wenn die gemeinsamen Anstrengungen auf dem Feld der Wissenschaft zu einer verbindenden Kraft unter den Völkern der Erde werden.«

Der Kulturtransfer von einem Kulturkreis zum anderen wurde in der Vergangenheit durch komplexe geschichtliche, politische und ökonomische Bedingungen bestimmt. Heute erscheint es zumindest vorstellbar, daß dieser Transfer zum ersten Mal von den Wissenschaftlern selbst und von den Gesellschaften, in denen sie arbeiten, gelenkt werden kann. Dabei muß es nicht notwendigerweise zu Rückschritten oder einer Umkehrung der Wissenschaftsentwicklung in den Ländern kommen, die bis heute die Führungsrolle in der Forschung innehaben.

Kapitel III

Fälschungen, Skandale und merkwürdige Begebenheiten

1. Herzensangelegenheiten

In den USA erregte ein medizinischer Skandal großes Aufsehen, in den Harvard, die renommierteste amerikanische Universität, und einer der bekanntesten amerikanischen Kardiologen, Eugene Braunwald, verwickelt waren. Braunwald hatte den brillanten jungen Studenten John Roland Darsee unter seine Fittiche genommen, der einen geradezu erstaunlichen Arbeitseifer an den Tag legte. Darsee war es gelungen, in den zwei Jahren, die er in Harvard verbrachte, Hunderte von Artikeln und *Abstracts* zu veröffentlichen, viele davon zusammen mit seinem Lehrer. Braunwald leitete zwei verschiedene Laboratorien und hatte insgesamt einen Forschungsetat von drei Millionen Dollar aus Mitteln der Nationalen Gesundheitsbehörde (*NIH*) zur Verfügung. Von den 130 Forschern, die er unter seiner Ägide ausbildete, sind gegenwärtig 40 als Universitätsprofessoren, Dekane oder Direktoren kardiologischer Abteilungen in Kliniken und Hospitälern nahezu überall in den USA tätig. Unter diesen war jedoch Roland Darsee nach Braunwalds eigener Aussage der tüchtigste. In Anbetracht der beeindruckenden Verdienste seines Schülers dachte er bereits darüber nach, ihm ein eigenes Labor im *Harvard-Beth-Israel-Hospital* einzurichten. Doch die anderen Studenten und Mitarbeiter Braunwalds konnten sich nicht erklären, wie und wann Darsee die gewaltige Menge seiner Untersuchungen durchführte, aus denen er das Wissen und die Daten für seine zahllosen Artikel gewann. Sie begannen daher, ein

Auge auf ihn zu werfen, und im Mai 1981 ertappten sie ihn auf frischer Tat bei der Fälschung der Werte eines Experiments, das Gegenstand einer seiner nächsten Veröffentlichungen werden sollte. Es handelte sich um ein Forschungsprojekt unter Beteiligung mehrerer amerikanischer Laboratorien, bei der in Tierexperimenten neue Therapien gegen die Blutleere des Herzmuskels erprobt werden sollten. Das Projekt wurde mit 724 000 Dollar vom *NIH* finanziert.

Darsees Aufgabe war es dabei, die Wirkung verschiedener Arzneimittel auf Hunde zu untersuchen, bei denen er zuvor künstlich einen Herzinfarkt herbeigeführt hatte. Im Mai 1981 machten einige seiner Kollegen Robert Kloner, den Direktor des Laboratoriums, darauf aufmerksam, daß die Experimente, die als Grundlage für Darsees nächsten Artikel dienen sollten, nie durchgeführt worden waren. Kloner bat Darsee daraufhin, ihm die Laboraufzeichnungen dieser Experimente zu zeigen. Darsee sagte ihm, daß er sie nicht habe, daß er aber die Experimente wiederholen und ihm dann die Daten geben würde. Am 21. Mai begann er mit den Versuchen. Er nahm einen Hund, führte einen Infarkt herbei, machte jeweils vor und nach der Injektion einiger Arzneimittel ein EKG und maß den Blutdruck. Unter den Augen seiner bestürzten Kollegen hielt er ab und zu die Papierrolle an, auf der die Maschine das Elektrokardiogramm und die Kurve des Blutdrucks ausdruckte, und schrieb »erster Tag«, »zweiter Tag«, »dritter Tag« usw. an den Rand. So erhielt er an nur einem Tag die Daten, für die er sonst eine zweiwöchige Versuchsreihe benötigt hätte.

Die Zeugen des Vorfalls gingen mit Darsee zu Kloner. Er konnte die Anschuldigungen unmöglich leugnen, um so weniger, als seine Kollegen noch einen anderen Beweis gegen ihn in Händen hatten: Seine Forschungen sahen nämlich vor, daß er nach den Experimenten eine Autopsie der Versuchstiere vornahm, um den Blutfluß in den Herzkranzgefäßen zu überprüfen, und zwar mit Hilfe eines radioaktiven Analysemittels, das dem Hund injiziert werden mußte, solange er noch lebte. Nun hatten ihn aber zwei seiner Kollegen, der technische Leiter Sharon Hale und der Forscher Edward J. Brown, dabei ertappt, wie er einen Hund mit der Nummer D-35 in einen der Säcke steckte, in denen man die Versuchstiere begräbt, die »geopfert« werden, wie es im Laborjargon heißt. Eigenartig war nur, daß der Hund überhaupt keine Zeichen einer Autopsie aufwies. Darsee hatte ihn folglich gar nicht aufgeschnitten, um das Herz herauszunehmen, wie es das Protokoll des Experiments vorsah. Um sicherzugehen, hatten die beiden hinter Darsees Rücken den Kadaver des Hundes geöffnet, das Herz entnommen und Kloner gezeigt. Kloner begriff sofort die Tragweite der Anschuldigungen und sprach darüber mit Braunwald. Die beiden beschlossen, den Schuldigen zu bestrafen, gleichzeitig aber einen Skandal zu vermeiden, der unweigerlich dem Ansehen des ganzen Laboratoriums geschadet hätte.

Am 26. Mai bestellte Braunwald Darsee in sein Arbeitszimmer und konfrontierte ihn in Gegenwart Kloners mit den gegen ihn erhobenen Anschuldigungen. Am Ende der Unterredung war er zu dem Schluß gekommen, daß es sich um einen offensichtlichen Fall von Betrug handelte, den Darsee in Anbetracht der Umstände auch nicht leugnen konnte. Er erklärte ihm, daß er aus diesem Grund nicht mehr für die (schon beantragte) Assistenzprofessur in Frage komme und ihm erst recht nicht die Leitung des Labors im *Beth-Israel-Hospital* anvertraut werden könne. Braunwald gab seinem in Ungnade gefallenen Ex-Schüler auch zu verstehen, daß es für ihn angezeigt sei, Harvard – wenn auch erst nach Ablauf einiger Monate – zu verlassen. Zuvor wollte Braunwald sich davon überzeugen, daß Darsee keine weiteren Fälschungen begangen hatte. In der Zwischenzeit sollte er nicht mehr aus Mitteln des *NIH*, sondern direkt vom Institut bezahlt werden.

Nach einigen Monaten war der alte Professor zu der Auffassung gelangt, daß die Untersuchung gegen Darsee als abgeschlossen betrachtet werden konnte. Er teilte Daniel C. Tosteson, dem Dekan der *Harvard Medical School*, mit, daß es keinen Grund gebe anzunehmen, daß Darsee sich noch anderer Fälschungen schuldig gemacht habe. Die Angelegenheit könne mithin als erledigt angesehen werden, ohne daß von akademischer oder gar gerichtlicher Seite weitere Schritte unternommen werden müßten, die man schwerlich würde geheimhalten können und die schließlich einen Skandal heraufbeschwören würden. Zu einem Skandal kam es trotzdem.

Tosteson wollte der Sache auf den Grund gehen und ernannte im November 1981 eine Untersuchungskommission, die aus acht Professoren bestand. Unabhängig davon berief das *NIH* eine andere, aus vier Mitgliedern bestehende Kommission ein. Die Berichte der beiden Untersuchungskommissionen wurden im Januar und März 1982 bekanntgegeben.

Beide Kommissionen kamen zu der Auffassung, daß Darsee einen Großteil der von ihm vorgelegten Daten gefälscht oder von anderen abgeschrieben hatte. Insgesamt fehle Darsees Untersuchungen jede Genauigkeit.

Das Urteil fiel recht hart aus: Darsee sollte zehn Jahre lang weder Forschungsgelder beantragen oder erhalten können noch in Kommissionen oder Forschungsgruppen des *NIH* mitarbeiten dürfen; das *Brigham and Women's Hospital*, in dem Darsee seine »Forschung« zur Blutleere des Herzmuskels betrieben hatte, mußte 122 000 Dollar zurückerstatten. Außerdem wurden die Zahlungen an das von Braunwald geleitete Laboratorium für ein Jahr ausgesetzt, bis eine Reihe von Untersuchungen erwiesen hatte, daß die wissenschaftlichen Qualitätsstandards und die Kontrolle der Forscher ausreichen, um wieder Vertrauen in die dort geleistete Arbeit zu setzen.

Braunwald fühlte sich durch die letztgenannte Verfügung persönlich getroffen und forderte öffentlich, daß auch Darsees Aktivitäten vor seinem Studium in Harvard untersucht werden müßten, wenn man wirklich an Klärung und Gerechtigkeit interessiert sei. So mußte schließlich auch die Emory Universität, an der Darsee 1974 promoviert und dann bis 1979 gearbeitet hatte, eine eigene Untersuchungskommission einsetzen, bei der der bekannte Pharmakologe Neil C. Moran den Vorsitz führte. Am 5. Mai 1983 gab er das Ergebnis bekannt.

Der Bericht kam zu folgendem Urteil: »Die von dieser Kommission geleitete Untersuchung von Darsees Arbeit hat eindeutige, direkte und umfassende Beweise für flagrante und fortgesetzte Betrügereien erbracht, die dieser Wissenschaftler bei seiner Forschungsarbeit und seinen Untersuchungen an der Emory Universität beging, ganz zu schweigen von den erfundenen Daten, die er auch noch nach seinem Wechsel an die Harvard Universität als Mitglied dieser Universität veröffentlichte.«

Aber nicht einmal nach der Veröffentlichung dieses Berichtes fand Darsee Frieden. Sein Fall wurde ausgerechnet zum ersten großen Fall von Stewart und Feder, die mit einer Untersuchung der 109 Veröffentlichungen Darsees und der 47 Wissenschaftler, die als Koautoren einiger dieser Veröffentlichungen firmierten, als *fraudbuster* debütierten. Sie wollten damit zeigen, daß Darsee nicht der einzige Schuldige war, da jeder, der mit ihm zusammengearbeitet hatte oder als Koautor aufgeführt war, mehr oder weniger direkt als Komplize betrachtet werden mußte. Aus ihren Untersuchungen ergab sich, daß nur 12 dieser 47 Wissenschaftler als unschuldige Opfer angesehen werden konnten, während sich alle anderen wenigstens der Unachtsamkeit schuldig gemacht hatten. Niemand hatte beispielsweise etwas daran auszusetzen gehabt, daß Darsee in einem seiner Artikel von einem 16jährigen Patienten sprach, der als Vater von vier Kindern im Alter von acht, sieben, fünf und vier Jahren auftauchte. Daß dieser an einer Herzkrankheit gestorbene Jüngling eine so überraschende Frühreife bewiesen hatte, daß er das älteste seiner Kinder bereits im zarten Alter von acht Jahren gezeugt haben mußte, blieb völlig unbemerkt.

Der Artikel, in dem Feder und Stewart diese Fakten ans Licht brachten, erwies sich für das gesamte wissenschaftliche Establishment als äußerst kompromittierend. Er wurde deshalb von verschiedenen Zeitschriften abgelehnt, bis John Maddox sich entschloß, ihn in *Nature* zu veröffentlichen, wo er im Januar 1987 erschien. In der Zwischenzeit hatte sich jedoch herausgestellt, daß Darsee seine Karriere als Betrüger noch wesentlich früher begonnen hatte, als bis dahin angenommen. Seine ersten Betrügereien gingen auf das Jahr 1969 zurück, als er noch Student an der Notre Dame Universität war. Der Professor für Mikrobiologie an dieser Universität, Julian R. Pleasants, gab an, daß Darsee in jener Zeit zwei Artikel in einer Studentenzeitung veröffentlichte, in denen er die Ergebnisse von einigen bemerkenswerten Experimenten beschrieb, die er angeblich durchgeführt hatte. In einem der beiden Artikel behauptete er, die Werte von zehn verschiedenen Hormonen bei 50 Mäusen, die er von ihrer Geburt bis zu ihrem Tod beobachtet hatte, zweimal in der Woche bestimmt zu haben. Auf diese Weise hatte er herausgefunden, daß sich die Werte von sechs der untersuchten Hormone immer stärker verringerten, je älter die Mäuse wurden. Weiter behauptete er, daß er 100 alten Mäusen diese Hormone injiziert und damit ihre durchschnittliche Lebenserwartung um 47 Prozent verlängert hatte. Es handelte sich um recht kostspielige Experimente, die eine Universität nur selten von einem Studenten ausführen läßt. »Unter anderem«, so erklärte Pleasants, »ist es sehr schwierig, mit der Nadel einer Spritze die winzige Oberschenkelvene einer Maus zu treffen und auf diese Weise zweimal wöchentlich genaue Hormondosen zu injizieren. Die Tiere würden sich nämlich ständig im Streßzustand befinden und bald Wunden, Fibrosen und Entzündungen bekommen. Solche Versuchsbedingungen verbieten sich für jeden Forscher von selbst, um so mehr für einen Studenten, der ein blutiger Anfänger ist.«

Trotz der enormen Beachtung, die dieser Skandal in der amerikanischen Presse fand, erhielt Darsee eine Stelle als Arzt im *Hellis Hospital* in Schenectaty im Staat New York, wo man ihn ungeachtet seiner negativen Presse für brillant und charismatisch hielt. In einem Brief an Braunwald vom Dezember 1981 hatte er die Beweggründe für seine Fälschungen angegeben. Darsee schrieb, daß er in jener Zeit eine schwierige Phase durchgemacht habe. Er sei völlig überlastet gewesen. Nach sechs Jahren ohne Ferien, ohne auch nur einen einzigen Tag krank gewesen zu sein, sei er geistig und emotional ausgelaugt gewesen. Er habe unbedingt schnell Karriere machen wollen, um eine gute akademische Position zu erhalten.

2. Aufstieg und Fall des Franz Moewus

Am Morgen des 30. Mai 1959 fand Liselotte Moewus ihren Ehemann Franz tot auf dem Boden liegen, den Mann, der bewiesen hatte, daß auch grüne Algen kopulieren können. Moewus hatte diese kleinen Pflanzen zu Hauptdarstellern einer neuen Disziplin gemacht, der

Molekularbiologie, die sich mit der Frage beschäftigt, durch welche
Prozesse das genetische Erbmaterial die Heranbildung und die Eigenschaften ausgewachsener Organismen bestimmt. Es handelte sich dabei um richtungweisende Studien, die zu klaren und überraschenden
Ergebnissen geführt hatten. Wenige Monate zuvor war Moewus deshalb in Amerika zu Beginn einer Vortragsreise ein triumphaler Emp-
fang bereitet worden.

Doch gerade während dieser Reise verdichtete sich ein Verdacht,
der bereits seit Jahren auf dem deutschen Wissenschaftler lastete, zur
Gewißheit: Die in so vielen Publikationen stolz verkündeten Forschungsergebnisse erwiesen sich nämlich als Betrügereien und Fälschungen. Viele der Experimente hatte Moewus gar nicht durchgeführt;
bei einigen seiner Arbeiten hatte er Beweise manipuliert und seine
ganze Theorie über das Sexualleben und die Genetik der Algen erschien am Ende wie ein gewaltiges Kartenhaus.

Moewus, dessen Fallgeschichte erst kürzlich der australische
Wissenschaftshistoriker Jan Sapp in einem lesenswerten Buch rekonstruiert hat, gebührt ein vorderer Platz auf der Liste der Pechvögel
unter den Fälschern. Im Gegensatz zu anderen, wie etwa dem Betrüger von Piltdown, der nie entdeckt wurde, oder Burt, dessen Fälschungen erst nach seinem Tod herauskamen, wurde Moewus bereits
zu Lebzeiten überführt und mußte die bitteren Konsequenzen seines
Verhaltens erfahren: Er verlor seinen Arbeitsplatz, seine Ehre als Wissenschaftler und schließlich – nach einem Herzanfall – auch sein Leben.

Franz Moewus kam am 7. Dezember 1908 in dem Berliner Vorort
Spandau zur Welt. Seine Familie übte seit Generationen das Schneider-
handwerk aus und war auf die Konfektionierung von Uniformen für
das preußische Heer spezialisiert. Franz zeigte hingegen ein ausge-
prägtes Interesse für die Biologie, worin ihn sein Vater in jeder Weise
bestärkte. Die Biologie faszinierte ihn so sehr, daß er sich nach seinem
Studium der wissenschaftlichen Forschung widmen wollte. Er beschloß, sich bei dem namhaften Professor Hans Kniep auf Botanik zu
spezialisieren, der am Botanischen Institut der Humboldt-Universität
in Berlin lehrte und sich besonders mit Pilzen beschäftigte. Kniep war
es, der Moewus drängte, die Fortpflanzung der Pilze und Algen zu

erforschen. Leider starb er schon sehr jung, noch bevor Moewus seine Doktorarbeit bei ihm beenden konnte. Solchermaßen zu einem akademischen Waisenkind geworden, begab sich Moewus unter die Ägide von Max Hartmann, der damals bereits eine Autorität auf dem Gebiet der Protozoologie war und das Kaiser Wilhelm Institut für Biologie in Berlin leitete.

Hartmann betrachtete die Sexualität als ein universelles Phänomen. Nach einer Theorie, die ihm ans Herz gewachsen war, beruht alles Leben auf dieser Welt auf der Polarität von männlich und weiblich. Dort, wo Leben ist, mußte sich folglich die Unterscheidung von männlich und weiblich finden lassen und damit auch eine Form der Paarung, so primitiv sie auch immer sein mochte. Allerdings gab es viele Tatsachen, die sich dieser allgemeinen Sichtweise in den Weg stellten. Viele Organismen pflanzen sich nämlich nicht durch Sexualität, sondern durch schlichte Teilung fort: durch Selbstteilung und Selbstvervielfältigung. Andere dagegen, wie die Algen, kennen zwar in einigen Fällen Formen der Paarung, jedoch zwischen praktisch identischen und undifferenzierten Individuen, so daß es unmöglich ist, sie als Männchen und Weibchen zu unterscheiden.

Die von Hartmann favorisierte Theorie hatte also mit beachtlichen Schwierigkeiten zu kämpfen, und so machte sich sein ergebener und gewissenhafter Schüler Moewus daran, diese aus dem Weg zu räumen. Bei seinen ersten Untersuchungen knöpfte er sich die Grünalgenart *Chlamydomonas eugametos* vor, die ein lebendiger Gegenbeweis von Hartmanns Theorie zu sein schien, denn sie pflanzt sich über kleine Keimzellen fort, die mit Geißeln ausgestattet sind und keinerlei Geschlechtsdifferenzierung aufweisen. Es ist bei dieser Art mit anderen Worten unmöglich, festzustellen, welche die weibliche und welche die männliche Keimzelle ist. Jeweils zwei dieser Keimzellen paaren sich, indem sie sich zuerst mit den Spitzen der Geißeln berühren und sich dann spiralförmig umeinander winden. Alles deutete darauf hin, daß es sich um einen bemerkenswerten Fall von einzelliger Homosexualität handelte, der um so erstaunlicher war, als niemand das gemeinsame Geschlecht der beiden »Partner« als männlich oder weiblich erkennen konnte.

Aber Moewus rückte die Dinge wieder zurecht. Vor allem bewies er, daß die beiden Keimzellen nicht völlig identisch waren, da eine Keimzelle etwas größer war und seiner Auffassung nach als das Weibchen identifiziert werden konnte. Den endgültigen Beweis dieser Geschlechtsunterscheidung erbrachte er mit Kreuzungsexperimenten: Er kreuzte *Chlamydomonas eugametos* mit ihrer Kusine, *Chlamydomonas braunii*. Folgt man Moewus, so führte diese Ehe zu einer stärkeren Ausprägung der Unterschiede zwischen männlichen und weiblichen Keimzellen, die er mit einem Plus und einem Minus kennzeichnete, um sie auseinanderhalten zu können. Dabei sollte es sich nicht so sehr um einen morphologischen, sondern vielmehr um einen physiologischen Unterschied handeln (denn die Keimzellen waren gleich und blieben gleich). Moewus behauptete also, daß der Unterschied beider in der Art bestand, wie sie »funktionierten«. Es sollte also mit anderen Worten unsichtbare Unterschiede geben, die aus einer Keimzelle ein Männchen und aus einer anderen ein Weibchen machten.

Die Beweisführung war sehr elegant und gefiel Hartmann außerordentlich. Nur schade, daß sie falsch war. Sie widersprach nämlich den Beobachtungen von Adolf Pascher, der zu jener Zeit auf diesem Gebiet eine unumstrittene Autorität war und sich einige Jahre zuvor gründlich mit dem gleichen Phänomen befaßt hatte.

Diese unterschiedlichen Auffassungen machten einige tschechoslowakische Wissenschaftler stutzig, die daraufhin versuchten, die Experimente von Moewus zu wiederholen, doch ohne Erfolg. Im Jahr 1939 kamen sie zu dem Schluß, daß man nicht umhin konnte, Paschers Auffassung zu bestätigen, wonach die Paarung bei Grünalgen zwischen Keimzellen stattfindet, die in sexueller Hinsicht absolut undifferenziert sind.

Hartmann brachte diese Kritik jedoch zum Schweigen. Er setzte seine ganze Autorität ein, um die Gültigkeit der Forschungsergebnisse seines Schülers zu bekräftigen, die so hervorragend zu seiner Theorie paßten. Durch diese Unterstützung ermutigt, forschte Moewus weiter und entdeckte bei den Fortpflanzungsaktivitäten der Grünalgen noch andere kuriose Merkmale. Er gelangte zu der Auffassung, daß es externe chemische Faktoren gibt, die auf das Geschlechtsleben der

Keimzellen von Grünalgen Einfluß gewinnen können. Insbesondere hatte er »entdeckt«, daß der Lebensraum der Keimzellen Substanzen enthält, die er »Sexualstoffe« nannte und die das Verhalten der Keimzellen beeinflussen konnten. Im Wasser, so meinte er, gebe es kleine Organismen, deren Absonderungen das Sexualverhalten der Algen aktivieren konnten. Er behauptete, daß es ihm gelungen sei, diese Stoffe der kleinen Organismen durch Filtern und Zentrifugieren zu isolieren. Weiter behauptete er, daß die Keimzellen sich nicht paaren konnten, solange sie nicht mit den Sexualstoffen in Kontakt kamen. Auch in diesem Fall stellten sich die Experimente später als völlig haltlos heraus, wurden jedoch aufgrund der gewichtigen Unterstützung durch Hartmann von der internationalen Fachwelt akzeptiert.

Moewus erwartete offenbar, daß die Dankbarkeit des Meisters in der Förderung seiner wissenschaftlichen Karriere Ausdruck finden würde. Dies um so mehr, als er gerade geheiratet hatte. Hartmann scheint sich jedoch nie sonderlich um die finanziellen Verhältnisse und die Karriere von Moewus gekümmert zu haben, vielleicht, weil er bereits einen Verdacht gegen seinen allzu ehrerbietigen Schüler nährte oder weil er andere Nachwuchsforscher fördern wollte, was er später dann auch tat. So fand sich Moewus im Jahr 1936, nachdem sein Stipendium abgelaufen war, ohne Arbeit.

Er beschloß, sich einen anderen Förderer zu suchen. Über die IG Farben kam er mit dem Biochemiker Richard Kuhn in Kontakt, der die Chemieabteilung des medizinischen Forschungszentrums in Heidelberg leitete und auch Professor an der dortigen Universität war. Kuhn war wegen seiner Untersuchungen über karotinoide Pigmente und Vitamine in der ganzen Welt berühmt. 1939 erhielt er für diese Forschungen den Nobelpreis. Moewus und Kuhn verstanden sich sofort, denn sie hatten, wie Frau Moewus einmal bemerkte, den gleichen Charakter und den gleichen Sprachhabitus. Tatsächlich erwies sich Kuhn im Vergleich zu Hartmann als ein weitaus fürsorglicherer »Meister«. Mit seiner Hilfe erhielt Moewus bis zu seiner Habilitierung in Erlangen (die ihm in Heidelberg verwehrt blieb) eine ansehnliche finanzielle Unterstützung von verschiedenen pharmazeutischen Firmen, so daß er schließlich als Professor nach Heidelberg berufen werden konnte. Aber Kuhn unterstützte ihn auch noch auf andere Weise: Er sorgte weiterhin dafür, daß er Mittel von der Pharmaindustrie erhielt, um seine Forschungen fortsetzen zu können, und verhinderte auch seine erneute Einberufung zum Kriegsdienst. So viel Großzügigkeit wollte Moewus offenbar mit Diensten vergelten, die bei weitem das übertrafen, was er für Hartmann getan hatte. Und wirklich war Kuhn angenehm berührt, als Moewus ihm eröffnete, daß die Karotinoiden eine wichtige Rolle im Geschlechtsleben der Algen spielen.

Karotinoide sind Substanzen, deren Farbe von Gelb bis Violett variiert. Sie sind in der Pflanzenwelt sehr verbreitet und unter anderem für die herbstliche Verfärbung der Blätter verantwortlich. Als Kuhn sie entdeckte, konnte er ihnen noch keine besondere Funktion zuweisen. Moewus hingegen gelang das sofort. Er wußte, daß Karotinoide auch in Algen vorkommen. Also, so dachte er, mußten sie ja auch zu etwas gut sein, und so machte er sich daran zu »entdecken«, was das wohl sein konnte. Mit entsprechenden Experimenten stellte er fest, daß eines der Karotinoiden, das Crocin, die Beweglichkeit der Keimzellen erhöhen konnte, während zwei andere die geschlechtliche Differenzierung der Algen beförderten: Das Pyrocrocin akzentuierte die weiblichen Züge der Keimzellen, während das Safranal ihre männlichen Anlagen betonte. Schließlich – und damit schloß sich der Kreis – bewies Moewus, daß zwei andere Karotinoide, das cis- und das trans-Crocetin, für die wechselseitige Anziehung der Keimzellen verantwortlich waren, also dafür, daß der Funke übersprang, der zur Paarung führte.

Die Artikel, in denen Moewus diese Ergebnisse mitteilte, wurden zwischen 1938 und 1940 veröffentlicht – manche von ihnen auch unter dem Namen seines neuen Meisters. Sie trugen unzweifelhaft dazu bei, daß Kuhn 1939 den Nobelpreis erhielt und zu einer unumstrittenen wissenschaftlichen Autorität avancierte.

In den folgenden Jahren veröffentlichte Moewus wieder zusammen mit Kuhn eine Reihe von Artikeln, die das Ergebnis eines sehr viel bedeutsameren und für damalige Zeiten einzigartigen Unternehmens waren. Er hatte Stück für Stück seine Lieblingsalge *Chlamydomonas*

»auseinandergenommen« und nachgewiesen, daß sie 70 Gene besaß. Er hatte die morphologische, physiologische und biochemische Funktion jedes einzelnen Gens des winzigen Organismus erforscht und beschrieben. Mit anderen Worten: Er hatte nicht nur den »Bauplan« seiner Alge rekonstruiert, sondern ihre einzelnen Bausteine bestimmt und erkannt, wie sie in einem ausgewachsenen Exemplar zusammenwirkten. Dieses Ergebnis war spektakulär. Es zeigte zum ersten Mal, daß sich jeder Organismus auf der Basis von Informationen entwickelt, die in den Genen enthalten sind. Sie stellen das Erbmaterial der ursprünglichen Zelle dar, aus der sich der Embryo entwickelt. Viele waren damals von der Stichhaltigkeit dieser Theorie überzeugt und arbeiteten in der gleichen Richtung, aber Moewus war der erste, der vollständige und erschöpfende Resultate erzielt hatte. Jedenfalls schien es so.

Alle Vertreter der modernen Molekularbiologie waren wie elektrisiert, darunter auch der junge James Watson, der später den Nobelpreis für die Entdeckung der DNA bekommen sollte. Ende 1948 schrieb Watson eine nie veröffentlichte Arbeit für seinen Professor T.M. Sonneborn mit dem Titel »Die Genetik von *Chlamydomonas* unter besonderer Berücksichtigung ihrer Geschlechtlichkeit«. In ihr analysierte er gründlich die Untersuchungen von Moewus, die er ganz offenbar für bahnbrechend hielt, doch bemerkte er auch: »Was die genetische Analyse betrifft, gewinnt man dennoch gelegentlich den Eindruck, daß es sich bei einigen der als Fakten präsentierten Feststellungen lediglich um Wunschvorstellungen handelt. Es ist zudem schwer vorstellbar, wie die Arbeit, deren Ergebnisse geschildert werden, überhaupt zu bewältigen war. Zweifellos sind einige der beschriebenen Experimente entweder nie gemacht, oder aber falsch beschrieben worden.« Erst etwa zehn Jahre später stellte sich heraus, wie begründet diese Zweifel tatsächlich waren.

In der Zwischenzeit schickte sich Moewus an, eine Autorität auf seinem Gebiet zu werden. 1938 wurde er zu dem dritten internationalen Kongreß für Mikrobiologie in New York eingeladen. Doch geradezu schicksalhaft tauchten auf seinem Karriereweg immer wieder Hindernisse auf: Er hatte kaum das Schiff bestiegen, als die

Nachricht vom Ausbruch des Krieges bekanntgegeben und alle Passagiere aufgefordert wurden, wieder nach Hause zu gehen.

Als der Krieg zu Ende war, befand er sich in einer verzweifelten Situation. Im Nachkriegsdeutschland konnte Kuhn nicht mehr viel für ihn tun. Es war schwierig, Studenten zu finden, die an seiner Forschung interessiert waren, und darüber hinaus mußte er sich um Verwandte kümmern, die der Krieg all ihrer Habe beraubt hatte. Moewus setzte auf seine Freundschaft mit Sonneborn, um eine Stelle in den USA zu erhalten. Als dies fehlschlug, entschied er sich für Australien.

So kam es, daß er im September 1951 als Forscher an das Botanische Institut der Universität von Sydney ging, wo er mit dem Biochemiker Arthur Birch zusammenarbeitete, der sich damals mit der Synthese natürlicher Verbindungen beschäftigte.

1953 wurde Moewus von Francis Ryan an die Columbia Universität eingeladen, um dort seine mittlerweile berühmten Experimente über die genetische Steuerung der verschiedenen Entwicklungsphasen von *Chlamydomonas* zu wiederholen.

Mitte Januar 1954 fand sich Moewus an der Columbia Universität ein. Diese und die folgenden Einladungen, die er erhielt, deuteten darauf hin, daß sein Aufenthalt in den USA entscheidend für seine Karriere werden würde: Es war damit zu rechnen, daß sich darin die Verleihung des Nobelpreises ankündigte. Seine Ankunft in den USA hatte tatsächlich großes Aufsehen erregt. Ein Großteil der Wissenschaftler maß seinen Experimenten zentrale Bedeutung bei. Gleichzeitig waren aber auch viele der Auffassung, daß sie auf gewöhnlichen Fälschungen beruhten. Die Anwesenheit von Moewus bot eine optimale und vielleicht die letzte Gelegenheit herauszufinden, welche der beiden Hypothesen die richtige war. Jedenfalls war der Terminkalender von Moewus vollgepackt. Verschiedene Universitäten hatten ihn eingeladen: die U.C.L.A., die Purdue Vanderbilt und die Cornell Universität. Vor allem aber war er gebeten worden, im Sommer 1954 eine Reihe von Vorträgen an dem Ort zu halten, der schon damals das Mekka der Molekularbiologen der ganzen Welt war: das *Marine Biological Laboratory* von Woods Hole in Cape Cod.

Diese Rundreise, von der zumindest Moewus selbst sich eine Art Apotheose erhoffen mußte, trug jedoch von Anbeginn alle Zeichen eines Opferganges. Bei den Vorträgen, die er an der Pennsylvania und an der Cornell Universität hielt, wurden die Forschungsergebnisse seiner Zusammenarbeit mit Birch in Zweifel gezogen. Zwei Wissenschaftler, William Stepka und Bernard Davis, hatten bemerkt, daß sie auf einer Manipulation des synthetischen Phenylalanin beruhten.

Aber das Schlimmste sollte noch kommen. In den zwölf Tagen, die Moewus in Woods Hole verbrachte, mußte er vor den Säulenheiligen der Molekularbiologie, Boris Ephrussi und Josua Lederberg, bestehen, und sein Traum, den Nobelpreis mit gefälschten Forschungsergebnissen zu erhalten, zerbrach ein für allemal. Das Luftschloß aus wissenschaftlichen Illusionen, daß er im Laufe seines Lebens errichtet hatte, fiel nun elend in sich zusammen. Als er seinen Vortrag über die Rolle des Rutins im Geschlechtsleben der Algen beendet hatte, erhob sich im Auditorium Karl Grell, ein Schüler von Hartmann, und hielt ihm öffentlich vor, daß seine Ergebnisse falsch und bereits von anderen Schülern Hartmanns widerlegt worden seien. Hartmann selbst sei von seiner früheren Zusammenarbeit mit Moewus abgerückt. Tatsächlich war gerade im April ein Artikel von Förster und Wiese erschienen, beide Schüler Hartmanns, die die Experimente von Moewus mit negativem Ergebnis wiederholt hatten. Vorangestellt war diesem Artikel eine kurze Anmerkung des Meisters, in der er zu seinem alten Mitarbeiter vorsichtig auf Distanz ging. In einem Interview, das Frau Moewus am 26. Mai 1987 Jan Sapp gab, sagte sie, daß Grell diesen Zwischenfall aus Neid provoziert habe, da er es auf den Lehrstuhl abgesehen hatte, den Hartmann zuerst Moewus geben wollte.

Schwerwiegender und letztlich entscheidend war jedoch die Begegnung mit Ruth Sager, die zu den wenigen in Woods Hole gehörte, die sich mit dem spezifischen Material auskannte, das Moewus in seinen Experimenten verwendet hatte: den Algen. Auch Sager arbeitete seit Jahren mit *Chlamydomonas*, doch ihre Arbeit war langwierig und wenig spektakulär verlaufen. Sie hatte nicht zu den aufsehenerregenden Ergebnissen geführt, die Moewus berühmt gemacht hatten.

Vor seinem gelehrten Publikum wiederholte Moewus eines seiner fundamentalen Experimente. Es sollte beweisen, daß ein Hormon, das Crocetin, das von einem bestimmten Gen produziert wird, für die Beweglichkeit der Algen verantwortlich ist. Bei diesem Experiment erwischte Sager ihn auf frischer Tat, als er versuchte, das Ergebnis mit einem simplen Taschenspielertrick zu manipulieren.

Moewus demonstrierte gerade, daß eine Kontrollgruppe der Algen in destilliertem Wasser unbeweglich blieb und keine Geißeln aufwies, während die Organismen der eigentlichen Versuchsgruppe begannen, sich zu bewegen und Geißeln zu entwickeln, sobald sie mit dem Crocetin in Kontakt kamen. Der Trick dabei war recht einfach: Neben Moewus standen zwei identische Flaschen ohne Etiketten, die eine gleichfarbige Flüssigkeit enthielten. Eine enthielt destilliertes Wasser, die andere eine Jodlösung. Sager erkannte, daß die Algenzellen nicht etwa deshalb unbeweglich blieben, weil ihnen das Crocetin fehlte, sondern ihre Unbeweglichkeit schlicht daher rührte, daß Moewus ihnen statt des unschädlichen destillierten Wassers die tödliche Jodlösung verabreicht hatte.

Dieser Vorwurf war unerhört, und es kam zu einer erregten und erbitterten Debatte zwischen den beiden, in deren Verlauf es Moewus nicht gelang, sich überzeugend zu verteidigen, denn schließlich hatte man ihn *in flagranti* ertappt.

Die Sache war auch für die Vertreter der Molekularbiologie äußerst peinlich und enttäuschend, denn sie hatten bis dato die Experimente von Moewus als Bestätigung des neuen Weges gesehen, den sie selbst beschritten hatten. Sie bemühten sich darum, die Wogen etwas zu glätten und versprachen, eine Kommission zu nominieren, welche die Fakten ermitteln sollte. Mitglied der Kommission war neben Boris Ephrussi auch Sonneborn, ein alter Freund von Moewus, der damit beauftragt wurde, eine Erklärung aufzusetzen, die von Moewus gegengezeichnet und dann veröffentlicht werden sollte. In dieser langen und weitschweifigen Erklärung mußte Moewus das Unabweisliche eingestehen, daß nämlich im Verlauf der Demonstration einige Algenzellen eine tödliche Jodlösung erhalten hatten.

Diese Erklärung wurde zu seinem Glück nie veröffentlicht. Sapp fand sie im Nachlaß von Sonneborn. Doch mit seiner Unterschrift besiegelte Moewus sein Todesurteil als Wissenschaftler. Von diesem Moment an wollte keine Universität mehr etwas mit ihm zu tun haben. Nicht einmal Vorträge konnte er noch halten, ganz zu schweigen von einer etwaigen Berufung. Bei der *National Drug Company*, einer Arzneimittelfirma, die Moewus 3000 Dollar für die Fortführung seiner Studien an der Universität von Miami zu Verfügung gestellt hatte, war nach Ablauf dieser Finanzierung trotz seiner dringlichen Anfragen niemand mehr für ihn zu sprechen. Ohne Antwort blieben auch die zahlreichen Bittbriefe, die Moewus an seine alten Kollegen schrieb. Vor der ehemaligen Berühmtheit der Molekularbiologie, die nur einen Schritt vom Nobelpreis entfernt war, tat sich auf einmal ein gähnender Abgrund auf.

Monatelang fanden Moewus und seine Frau keine Arbeit und mußten eine Zeitlang sogar hungern, bis Frau Moewus eine Stelle als Laborantin in einem Hospital in Miami fand. Einige Monate später erhielt auch ihr Mann eine Stelle in einem privaten Labor, wohin er den Rest seiner Algenkulturen mitnahm, denn nach Auskunft seiner Frau trug er sich mit der Hoffnung, seine Untersuchungen wieder aufzunehmen und sich vor den Augen der internationalen Wissenschaft zu rehabilitieren. Er arbeitete etwa zwei Jahre lang unter widrigsten Bedingungen, ohne die Ergebnisse zu erzielen, auf die er gehofft hatte. Dann ereignete sich eine Tragödie: Als er nach einem Wochenende wieder in sein Laboratorium kam, entdeckte er, daß seine sämtlichen Algenkulturen aufgrund eines Kurzschlusses eingegangen waren. Moewus bat seinen alten Kollegen Richard Starr ihm zu helfen, neue Kulturen aufzubauen, denn Starr besaß eine große Sammlung von Algenkulturen. Doch sein Brief blieb unbeantwortet. Moewus verbrachte Wochen in tiefer Hoffnungslosigkeit. Dann, in den frühen Morgenstunden des 30. Mai 1959, fand ihn seine Frau tot auf dem Boden.

Seine junge Frau, die Zeugin dieser tragischen Geschichte war und von einigen sogar der Komplizenschaft verdächtigt wurde, arbeitete noch einige Jahre in den USA und veröffentlichte 1959 posthum den letzten Artikel ihres Mannes. 1961 heiratete sie den pensionierten Rechtsanwalt Joseph Kobb und kehrte nach Deutschland zurück.

3. Mendel: Genie oder Betrüger?

Zu Unrecht eines Betrugs verdächtigt zu werden, ist sicherlich das schlimmste, was einem Wissenschaftler widerfahren kann. Der berühmteste Fall eines solchen »Justizirrtums« ist der Abt Gregor Mendel, der darüber hinaus auch das gewöhnlichere, aber darum nicht minder tragische Pech hatte, das klassische Beispiel eines verkannten Genies zu sein. Im Jahr 1866 entdeckte er seine drei berühmten Regeln – doch niemand verstand sie. Statt dessen war man allgemein der Auffassung, daß er lieber die Finger von Untersuchungen lassen sollte, für die er ganz offenbar nicht geeignet war. Und tatsächlich gab Mendel die Erforschung der Genetik auf und haßte für den Rest seines Lebens jene Erbsen, an denen er seine Regeln ausprobiert hatte. Im Jahr 1900 jedoch – Mendel war bereits seit 16 Jahren tot – wiederholten drei Wissenschaftler seine Experimente und stellten fest, daß die drei von ihm aufgestellten Regeln richtig waren. Mendel wurde postum zum Gründervater der Genetik erklärt.

36 Jahre später jedoch nahm sich ein anderer Wissenschaftler, Ronald Fisher, seine Erbsenexperimente erneut vor, rechnete sie nach und kam zu dem Schluß, daß sie aufgingen. Allerdings zu gut. Mendel hatte gemogelt: Er hatte seine drei Regeln mit genialer Intuition entdeckt und dann die Erbsen gewaltsam dazu gebracht, ihm recht zu geben.

Vor einigen Jahren wurde ich anläßlich des hundertsten Todestages von Mendel nach Brno (Brünn) in der damaligen Tschechoslowakei eingeladen, wo Mendel einen Großteil seines Lebens als Abt des dortigen Augustinerklosters verbracht hatte und wo er auch gestorben war. Ich sah mir den kleinen Garten an, in dem Mendel seine Experimente angestellt hatte, blätterte in den wenigen Dokumenten, die noch von seiner Tätigkeit zeugen und sprach mit dem damaligen Direktor des Museums, Viteszlav Orel. Die unglückliche Geschichte des Abtes Mendel rührte mich so sehr, daß ich beschloß, mich näher mit ihm zu beschäftigen. Daraus entstand ein Buch, in dem ich aufzeigen konnte, daß der Fall Mendel noch komplizierter ist, als man bisher angenommen hat. Der arme Abt hatte nicht nur beim Erbsenzählen betrogen, sondern sich auch einer viel harmloseren und verbreiteteren Sünde schuldig gemacht: Er hatte schlicht gelogen, denn er schilderte seine Experimente ganz anders, als er sie durchgeführt hatte. Er wußte nämlich, daß ihm niemand die Wahrheit geglaubt hätte.

Doch zunächst die Fakten. Bis zum Beginn des 20. Jahrhunderts wußten weder Biologen noch Ärzte, warum Kinder ihren Eltern ähneln. Man kannte die offenbar komplexen und unbegreiflichen Mechanismen nicht, aufgrund derer ein Kind manchmal mehr der Mutter als dem Vater ähnlich sieht, ein andermal dagegen Züge sowohl des einen als auch des anderen Elternteils zusammen mit Merkmalen der Großeltern trägt. Die am stärksten verbreitete Theorie besagte, daß sich bei der Vereinigung zweier Individuen ihre jeweiligen Erbanlagen zu gleichen Teilen vermischen. Man glaubte zum Beispiel, daß Kinder aus der Verbindung eines großen Mannes mit einer kleinen Frau eine mittlere Größe haben müßten. Man wußte jedoch, daß es sich um eine unbefriedigende Theorie handelte, weil sie viele Phänomene nicht erklären konnte und sich außerdem nicht präzise und schon gar nicht in mathematischen Gleichungen formulieren ließ, um etwa Phänome der biologischen Vererbung nicht nur verstehen, sondern auch im voraus berechnen und beeinflussen zu können. Als jedoch Gregor Mendel 1856 eine Theorie aufstellte, die genau diese Bedingungen erfüllte und später zur Grundlage der Genetik wurde, nahm ihn niemand ernst.

Mit Hilfe verschiedener Hypothesen ist versucht worden, diese seltsame und ungewöhnliche Begriffsstutzigkeit zu erklären. Einige vertreten die Auffassung, daß Mendels Entdeckung »verfrüht« war, andere geben zu bedenken, daß die Zeitschrift, in der Mendel seine Entdeckung veröffentlichte, nur eine kleine Auflage hatte, so daß sein Artikel nicht die nötige Beachtung finden konnte. Als möglicher Grund wird auch angeführt, daß Mendels Theorie zu viel Mathematik enthielt und die Biologen der Zeit sie nicht verstanden, weil sie Mathematik noch nicht in diesem Umfang einsetzten. Jüngste Untersuchungen haben jedoch gezeigt, daß all diese Hypothesen unbegründet sind. Mendels Entdeckung wurde sehr wohl beachtet und war auch nicht allzu schwer zu verstehen. Die Erklärung ist viel einfacher: Die Theorie des Abtes wurde deshalb nicht ernstgenommen, weil die von ihm behaupteten Ergebnisse gesicherten und auch heute noch gültigen Tatsachen widersprachen, die sie nicht erklären konnte. Wir werden gleich sehen, um was es sich dabei handelte. Doch zuvor sei kurz daran erinnert, worin Mendels Entdeckung bestand und auf welche Weise er sie machte.

Mendel hatte folgendes entdeckt: Kreuzt man Pflanzen einer Spezies mit stark unterschiedlichen Merkmalen, also etwa eine große mit einer kleinen Pflanze, und betrachtet man dann die Eigenschaften von nicht nur ein oder zwei Nachkommen, sondern einer möglichst großen Zahl, so ähnelt die Mehrzahl dieser Nachkommen im Hinblick auf das entsprechende Merkmal nur einer der beiden Pflanzen. Es kommt, so präzisierte Mendel, auf drei große Pflanzen jeweils eine kleine, das heißt, es besteht ein Verhältnis von 3:1 zwischen großen und kleinen Pflanzen. Voraussetzung dabei ist jedoch, daß die Pflanzen, die gekreuzt werden, sich nur in einem einzigen Merkmal unterscheiden.

Aus diesen Beobachtungen leitete Mendel seine ersten beiden Regeln ab. Er stellte nämlich fest, daß jedes Merkmal im genetischen Erbmaterial eines Exemplars (wie etwa in seinem Fall Form oder Farbe der Erbsen) in zwei alternativen Formen vorhanden ist (heute Allele oder Erbfaktoren genannt), von denen das eine, *dominante* Merkmal sich dreimal häufiger in den Nachkommen ausprägt als das andere, *rezessive* Merkmal. So erwies sich in seinen Experimenten beispielsweise der Erbfaktor »große Pflanze« als dominant gegenüber dem Erbfaktor »kleine Pflanze«, und deshalb gab es unter den Nachkommen drei große Pflanzen auf eine kleine. Dies ist die erste Regel, die auch als Uniformitätsregel bekannt ist. Die zweite, die sogenannte Spaltungsregel, ist etwas komplizierter und stellt den originellsten Beitrag Mendels dar. Mit ihm gelang es dem Abt nämlich zu erklären, warum das Verhältnis zwischen dominanten und rezessiven Merkmalen notwendig und präzise 3:1 sein mußte, statt zum Beispiel 4:1 oder 9:1.

Die Begründung dafür war umfänglich, aber im Grunde einfach: Wenn jedes Merkmal zwei mögliche Ausprägungen in den Erbanlagen hat, davon aber immer nur das dominante Merkmal wirklich erscheint, dann gehören die Nachkommen einer bestimmten Kreuzung (zweier verschiedener Gruppen, etwa die Gruppe der großen und die Gruppe der kleinen Pflanzen) unter dem Gesichtspunkt ihrer Erbanlagen tatsächlich nur vier verschiedenen Typen an. Wenn wir mit *A* den Erbfaktor bezeichnen, mit dem sich das Merkmal »große Pflanze« vererbt, und mit *a* den Erbfaktor, mit dem sich das Merkmal »kleine Pflanze« vererbt, gibt es vier verschiedene Kombinationsmöglichkeiten. Es kann Pflanzen geben, in deren Erbanlagen zweimal der Erbfaktor *A* für »große Pflanze« vorkommt (*AA*), Pflanzen, die die Kombination *Aa* und *aA* aufweisen, und schließlich Pflanzen, in deren Erbanlagen zweimal das Merkmal für »kleine Pflanze« angelegt ist (*aa*). Es handelt sich um vier Kombinationen, die zunächst alle die gleiche Wahrscheinlichkeit haben, weitervererbt zu werden, und deren Beziehung folglich 1:1:1:1 ist. Da aber jedesmal, wenn in den Erbanlagen einer Pflanze der dominante Erbfaktor »große Pflanze« (*A*) auftaucht, nur große Pflanzen entstehen, lassen sich die ersten drei Kombinationstypen zusammenziehen und es ergibt sich das Mendelsche Verhältnis von 3:1. Dies ist der Kern der Spaltungsregel.

Die Regel der freien Kombinierbarkeit ist die dritte Regel und eine Erweiterung und Verallgemeinerung der vorhergehenden. Nach dieser Regel, die für die Mehrzahl der Fälle gilt, übt bei Kreuzungen von Pflanzen, die sich in sehr vielen Merkmalen voneinander unterscheiden, keines der Merkmale einen Einfluß auf ein anderes aus. Das bedeutet, daß sich alle Merkmale nach dem klassischen Mendelschen Verhältnis von 3:1 zwischen dominanten und rezessiven Merkmalen unabhängig von den anderen Merkmalen ausprägen. So kommt es zum Beispiel nicht vor, daß ein dominantes Merkmal, etwa »glatte Erbsen«, zugleich ein rezessives Merkmal wie »kleine Pflanze« mit sich zieht, so daß dann bei einer bestimmten Pflanzengeneration mehr kleine Pflanzen auftauchen würden, als das Verhältnis 3:1 vorsieht.

Diese drei Regeln bilden also den Kern der von Mendel vorgeschlagenen Theorie. Es ist eine klare Theorie, die damals jeder für plausibel halten konnte und die auch heute noch im wesentlichen als richtig gilt. Warum also lehnten Mendels Zeitgenossen sie ab? Tatsächlich ist die Theorie selbst zwar klar, aber das gleiche läßt sich nicht von der Art und Weise behaupten, in der Mendel sie entdeckt haben will. Einige Details der Experimente, die Mendel nach eigener Darstellung durchgeführt hat, erschienen damals (und erscheinen auch heute noch) absurd und unmöglich. So behauptete er zum Beispiel, daß die 22 Erbsenpflanzen, mit denen er seine Experimente durchführte, eigenartigerweise Zwillinge waren, was sehr unwahrscheinlich ist. Er schreibt nämlich: »Für die Experimente habe ich Pflanzen verwendet, die sich nur in einem einzigen Merkmal unterschieden.« Mendel behauptet also mit anderen Worten, daß etwa bei der Kreuzung einer Pflanze mit glatten Erbsen und einer mit runzeligen Erbsen alle anderen Eigenschaften der beiden Pflanzen identisch waren. Es handelte sich also um Pflanzen, die praktisch Zwillinge waren und sich nur darin unterschieden, daß die eine glatte und die andere runzelige Erbsen hatte. Da Mendel Experimente mit sieben Merkmalen machte, müssen wir folglich annehmen, daß er über sieben Zwillingspärchen von dieser Pflanzenart verfügte. Von Anfang an erschien dies äußerst verdächtig. Einer der wackersten Verfechter von Mendels Theorie, William Bateson, war der erste, der bereits zu Beginn des 20. Jahrhunderts aufgrund der unglaubwürdigen Angaben Mendels die Meinung vertrat, daß dieser erfundene Experimente geschildert habe.

In jüngster Zeit haben zwei amerikanische Genetiker, Alan Coros und Floyd Monaghan, gezeigt, daß Mendel ganz unmöglich über diese sieben Zwillingspaare verfügt haben konnte. Selbst wenn man dies aber außer acht lasse, schrieben sie in ihrem 1984 im *Journal of Heredity* erschienenen Artikel, hätte er für jedes untersuchte Merkmal zwei Zwillingspflanzen benötigt, also vierzehn statt sieben.

Doch die Sache mit den Zwillingspflanzen ist nicht das einzige verdächtige Detail. Der wichtigste Kritikpunkt bezieht sich auf die dritte Regel und ist alles andere als geringfügig. Um das Jahr 1911 herum entdeckte man nämlich, daß diese Regel nicht immer zutrifft, sondern vielmehr in der Mehrzahl der Fälle nicht gültig ist. Heute wissen wir, daß die Erbfaktoren (die Gene, die die Ausprägung der einzelnen Merkmale bestimmen) keinesfalls völlig unabhängig voneinander sind, wie etwa Bälle in einer Lotterietrommel. Die Gene sind miteinander verbunden, denn sie sind Bestandteile eines einzigen langen DNA-Moleküls. In linearen Sequenzen und mit festen Positionen sind sie auf diesem Molekül entlang der Chromosomen angeordnet, die deshalb als verschieden lange Kettenstücke angesehen werden können, auf denen die Gene wie Perlen sitzen. Nun übertragen Eltern auf ihre Kinder nicht einfach einzelne Gene, sondern Chromosomen-Stücke, also mehr oder weniger lange Abschnitte der »Perlenkette«. Auf diesen Abschnitten können sich die Gene verschiedener, sowohl dominanter als auch rezessiver Merkmale nebeneinander befinden. Diese Verbindung verschiedener Merkmale nennt man Verkopplung. Sie straft das klassische Verhältnis von 3:1 Lügen. Die Erbmerkmale sind also nicht wirklich voneinander unabhängig, wie Mendel meinte. Rezessive Merkmale tauchen häufiger auf, als es nach ihm der Fall sein dürfte, da sie oft mit dominanten Merkmalen verkoppelt sind.

Nur allzu häufig machen Landwirte und Botaniker, die sich mit der Kreuzung von Pflanzen beschäftigen, genau diese Erfahrung. Viele von denen, die seine Vorträge hörten oder seine Artikel lasen, hielten deshalb die Ergebnisse, die Mendel in seinen Versuchen erhalten haben wollte, für unwahrscheinlich. Das große Durcheinander, das durch die Verkopplung der Merkmale verursacht wird, hatte daher dazu geführt, daß die Wissenschaftler jener Zeit die Verschmelzung der Erbanlagen beider Elternteile für die beste Hypothese hielten. Was Mendel also behauptete, schien den Tatsachen zu widersprechen.

Man könnte sich heute im Lichte neuerer Erkenntnisse fragen, ob es grundsätzlich möglich war, daß Mendel tatsächlich Merkmale untersuchen konnte, die voneinander unabhängig waren. Prinzipiell bestand diese Möglichkeit, praktisch jedoch nicht. Da Mendel sieben Merkmale der Erbsen untersuchte und da man später entdeckte, daß Erbsen genau sieben Chromosomen haben, ist es grundsätzlich möglich, daß Mendel gerade sieben Gene »erwischt« hatte, die sich auf verschiedenen Chromosomen befanden und sich folglich tatsächlich nicht wechselseitig beeinflußten, so als hätte er je eine Perle aus sieben verschiedenen Stücken der Perlenkette gelöst. Fragt man sich aber, welche Wahrscheinlichkeit bestand, daß Mendel blind und ohne irgend etwas von Chromosomen zu wissen (die ja noch nicht entdeckt worden waren) eine so glückliche Wahl traf, wird die ganze Sache höchst unwahrscheinlich. Die Wahrscheinlichkeit, ein Gen von jedem der sieben Chromosomen der Erbsenpflanzen auszuwählen, beträgt 1:163. Anders gesagt bestand eine Wahrscheinlichkeit von 99,4 zu 100, daß Mendel zwei oder mehr zusammenhängende Gene wählte, und nur von 0,6 zu 100, daß er Gene wählte, die unabhängig voneinander waren. Das ist der Grund, warum der Nobelpreisträger George Beadle Mendel nicht nur für genial hielt, sondern auch für einen ausgesprochenen Glückspilz.

Leider wissen wir heute, daß es nicht so gewesen sein konnte. Als man nämlich die Chromosomen der Erbsen untersuchte, stellte sich heraus, daß nur zwei der Gene, die bei Mendels Experimenten eine Rolle spielten, wirklich unabhängig voneinander waren. Eines dieser Gene (das die Farbe der Erbsen bestimmt) befindet sich auf dem fünften Chromosom, das andere (das die Form der Erbsen bestimmt) befindet sich auf dem siebten Chromosom. Von den anderen Genen fand man drei auf dem vierten und zwei auf dem ersten Chromosom. Es stimmte also nicht, daß Mendel sieben Gene auf sieben verschiedenen Chromosomen ausgewählt hatte, auch wenn es prinzipiell möglich gewesen wäre.

Wenn diese Gene aber nicht unabhängig voneinander waren, wie hatte Mendel es dann angestellt, seine dritte Regel experimentell zu beweisen? Die Antwort ist einfach: indem er die betreffenden Experimente nicht mit Hacke und Spaten im Garten des Klosters, sondern mit Papier und Feder in seiner Mönchszelle machte. Damit will ich nicht behaupten, daß er nie in den Garten ging. Was er dort jedoch machte, unterschied sich erheblich von seinen Angaben. Meiner Meinung nach hat Mendel einfach 22 Erbsenpflanzen auf jede mögliche Weise miteinander gekreuzt und beobachtete dann die nachfolgenden Pflanzengenerationen mehrere Jahre lang, wobei er sorgfältig die Zahl der Pflanzen aufschrieb, die bestimmte Merkmale aufwiesen.

Es stimmt also überhaupt nicht, daß er am Anfang Pflanzen kreuzte, die praktisch Zwillinge waren und sich nur in einem Merkmal unterschieden. Er kreuzte vielmehr, wie damals andere Botaniker auch,

Erbsenpflanzen, die sich in mehreren Merkmalen voneinander unterschieden. Es stimmt auch nicht, daß er von Anfang an sieben Charakteristika auswählte und sie im Auge behielt. Wie wir gesehen haben, hatte nur eine verschwindend geringe Wahrscheinlichkeit bestanden, daß er sich für die richtigen entschied. Mendel arbeitete also genau wie damals viele andere seiner Zeitgenossen auch, und wie diese sah er sich mit dem gewaltigen Durcheinander konfrontiert, das durch die Verkopplung, also die Verbindung und wechselseitige Abhängigkeit verschiedener Merkmale entsteht, weil die Gene, die diese Merkmale bestimmen, auf denselben Chromosomen sitzen. Aber Mendel war weitaus gewissenhafter und ausdauernder als seine Zeitgenossen und hatte seine Untersuchungen intelligent auf der Basis der Wahrscheinlichkeitsrechnung geplant.

Dank dieser Planung und der aufmerksamen Analyse, die er sukzessive den Daten aus seinen Experimenten angedeihen ließ, entdeckte er inmitten der großen Konfusion der Merkmale das seltene aber bedeutsame Verhältnis von 3:1 unter den alternativen Formen, die ein Merkmal annehmen konnte. Dies war der rote Faden, dem er folgte, um Ordnung in die unbegreiflichen und chaotischen Phänomene der biologischen Vererbung zu bringen. Er überließ den Garten sich selbst und widmete sich ganz seinen Aufzeichnungen. Da er wissen wollte, wie sich die einzelnen Merkmale verhalten, und da das Verhältnis, das er gefunden zu haben meinte, sich eben gerade auf einzelne Merkmale bezog, trennte er vermutlich die Daten von Merkmalgruppen so lange, bis er bei einem einzigen Merkmal angelangt war.

Mendel ging also so vor, daß er beispielsweise eine Kreuzung von drei Exemplaren, die sich in drei Merkmalen voneinander unterschieden, wie drei Kreuzungen von Exemplaren behandelte, die sich nur in einem einzigen Merkmal voneinander unterschieden. Dann muß er die Werte jedes einzelnen Merkmals in einer Reihe von Tabellen zusammengefaßt haben, wie eine Grafik in einem seiner Artikel belegt. Diese Tabellen enthielten in der ersten vertikalen Zahlenreihe eine fortlaufende Nummer für die jeweilige Pflanze, von der die Ergebnisse stammten, und in den anderen Reihen die Zahl der

Erbsen, die sie produziert hatte, geordnet nach den Merkmalen, die sie aufwiesen. In der zweiten Zahlenkolonne erschienen beispielsweise die Zahlen von glatten Erbsen, in der dritten die Zahlen runzeliger Erbsen, in der vierten die Zahlen gelber Erbsen und in der fünften die Zahlen grüner Erbsen. Aufgrund dieser Tabellen gewann Mendel schließlich die Gewißheit, daß sich wirklich einige der alternativen Merkmale als dominant und rezessiv in einem Verhältnis präsentierten, das immer etwa 3:1 betrug.

Aus der einzigen veröffentlichten Tabelle ging hervor, daß die fünfte Pflanze ihm 32 glatte und 11 runzelige Erbsen geliefert hatte, also ein Verhältnis der beiden Erbsentypen von 2,909:1 bestand, während die erste Pflanze 45 glatte und 12 runzelige Erbsen produzierte, was einem Verhältnis von 3,75:1 entspricht. Andere Merkmale, wie etwa die Rankfähigkeit der Erbsenpflanzen, müssen ein völlig anderes Verhältnis aufgewiesen haben, als der Mendelsche Kanon vorsah. Deshalb entschloß sich Mendel, alle »undisziplinierten« Merkmale beiseite zu lassen und konzentrierte sich nur auf die Merkmale, die dem Verhältnis 3:1 folgten. Auf diese Weise wählte er nach vermutlich zwei oder drei Jahren (und nicht etwa schon am Anfang, wie er selbst behauptete) sieben verschiedene Merkmale aus. Er entdeckte, daß eine Addition der Werte von einem der Merkmale bei einer bestimmten Pflanze mit den Werten des gleichen Merkmals bei einer anderen zu einer noch stärkeren Annäherung an das Verhältnis 3:1 führte. Er wählte jedoch nur die Zahlenkolonnen aus, die diesem Verhältnis am besten entsprachen und erhielt so jene überraschend ähnlichen Werte, die einen Betrug vermuten ließen. Dann behauptete er, diese Ergebnisse durch Experimente im Garten des Klosters erzielt zu haben.

Das stimmte nicht. Andererseits kann man auch nicht sagen, daß es sich hierbei um einen Betrug handelte. Die Zahlen kamen tatsächlich von Erbsen, die er im Garten angebaut hatte, aber die Experimente, die er dann beschrieb, hatte er nur auf dem Papier gemacht, indem er die Zahlen hin- und herschob. Warum hat er dann aber nicht die Wahrheit gesagt? Warum beschrieb er einen anderen Versuchsverlauf, statt einfach zu sagen, wie er tatsächlich zu seinen Ergebnissen gekommen war? Die Antwort ist viel einfacher, als es zunächst scheint. Wenn Mendel nämlich so vorgegangen ist, wie ich vermute, war er sich völlig darüber im klaren, daß seine dritte Regel unter den Hunderten von Merkmalen, die man bei Erbsen finden kann, nur für sieben galt. Wie hätte er aber in der Hochphase des Positivismus eine Entdeckung verkünden sollen, die eher wie eine Ausnahme als eine Regel aussah? Deshalb tat er lieber so, als lägen seinen Experimenten nur jene sieben Merkmale zugrunde, die allen seinen Regeln gehorchten, und suggerierte damit, daß auch ein achtes, neuntes oder zehntes Merkmal diese Regeln bestätigen würde. Doch er wußte, daß es sich anders verhielt, denn er hatte die Werte eines Großteils der Merkmale seiner Erbsen vor sich gehabt und nur bei diesen sieben mathematisch beweisen können, daß ihre Verteilung nach dominanten und rezessiven Merkmalen einem Verhältnis von 3:1 entsprach.

Als seine Entdeckung deshalb unter Wissenschaftlern auf allgemeine Ablehnung stieß, ärgerte ihn das nicht allzu sehr. Schließlich haben sie − so wird er sich gedacht haben − nicht ganz unrecht. Nach einigen Jahren hing er die Botanik endgültig an den Nagel und befaßte sich für den Rest seines Lebens nur noch mit Meteorologie. Sehr wahrscheinlich starb er in der Überzeugung, daß seine Erbsenexperimente vergebens waren. Doch das waren sie nicht. In Wirklichkeit hatte er ein bewunderungswürdiges Werk vollbracht. Leider waren die Chromosomen damals noch nicht entdeckt worden, weshalb es auch nicht möglich war, zu erklären, warum seine Theorie nur so beschränkt anwendbar war und wie eine naive Vereinfachung von Phänomenen wirkte, die in Wirklichkeit viel komplizierter waren. Aus dieser Sicht kann man Mendel als ein glückloses Genie bezeichnen. Ihn darüberhinaus einen Betrüger zu nennen, wäre in der Tat kleinlich.

4. Burt und die erbliche Dummheit

Cyril Burt war der Sohn des Hausarztes von Francis Galton, jenem seltsamen Cousin Darwins, der sich in seinem Leben so ziemlich mit allem beschäftigte, unter anderem den Intelligenztest erfand und eine nicht unwesentliche Rolle bei der Erforschung von Fingerabdrücken spielte.

Burt nahm viele von Galtons Ideen auf und Galton dankte ihm dies mit der Einrichtung des ersten Lehrstuhls für Psychologie in England, den sein Schüler im Jahr 1907 erhielt. Burts Anliegen war es, den Weg weiterzuverfolgen, den Galton und Charles Spearman eingeschlagen hatten. Letzterer war der erste große englische Psychologe und Begründer der Faktorenanalyse.

In seinen Publikationen machte Burt ausgiebig von Intelligenztests Gebrauch, um seine These zu belegen, daß Intelligenz von erblichen Faktoren bestimmt wird. Seine wichtigsten Studien bezogen sich auf eineiige Zwillinge, sogenannte »echte Zwillinge«. Der Forschungsschwerpunkt lag dabei auf solchen Zwillingen, die aus den unterschiedlichsten Gründen in verschiedenen Familien getrennt aufgewachsen waren. Der Grund für Burts Interesse an diesen Zwillingen ist offensichtlich. Eineiige Zwillinge haben identische Erbanlagen. Wenn es ihm folglich glückte zu beweisen, daß sie den gleichen Intelligenzquotienten aufwiesen, obwohl sie in verschiedenen Familien aufgewachsen waren, hätte er den Beweis für die Vererbung der Intelligenz erbracht. Er hätte damit bewiesen, daß die über das kulturelle Milieu vermittelten Gewohnheiten und Fähigkeiten keinen oder nur einen bedingten Einfluß auf unsere angeborene Intelligenz haben.

Um seinen Untersuchungen größere wissenschaftliche Strenge zu verleihen, benutzte Burt ein von Pearson übernommenes mathematisches Verfahren: den Korrelationskoeffizienten. Die Korrelation stellt mit mathematischer Strenge die Veränderung einer Größe im Verhältnis zur Veränderung einer anderen Größe fest. Wenn etwa ein Kind heranwächst, wachsen Arme und Beine entsprechend, das heißt, es besteht eine Korrelation zwischen dem Wachstum der Arme und der Beine. Diese Art der Korrelation wird positive Korrelation genannt. Erhöht sich dagegen eine Größe, während sich eine andere vermindert, besteht eine negative Korrelation. Die Standardgröße der Korrelation wird »Korrelationskoeffizient von Pearson« genannt und mit r bezeichnet. Sie variiert zwischen +1, dem Koeffizienten einer perfekten positiven Korrelation, und -1, dem Koeffizienten der perfekten negativen Korrelation. Gibt es keine Korrelation, ist der Koeffizient gleich 0.

Dieser Koeffizient ist deshalb von großer Bedeutung, weil man mit ihm statistisch beweisen kann, daß zwei bestimmte Größen wirklich miteinander in Beziehung stehen, was natürlich die Voraussetzung für eine Untersuchung der Ursachen dieser Beziehung ist.

Im Falle der eineiigen Zwillinge stellte Burt folgende Überlegung an: Führt man bei Zwillingen, die gleiche Erbanlagen haben, einen Intelligenztest durch, wobei man ihre Antworten in Zahlen ausdrückt und die von beiden erzielte Punktzahl miteinander vergleicht, dann erlaubt uns der Korrelationskoeffizient beider Größen den Einfluß der Vererbung auf die Intelligenz zu beurteilen. Wenn die beiden Größen eine positive Korrelation aufweisen sollten, könnte der erhaltene Korrelationsindex als genaues Maß der Auswirkung der Vererbung auf die Intelligenz betrachtet werden. Stellt sich die Korrelation zwischen beiden Größen allerdings als negativ heraus, würde dies bedeuten, daß die Intelligenz nicht an die Vererbung gebunden ist, sondern vor allem vom kulturellen Milieu bestimmt würde, in dem die Zwillinge aufgewachsen sind. Burt erhielt eine positive Korrelation von 0,771 bei eineiigen Zwillingen, die in verschiedenen Familien aufgewachsen waren, und eine noch höhere Korrelation (0,944) bei den Zwillingen, die in derselben Familie aufgewachsen waren. Er war überzeugt, mit mathematischer Strenge bewiesen zu haben, daß man Intelligenz von seinen Eltern erbt und nur zu einem winzigen Teil durch Erziehung erwirbt.

Damals wagte es niemand, die Stichhaltigkeit der Untersuchung und die mathematische Strenge von Burts Schlußfolgerungen in Zweifel zu ziehen. Viele Jahre später bemerkte man jedoch, daß es zwei Ungereimtheiten gab. Vor allem bezog sich die Untersuchung auf entschieden zu viele Zwillinge. Die ersten Daten, die Burt im Jahr

1955 vorlegte, kamen von 21 eineiigen Zwillingspaaren, 1958 war die Zahl der untersuchen Zwillinge auf 30 gestiegen und 1966 waren daraus 53 geworden. Burt hatte also für seine Statistik letztlich 53 eineiige Zwillinge herangezogen, mehr als das Doppelte aller früheren Studien. Tatsächlich sind eineiige Zwillinge sehr selten und noch seltener sind eineiige Zwillinge, die getrennt aufgewachsen sind. Stephen Gould bemerkte dazu einmal ironisch: »Wenn ich ein bewegtes Leben haben wollte, würde ich mir wünschen, als eineiiger Zwilling geboren zu sein, der bei seiner Geburt von seinem Bruder getrennt wurde und in einer anderen sozialen Schicht aufgewachsen ist. Wir könnten uns dann einer Schar von Sozialwissenschaftlern zur Verfügung stellen und auf ihre Kosten leben. Wir wären nämlich die äußerst seltenen Vertreter des einzigen natürlichen Experiments, mit dem sich die genetischen Einflüsse, denen der Mensch unterliegt, von den Umwelteinflüssen trennen lassen: genetisch identische Individuen, die in unterschiedlichen Milieus aufgewachsen sind. Untersuchungen über getrennt aufgewachsene eineiige Zwillinge müßten einen privilegierten Platz in der Literatur über die Vererbbarkeit des Intelligenzquotienten einnehmen. Und so wäre es auch, wenn es da nicht ein Problem gäbe: die extreme Seltenheit solcher Versuchskaninchen.«

Von diesem Problem findet sich in den Arbeiten von Burt jedoch keine Spur. Ihm war es gelungen, 53 Paare solcher »Versuchskaninchen« aufzutreiben, auch wenn niemand recht verstehen konnte, wie er dies angestellt haben mochte. Dies ist jedoch nicht das einzige unglaubwürdige Detail in Burts Untersuchungen.

Der kurioseste und überraschendste Aspekt dieser Untersuchungen ist die Tatsache, daß die Zahl der untersuchten Zwillinge zwar mit der Zeit immer größer wurde, der Korrelationskoeffizient aber immer der gleiche blieb, nämlich 0,771 und 0,944. Aus statistischer Sicht ist dieser Tatbestand praktisch unmöglich, denn mit der Zunahme der untersuchten Zwillinge mußte der Koeffizient wenigstens um einige Stellen hinter der Null variieren. Jahrelang nahm jedoch niemand Anstoß an diesen Anomalien. Unterdessen gewannen Burts Ideen unter den Wissenschaftlern an Gewicht, und sie beeinflußten das

Erziehungssystem sowohl in England als auch in den USA. Die englische Regierung führte zum Beispiel gleich nach dem Krieg einen Intelligenztest ein, der auf der Basis von Burts Ideen ausgearbeitet worden war. An diesem Test nahmen im Alter von elf Jahren alle englischen Kinder teil, um festzustellen, für welche Ausbildung sie geeignet waren. 1969 wurde der Test abgeschafft, doch war er schon 1950 auf Kritik gestoßen, dem Jahr, in dem Burt in Pension ging.

In England fand Burt einen überzeugten Verfechter seiner Ideen in Hans Eydenck vom Institut für Psychiatrie in London. Dessen Schüler, Arthur Jensen, propagierte Burts Ideen in den USA. Auch hier wurde das Erziehungssystem lange Jahre vom Dogma der Vererbung der Intelligenz beeinflußt. Zu der erstaunlichsten Nachwirkung von Burts Ideen kam es aber im September 1971, als ein Professor der Harvard Universität, Richard Herrnstein, einen Artikel veröffentlichte, in dem er die Auffassung vertrat, daß die soziale Schicht, der ein Individuum angehört, zu einem großen Teil von den erblichen Unterschieden des Intelligenzquotienten bestimmt wird. Mit anderen Worten: Die Armen sind arm, weil sie Kinder von armen und dummen Menschen sind, und umgekehrt sind die Reichen reich und intelligent, weil sie überwiegend reiche und intelligente Eltern hatten.

Burts Ideen waren also verbreitet und akzeptiert. Als zu Beginn der 70er Jahre Leon Kamin die Meinung vertrat, daß sie aus statistischer Sicht nicht stichhaltig seien, hielten viele Psychologen, denen Kamins Sympathien für die Linke nicht unbekannt waren, diesen Angriff auf Burt für politisch und nicht wissenschaftlich motiviert. Der eine oder andere räumte zwar ein, daß es in Burts Untersuchungen tatsächlich Ungereimtheiten gab, hielt diese aber nicht für gravierend. 1943 etwa hatte Burt in einem Artikel für weitere Informationen und Berechnungen auf Tabellen in der Doktorarbeit eines gewissen J. Maver verwiesen, die sich im Psychologieseminar des *University College* von London befinden sollte. Kamin fand jedoch heraus, daß niemand mit diesem Namen je in Psychologie promoviert hatte und eine Doktorarbeit mit diesem Titel nie eingereicht worden war. Ebenso tauchte in einem 1939 erschienen Artikel von Burt ein gewisser Moore als Koautor auf, und im Text selbst wurde ein anderer Mitarbeiter mit dem Namen Davis erwähnt. Diese beiden Mitarbeiter waren jedoch völlig unbekannt. Im Jahr 1954, als man ihn um die genannten Tabellen bat, erwiderte Burt, daß Moore im Begriff sei, diese in der nächsten Ausgabe der Zeitschrift *British Journal of Statistical Psychology* zu veröffentlichen. Doch weder in der folgenden noch in irgendeiner anderen Nummer tauchte je der Name Moore auf, der offenbar nach seiner Zusammenarbeit mit Burt nie wieder etwas publiziert hatte.

Nach dem Tod von Spearman im Jahr 1945 versuchte Burt außerdem wiederholt, sich selbst das Verdienst der Entwicklung der Faktorenanalyse zuzuschreiben. Es handelte sich um eine völlig aus der Luft gegriffene Behauptung, die allerdings in der von Burt geleiteten Zeitschrift von einem unbekannten französischen Psychologen unterstützt wurde: Jacques Lafitte, hinter dem sich, wie man vermutet, kein anderer als Burt selbst verbarg.

Burts Verteidiger spielten dennoch die Bedeutung dieser Tatbestände herunter, bis 1976 ein Journalist der *Sunday Times* entdeckte, daß zwei weitere angebliche Mitarbeiterinnen Burts (deren Namen sich zusammen mit dem seinen unter seinen wichtigsten Artikeln der letzten Jahre fanden) völlig unbekannt waren und in Registern und Dokumenten keine Spuren hinterlassen hatten: Miss Margret Howard und Miss Jane Conway, die angeblich an der Universität von London ihren Abschluß gemacht hatten. Die Sache war um so wichtiger, als Burt gerade in diesen Artikeln behauptete, daß er insgesamt 53 eineiige Zwillinge untersucht hatte. Das bedeutete, daß er von 1955 an (als er schon in Pension war) insgesamt 32 Zwillinge untersuchte, während er vom Beginn seiner Karriere bis 1955 nur 21 studiert hatte. Nun war Burt bereits recht gebrechlich und außerdem noch taub, als er in Pension ging. Es ist undenkbar, daß er es noch geschafft haben könnte, sich der Mühe und den Reisen zu unterziehen, die nötig gewesen wären, um solche Studien durchzuführen, denn dieser Typ von Zwillingen ist, wie gesagt, äußerst schwer zu finden. Seinen Angaben zufolge waren diese Studien denn auch von seinen beiden Mitarbeiterinnen Miss Howard und Miss Conway durchgeführt worden. Wenn diese Mitarbeiterinnen nun aber gar nicht existierten, wer hatte dann die Untersuchungen angestellt?

Howard und Conway tauchten außerdem noch als Autorinnen zahlreicher Artikel, Kritiken und Rezensionen im *Journal of Statistical Psychology* auf, das Burt leitete. Es handelte sich immer um Rezensionen, die Burts Veröffentlichungen lobten, seinen wissenschaftlichen Vorrang gegenüber Kritikern reklamierten oder jene hart angriffen, die seine Ideen nicht teilten. Der Stil dieser Wortmeldungen war unzweideutig Burts eigener, und sonderbarerweise lieferten die beiden Damen keine Beiträge mehr, als Burt seinen Posten als Chefredakteur bei der Zeitschrift aufgab. Selbst wenn die Damen reine Erfindung waren, meinten seine Verteidiger, hätte Burt sie eben schlicht als Pseudonyme benutzt, was schließlich kein Gesetz verbiete.

Das Schlimmste sollte aber noch kommen. Um den Anschuldigungen und dem Gerede ein Ende zu machen, entschloß sich Burts Schwester, bei einer Person ihres Vertrauens eine objektive Biographie ihres Bruders anzuregen. Ihr fiel ein, daß der Psychologe Leslie Hearnshaw, der in Liverpool den ehemaligen Lehrstuhl Burts innehatte, beim Begräbnis ihres Bruders eine bewegende Rede gehalten hatte. Hearnshaw schien der richtige Mann für diese Aufgabe zu sein. Sie übergab ihm sämtliche Papiere und Tagebücher Burts, damit er den Anschuldigungen mit den Beweisen in der Hand entgegentreten konnte. Als aber das Buch schließlich 1979 herauskam, zerstob die Phalanx der Verteidiger Burts endgültig in alle Richtungen: Hearnshaw hatte in den ihm anvertrauten Papieren den Beweis dafür gefunden, daß Burt psychologische Studien über getrennte Zwillinge in Wirklichkeit nur vor dem Krieg durchgeführt hatte und nur die Daten von 15 Paaren sammeln konnte. Die Daten der übrigen 38 Zwillinge hatte er frei erfunden. Christopher Jencks, ein Psychologe aus Harvard, bat ihn Ende der 60er Jahre um die Originaldaten dieser Zwillinge. In sein Tagebuch notierte Burt damals, daß er sich daraufhin gezwungen sah, eine volle Woche damit zuzubringen, die Daten zu erstellen. Er hatte sie also gar nicht, sondern mußte sie erst erfinden. Hearnshaw entdeckte, daß Burt auch andere Untersuchungen, in denen er Probleme der Psychopädagogik behandelte und die bis dahin nicht in Zweifel gezogen worden waren, frei erfunden hatte.

Schließlich wollte Hearnshaw auch der Frage der Pseudonyme auf den Grund gehen und stellte fest, daß Burt insgesamt etwa 20 Briefe, Forschungsberichte, Rezensionen und Stellungnahmen unter falschem Namen geschrieben hatte. Bei einigen davon war er sogar so weit gegangen, auf Zuschriften zu antworten, die er unter anderem Namen selbst geschrieben und veröffentlicht hatte. So hatte er Gelegenheit, seine eigenen Arbeiten zu zitieren und die eigenen Standpunkte darzulegen, ohne daß er selbst als Beteiligter erkennbar geworden wäre. Noch intensiver hatte er das Spiel mit den Pseudonymen nach seiner Pensionierung betrieben, um den Eindruck zu erwecken, daß er noch immer aktiv in der Forschung tätig war.

Hearnshaws Biographie schildert einen intelligenten Mann, der aber gravierende charakterliche Fehler hatte. Burt war danach introvertiert, eifersüchtig, ehrgeizig und, wie die Erfindung verschiedener Personen belegt, leicht paranoid. Hearnshaw kam zu der Einschätzung, daß Burt weder seinem Temperament noch seiner Ausbildung nach als Wissenschaftler geeignet war. Er war seiner Ideen zu sicher, zu voreilig, zu begierig auf schnelle Ergebnisse, und sein Umgang mit statistischen Daten war für einen Wissenschaftler zu ungeniert.

Unter den Wissenschaftlern, die wissenschaftlicher Betrügereien angeklagt und überführt wurden, hatte er jedoch mit Sicherheit das meiste Glück. Vor kurzem sind zwei Bücher von dem Psychologen Robert B. Joynson und dem Soziologen Ronald Fletcher erschienen, die beide versuchen, Burt zu rehabilitieren. Das wichtigere der beiden, *The Burt Affair,* veröffentlichte Joynson im Jahr 1989. Erklärtes Ziel dieses Buches ist die Widerlegung der Anschuldigungen von Hearnshaw und der Beweis, daß Burts Theorien wirklich auf Untersuchungen basierten und nicht auf gefälschten Daten. Überzeugt hat Joynsons Argumentation als einzigen Arthur Jensen, der Burt bewundert und seine Theorie von der Vererbung der Intelligenz übernommen hat. Doch im allgemeinen reagierte man auf das Buch mit Verblüffung. Joynson, der Psychologie an der Universität von Nottingham lehrt, antwortet nämlich nicht direkt auf die Anschuldigungen Hearnshaws, sondern versucht lediglich, sie zu entkräften, indem er die Glaubwürdigkeit seiner Informationsquellen leugnet. Ist eine Anschuldigung aber gut belegt, greift Joynson zu allen möglichen Ausflüchten und betreibt Augenwischerei. So behauptet er etwa, daß ein Großteil der von Hearnshaw herangezogenen Informationen aus zweiter Hand stamme und die Tagebücher, denen so große Bedeutung beigemessen werde, in Wirklichkeit so wenig aussagekräftig seien, daß es nicht lohne, sie zur Ermittlung der Wahrheit heranzuziehen. Joynson meint, daß die Beweise, die belegen könnten, daß Burts Daten von tatsächlich durchgeführten Experimenten stammen, wahrscheinlich während des Krieges verlorengegangen seien.

Es ist auch behauptet worden, daß Burts erfundene Mitarbeiter und sein skrupelloser Gebrauch von Pseudonymen nicht Folge einer Form von Paranoia war, sondern sich vielmehr aus der Notwendigkeit ergab, eine Zeitschrift mit wenigen Mitteln und zu wenig Mitarbeitern am Leben zu halten. Doch diese Argumente setzen nach Meinung von Leon Kamin, dem ersten Ankläger Burts, bei Wissenschaftlern und interessierter Öffentlichkeit ein Maß an Leichtgläubigkeit voraus, bei dem kein vernünftiger Mensch noch mithalten kann.

5. Die verlorene Ehre des Jacques Deprat

Einen wirklichen Verrat beging der alte Henri Mansuy, ein Autodidakt auf dem Gebiet der Paläontologie, als er im Jahr 1919 der Karriere seines Freundes und Kollegen Jacques Deprat ein Ende bereitete, der damals einer der hervorragendsten Geologen Frankreichs war. Schon mit 19 Jahren hatte er einen Artikel über die Geologie des Jura veröffentlicht, und seine Doktorarbeit über die Insel Euböa war mit Lobeshymnen aufgenommen worden und hatte ihm gleich nach seiner Promotion die Leitung eines Kurses über Gesteinskunde eingebracht. Von 1904 bis 1908 hatte er mehrere geologische und kartographische Exkursionen nach Sardinien und Korsika unternommen. Die bedeutsamen Ergebnisse dieser Untersuchungen führten dazu, daß Pierre Termier, der unumstrittene Meister der französischen Geologie und eine internationale Autorität auf diesem Gebiet, seinem

Freund Honoré Lantenois vorschlug, Deprat zum Leiter des Geologischen Dienstes in Indochina zu ernennen. Der Geologische Dienst unterstand der Minenverwaltung, dessen Direktor Lantenois war.

Deprat schiffte sich im Jahr 1909 mit seiner Familie in Hanoi ein. Der junge Geologe machte sich sofort an die Arbeit und fand in Henry Mansuy, einem Anarchisten, der sich nach Hanoi geflüchtet hatte, einen wertvollen Mitarbeiter. Mansuy hatte in Hanoi begonnen, sich für Paläontologie zu interessieren, und war zu einem Spezialisten für urzeitliche Fauna geworden. Gemeinsam unternahmen sie eine denkwürdige Expedition in die chinesische Provinz Yünnan, deren Ergebnisse ihnen 1911 die Tore zur französischen Akademie der Wissenschaften öffneten und ihnen 1914 eine Goldmedaille der Geographischen Gesellschaft einbrachten.

Nicht so ungetrübt war hingegen Deprats Verhältnis zu seinem Chef Lantenois, der den Aktivitäten des frisch ernannten Leiters des Geologischen Dienstes schon bald bürokratische Hindernisse in den Weg zu legen begann. Glücklicherweise war Lantenois im Begriff, die französische Kolonie zu verlassen, weil ihm ein wichtiger Posten im Industrieministerium versprochen worden war. Nach Ausbruch des Ersten Weltkrieges wurde er allerdings zum Stellvertreter des Chefs des französischen Generalstabs in Algier ernannt, wo er bis Dezember 1916 blieb.

In der Zwischenzeit führte Deprat eine aufsehenerregende Expedition nach Südchina und in den Norden des heutigen Vietnam durch, ein unwegsames, von Piraten heimgesuchtes Gebiet, das in kartographischer und geologischer Hinsicht noch wenig erforscht war. Die Geologische Gesellschaft Frankreichs bezeichnete die Expedition als »ein wahrhaft gigantisches Unterfangen«. Ihr Präsident de Margerie erklärte öffentlich: »Mansuy und Deprat verdienen den höchsten Dank der Nation, denn ihre bedeutende, unter großen Risiken durchgeführte Arbeit ehrt die Nation und die Wissenschaft.« Bei jeder Gelegenheit war Deprat darum bemüht, die Bedeutung des Beitrags seines Freundes lobend hervorzuheben, den er in einem Brief an seinen Kollegen A. Lacroix als »einen formidablen Arbeiter« schilderte, in dem sich ein »erhabener Geist« mit einer »großzügigen Seele« verbinde.

Gegen Ende Februar 1917 kehrte Lantenois nach Hanoi in sein Amt zurück. Die alten Aversionen lebten wieder auf, und Lantenois gelang es, Mansuy auf seine Seite zu ziehen, der – wahrscheinlich auf sein Betreiben – Deprat öffentlich des Betrugs bezichtigte. Mansuy behauptete, daß Deprat seiner Sammlung asiatischer Fossilien einige Stücke hinzugefügt hatte, die in Wirklichkeit aus Europa stammten. Zwischen März 1917 und Ende 1918 wurde die kleine wissenschaftliche Gemeinde von Hanoi und im besonderen die Geologische Forschungsstelle von einem Streit zwischen Deprat und seinen beiden Anklägern erschüttert, der selbst vor Handgreiflichkeiten nicht haltmachte. Lantenois und Mansuy wurden dabei von zwei weiteren nicht sehr angenehmen Figuren unterstützt: Jean-Louis Giraud und Madeleine Colani, die beide wenigstens zum Teil ihre Karriere Deprat verdankten, es nun aber offenbar vorzogen, ihm dies mit Anschuldigungen und böswilligen Unterstellungen zu vergelten.

Die Mißhelligkeiten hatten im Jahr 1916 begonnen. In jenem Jahr behauptete Mansuy, daß einige Exemplare eines fossilen Schalentiers mit der Bezeichnung *Euryspirifer tonkinensis*, die Deprat auf das Silur datiert hatte, in Wirklichkeit aus dem Devon stammten und damit etwa 40 bis 50 Millionen Jahre jünger waren. Mansuy behielt recht, verlieh dieser Angelegenheit aber eine übertriebene Bedeutung und vergaß vor allem, daß er selbst der ersten Datierung Deprats zugestimmt hatte, die sich dann als irrig herausstellte. Dies war jedoch erst der Anfang. Am 20. März 1917 bestellte Lantenois Deprat zu sich und beschuldigte ihn offiziell des Betrugs auf der Basis von Beweisen, die ihm Mansuy geliefert hatte. Zehn Exemplare von Trilobiten, einem ausgestorbenen Gliederfüßer, die Deprat in seinen Veröffentlichungen beschrieben und der Sammlung des Geologischen Dienstes hinzugefügt hatte, ähnelten zu sehr Exemplaren, die man in Europa gefunden hatte, so daß es unwahrscheinlich schien, daß sie aus Yünnan, Tonkin und Nordannam stammten, wie Deprat behauptete. Folglich waren es keine asiatischen, sondern europäische Fossilien, und Deprat hatte nur so getan, als hätte er sie bei seinen Ausgrabungen in Asien gefunden. Und die Beweise? Es war Lantenois, der sie in einem offiziellen Schreiben an Deprat vom 18. Juli 1917 lieferte. Vor allem seien die Trilobiten typische Leitfossilien aus dem Kambrium, also älter als 500 Millionen Jahre, und bis dahin habe man noch nie eine Form von Trilobiten in der geologischen Formation des Kambriums in Asien gefunden. Folglich, so schloß Lantenois, widerspreche der Fund von Trilobiten europäischen Typs des Kambriums allen bekannten Fakten und müsse bis zum Beweis des Gegenteils als unwahrscheinlich gelten.

In seinem Brief wies Lantenois sodann darauf hin, daß die Ganggesteinskruste auf den besagten Fossilien der Kruste ähnele, die man auf den für Europa typischen Trilobiten gefunden habe. Schließlich, so Lantenois, seien die von Deprat vorgelegten Trilobiten im Gegensatz zu den üblicherweise in Asien gefundenen (die überwiegend fragmentarisch und schlecht erhalten waren) alle vollständig und gut erhalten, genau wie die Exemplare, die man in Europa finde.

Wie man heute weiß, waren Lantenois' Beweise nicht schlüssig und basierten sämtlich auf der irrigen Annahme, daß Asien eine ganz andere geologische Geschichte als Europa hatte und man deshalb dort auch nicht den gleichen Typus von Fossilien finden konnte. Diese Überzeugung war eine Art Dogma der Geologie jener Epoche, das auch Deprat teilte und akzeptierte. Dies brachte den jungen Geologen in eine schwierige Lage. Die Trilobiten wurden nach Frankreich geschickt und von drei Koryphäen untersucht: Pierre Termier, Alfred Lacroix, beides ehemalige Lehrer und Förderer Deprats, und Henry Douvillé. Alle drei kamen zu dem Schluß, daß die Fossilien ohne jeden Zweifel aus Europa stammten.

Als Deprat im Mai 1918 von dem Urteil erfuhr, war er erschüttert und verwirrt. Er teilte die theoretischen Annahmen, von denen die drei Experten ausgingen und mußte deshalb ihren Schlußfolgerungen beipflichten. Auch für ihn sahen jene Fossilien im Grunde allzu europäisch aus, um aus Asien stammen zu können. Andererseits wußte er, daß er selbst sie in Indochina und nicht in Europa gefunden hatte. Wie war diesem Paradox beizukommen? Schließlich kam Deprat zu dem Schluß, daß es dafür nur eine Erklärung geben konnte: Mansuy mußte die Originale durch Fossilien ersetzt haben, die aus Europa kamen, um ihn zugrunde zu richten. Er ging zum Gegenangriff über. Er überredete den Gouverneur von Indochina, folgendes Telegramm an den Kolonialminister zu schicken: »Bezugnahme auf Ihr offizielles Schreiben vom 3. Dezember. Wissenschaftlicher Fälschung bezichtigter Geologe Deprat weist inkriminierten Trilobitenfund zurück. Mansuy habe zum eigenen Vorteil gefundene Trilobiten mit europäischen Trilobiten vertauscht, die ihm Deprat unvorsichtigerweise überließ. Kolonie wird Untersuchung durchführen. Bitte um Ihre weitere Unterstützung. Verständigen Sie Vermittler des Kolonieministers. Liefern Sie jede verfügbare Information. Bestätigen Sie europäische Herkunft der August-Dezember von Lantenois an Douvillé geschickten Trilobiten und Identifikation derselben durch Fotografien in Artikel in *Memoire de service.*«

Deprats Initiative hatte jedoch den gegenteiligen Effekt. Man war allgemein davon überzeugt, daß es sich um einen peinlichen Versuch Deprats handelte, den Kopf aus der Schlinge zu ziehen, indem er einen ehrlichen und alten Mitarbeiter beschuldigte. Die Expertenkommission hatte nämlich festgestellt, daß die von ihr untersuchten Trilobiten mit den von Deprat in seinen (überdies mit Fotos versehenen) Artikeln beschriebenen Exemplaren identisch waren. Mansuy war damit von jedem Verdacht entlastet.

Dank dieses Urteils und seiner Position gelang es Lantenois, beim Gouverneur in Hanoi die Suspendierung Deprats vom Amt des Leiters des Geologischen Dienstes und sogar seine Degradierung in den niedrigsten Rang zu erreichen. Dieses disziplinarische Vorgehen hielt man allgemein für übertrieben, denn ein Großteil der Verdienste Deprats behielt seinen Wert, und außerdem beteuerte der Beschuldigte weiterhin seine Unschuld.

Um dieser verwickelten Angelegenheit auf den Grund zu gehen und allen Beteiligten Gerechtigkeit widerfahren zu lassen, benannte die Geologische Gesellschaft Frankreichs im Februar 1919 eine Untersuchungskommission, vor der die beiden Hauptbeteiligten Lantenois und Deprat erscheinen mußten. Deprat begrüßte die Untersuchung in der Hoffnung, sich endlich vor einer kompetenten und unvoreingenommenen Kommission von dem Schuldvorwurf befreien zu können. Er ahnte nicht, daß die Kommission von Lantenois selbst und

seinem Freund Emmanuel de Margerie, dem Präsidenten der Geologischen Gesellschaft, gesteuert wurde, der noch 1917 erklärt hatte, die
Arbeit Deprats ehre Nation und Wissenschaft. Dennoch war es der
Kommission nach 21 Sitzungen immer noch nicht gelungen, Deprat
in die Zange zu nehmen, vor allem, weil ihr einziges kompetentes
Mitglied, Professor Jules Bergeron, sich nicht äußerte. Als Bergeron
jedoch plötzlich starb, schloß die Kommission ihre Arbeit innerhalb
von nur einer Woche ab und sprach Deprat am 4. Juli 1919 in allen
Punkten schuldig.

Den letzten Stoß versetzte Deprat der Sekretär der Kommission,
Professor Lucien Cayeux, der ihm gegenüber in der Vergangenheit
immer Hochachtung und Freundschaft bewiesen hatte. Er erklärte,
daß die Ganggesteinskruste der Trilobiten, die Deprat in Nui-Nga-
Ma in Yünnan gefunden zu haben behauptete, von ganz besonderer
Ausprägung sei, wie sie nur in einigen geologischen Schichten des
Ordoviziums im Böhmerwald zu finden seien. Dieses Mal war das
Urteil unwiderruflich, und Deprat schien endgültig ruiniert zu sein.
Wie er selbst später gestand, dachte er sogar daran, Selbstmord zu
begehen. Doch nicht einmal jetzt war Lantenois' Durst nach Rache
gestillt. Am 13. November 1920 erreichte er, daß der Geologische
Dienst in Indochina aufgelöst und somit Deprat entlassen wurde. Der
Generalgouverneur von Indochina verfügte sodann per Dekret die
Neugründung des Dienstes unter anderem Namen. Nur für Deprat
fand sich darin natürlich kein Posten mehr.

So war der Mann, der bereits als Leuchte der französischen Geologie betrachtet wurde, im Alter von 40 Jahren ruiniert und ohne
Arbeit. Was konnte er tun, um sich und seine Familie durchzubringen?
Eine Zeitlang weigerte sich Deprat, überhaupt daran zu denken.
Seine Verbitterung über die Affäre war so groß, daß er nicht anders
konnte, als sie zu erzählen. Auf diese Weise entstand der autobio-
graphische Roman *Les chiens aboient*, in dem er noch einmal datailliert
die Vorgänge beschrieb und erneut auf Mansuy als den wahren
Verantwortlichen verwies.

Es war ein schönes Buch: leidenschaftlich, aufwühlend und brillant
formuliert. Frankreich hatte einen tüchtigen Geologen verloren, dafür

aber einen erfolgversprechenden Schriftsteller gewonnen. Unter dem Pseudonym Herbert Wild veröffentlichte Deprat noch weitere zehn Romane. Für *Le colosse endormi* erhielt er 1931 den großen Preis der Franzosen Asiens, und *L'autre race* gewann 1930 den Prix Goncourt.

Sein neues Leben gefiel ihm so gut, daß er das Angebot eines Lehrstuhls für Geologie in Konstantinopel ablehnte und sich nach Pau zurückzog, eine kleine, in der Nähe der Pyrenäen gelegene Provinzstadt, von wo aus er gerne Klettertouren unternahm. Bei einer dieser Bergbesteigungen fand er am 7. März 1935 den Tod. Zu jener Zeit war man trotz der Enthüllungen in *Les chiens aboient* der Meinung, daß Deprat schuldig sei. Niemand konnte sich damals erklären, wie man in Asien eine Trilobitenart des europäischen Kambriums finden konnte, und die Vermutung, daß Mansuy die asiatischen Trilobiten mit europäischen vertauscht hatte, hielt man für ein Hirngespinst Deprats.

Tatsächlich war jedoch nichts Merkwürdiges daran, in Asien Trilobiten zu finden, die den europäischen ähnlich sahen. Heute wissen wir, daß die Kontinente driften, und daß ihr gegenwärtiges Aussehen und ihre Lage anders sind als vor Millionen von Jahren. Vor etwa 500 Millionen Jahren waren die Kontinente noch fast miteinander verbunden. Kein Wunder also, daß sich in Europa und Asien Trilobiten finden, die sich einander so ähnlich sehen, daß sie Zwillinge sein könnten.

Doch neben der Entdeckung der Kontinentalverschiebung bekräftigten andere Entdeckungen die Echtheit von Deprats Funden. Schon 1927 hatte Jacques Fromaget jeweils ein Exemplar von *Dalmantites socialis* und *Trinucleus ornatus* entdeckt, die eng mit den Fossilien in Deprats Sammlung verwandt sind. Fromaget war ein Schüler von Charles Jacob, dem Nachfolger Deprats im Amt des Leiters des Geologischen Dienstes in Indochina, und er grub an den gleichen Stellen wie Deprat. In den letzten zehn Jahren sind immer häufiger vergleichbare Funde gemacht worden, so daß die Geologische Gesellschaft Frankreichs beschloß, die Akte Deprat erneut zu öffnen und die wissenschaftliche Stichhaltigkeit der Beschuldigungen und Untersuchungsergebnisse jener Zeit zu überprüfen. Diese neuerliche Untersuchung erwies die Echtheit der von Deprat vorgelegten Funde, und am 10. Juli 1991 wurde er im Verlauf einer Plenarsitzung der Gesellschaft offiziell und feierlich rehabilitiert.

Deprat war nicht schuldig, und zwar aus dem einfachen Grund, weil kein Delikt vorlag: Die besagten Fossilien waren nicht falsch, und sie waren auch nicht vertauscht worden. Falsch waren dagegen die theoretischen Annahmen der damaligen Geologie. War folglich auch Mansuy unschuldig? Man kann diese Frage sowohl bejahen als auch verneinen. Er war nicht schuldig, weil er die asiatischen Fossilien nicht mit europäischen vertauscht hatte und weil sich seine Anschuldigungen mit den vorherrschenden Annahmen der Zeit deckten. Er war jedoch schuldig, insofern er aus Neid, den der feindselige Lantenois geschickt ausnutzte, einen normalen wissenschaftlichen Disput vermieden, die Gelegenheit zur Vertiefung der geologischen Geschichte Indochinas ausgeschlagen und statt dessen versucht hatte, einen begabten Wissenschaftler zu ruinieren. Diese Geschichte handelt also eher von den Irrtümern und Problemen der darin verwickelten Männer als von Wissenschaftlern und der Wissenschaft. Michel Durand-Delga, der diese Geschichte neuerlich aufgearbeitet hat, bemerkt dazu: »Das Schicksal wollte es, daß ein sich selbst allzu sicherer, kompromißunfähiger und schwärmerischer, aber auch dominierender Mann wie Deprat auf einen alten Einzelgänger wie Mansuy stieß, der im Stillen eitel, neidisch und mißtrauisch war und keine hierarchische oder wissenschaftliche Autorität ertrug: ein ehemaliger Anarchist, hin- und hergerissen zwischen seinem Haß auf die Bourgeoisie und dem Wunsch, Nutzen aus der Position zu ziehen, die er sich mit viel Glück erobert hatte.«

Kapitel IV

Falsche Fossilien und fehlende Glieder

1. Der Krieg der Affen

Im Jahr 1908 erschien in Leipzig ein Bändchen von 24 Seiten mit dem Titel *Das Affen-Problem. Professor Ernst Haeckels Darstellungs- und Kampfesweise sachlich dargelegt nebst Bemerkungen über Atmungsorgane und Körperform der Wirbeltier-Embryonen.* Der Autor war Arnold Brass, ein nicht sehr bekannter Naturwissenschaftler, der allerdings über eine solide Kompetenz verfügte und bereits verschiedene Bücher veröffentlicht hatte. Die genannte Arbeit, die auf einem Vortrag fußte, den der Autor am 10. April 1908 in Berlin gehalten hatte, fand reißenden Absatz und löste eine Flut von Kontroversen aus. Brass behauptete in ihr, daß eine der Koryphäen der deutschen Wissenschaft, Professor Ernst Haeckel, seine These von der direkten Abstammung des Menschen vom Affen durch Fälschungen des Untersuchungsmaterials zu begründen versucht habe.

Schon 1874 hatte der große Anatom und Gewebeforscher Wilhelm His die gleiche Anschuldigung vorgebracht, allerdings auf so diskrete und höfliche Weise, daß sie selbst unter Wissenschaftlern nicht richtig zur Kenntnis genommen worden war. Haeckel hatte damals nicht einmal versucht, His zu widersprechen. Er hatte etliche Jahre verstreichen lassen und 1897 im Anhang eines seiner bekannteren Werke, der *Anthropogenie*, eingeräumt, Fehler gemacht zu haben.

In Wahrheit waren diese »Fehler« alles andere als unbedeutend. Um zu beweisen, daß sich die Embryonen von Mensch, Affe und Hund gleichen, hatte Haeckel drei Bilder veröffentlicht, die sich so sehr ähnelten, daß sie beinahe identisch erschienen. Und das waren sie auch: Das Bild zeigte einen Hundeembryo in dreifacher Ausführung. Den gleichen Trick wiederholte Haeckel, um die Ähnlichkeit der Embryonen von Hund, Huhn und Schildkröte zu belegen.

Aber im Jahr 1908 war es kein anerkannt großer Wissenschaftler, der die Anschuldigungen vorbrachte. Statt die Vorwürfe zu ignorieren und zu schweigen, reagierte Haeckel energisch, davon überzeugt, den schwachen Gegner überwältigen und die Angelegenheit damit ein für allemal aus der Welt schaffen zu können. Bereits nach dem Vortrag von Brass hatte er an einflußreiche Freunde Briefe geschrieben und an deutsche Tageszeitungen Artikel geschickt, in denen er die gegen ihn vorgebrachten Anschuldigungen als »freche Erfindungen« bezeichnete und gerichtliche Schritte wegen Verleumdung ankündigte, zu denen es aber nie kam. Statt dessen veröffentlichte er gleich nach dem Erscheinen des Buches in der *Berliner Volkszeitung,* einer sozialdemo-kratischen Tageszeitung, einen langen Artikel mit der Überschrift »Die Fälschungen der Wissenschaft«, der am 9. Januar 1909 auch in der *Münchener Allgemeinen Zeitung* abgedruckt wurde. Darin räumte Haeckel zwar einige Fehler ein, wies den Fälschungsvorwurf jedoch zurück und warb geschickt um die Solidarität anderer Wissenschaftler. Brass und seine Unterstützer antworteten mit einem offenen Brief an alle deutschen Naturwissenschaftler, in dem sie diese aufforderten, Stel-lung zu beziehen und ihre Meinung zu äußern. Es wurde ein Fiasko. Nur 15 Wissenschaftler beantworteten das Schreiben überhaupt, und obwohl niemand Haeckel verteidigte, wollte keiner von ihnen seine Meinung öffentlich äußern. Statt dessen behielten sie sich vor, jeder für sich in wissenschaftlichen Zeitschriften persönlich Stellung zu beziehen. Einige, darunter der große Embryologe W. Roux, taten dies auch wirklich und bestätigten das harte Urteil über Haeckels Metho-den. Dieser gab sich jedoch nicht geschlagen. Es gelang ihm, einen Großteil seiner Kollegen davon zu überzeugen, daß der »Krieg der Affen«, wie man es hätte nennen können, nicht einfach nur ein Angriff auf seine Person war, sondern einen Versuch darstellte, vor den Augen der ganzen Welt Darwins Evolutionstheorie zu diskreditieren. Haeckel errreichte eine öffentliche Erklärung, die von 46 Wissenschaftlern unterzeichnet war. Darin hieß es: »Die unterzeichnenden Anatomie- und Zoologieprofessoren, Direktoren von Anatomie- und Zoologieinstituten und Naturkundemuseen erklären, daß sie die Schematisierungsmethoden von Haeckel nicht gutheißen, im Interesse der Wissenschaft und der Forschungsfreiheit aber gleichzeitig die von Dr. Brass und dem Keplerbund gegen Haeckel gerichteten Angriffe bedauern. Darüber hinaus erklären sie, daß die Evolutionstheorie nicht im mindesten durch die ungenaue Reproduktion von Embryonen entkräftet wird.« Diesem Brief folgte später ein weiterer, der von 36 Professoren unterzeichnet war und in dem die Frage der Evolution deutlich von den persönlichen Anschuldigungen gegen Haeckel getrennt wurde.

Diese mittlerweile beinahe in Vergessenheit geratene Geschichte, die wegen des antiquierten Ungestüms, mit dem die Gegner aufeinander losgingen, heute eher erheiternd wirkt, ist aus verschiedenen Gründen ausgesprochen bedeutsam. Sie verdeutlicht vor allem, daß zu einer Zeit, in der die Forscher und Wissenschaftler nicht untereinander um Forschungsmittel und Karrierechancen im Wettstreit lagen, Betrügereien im Namen einer Idee begangen wurden, von der die betreffenden Forscher fest überzeugt waren. Auch wenn es sich dabei immer noch um Betrug handelte, erscheint er angesichts neuerer Vorkommnisse eher als »ehrenwerter Betrug«. Dies erlaubt uns, den Abstand einzuschätzen, der die Wissenschaftler des 19. Jahrhunderts von den heutigen Wissenschaftlern trennt. Es läßt uns den Unterschied begreifen, der zwischen einem Wissenschaftler aus Berufung und einem Berufswissenschaftler besteht. Der erste ist bereit, seine eigene Karriere und seine Ehre für eine Idee aufs Spiel zu setzen, während der zweite bereit ist, die eigenen Ideen für die Karriere zu opfern.

Haeckel ging so weit, für eine Idee einen Betrug zu begehen. Wenn die Evolutionstheorie richtig war, mußte es eine Kette »fehlender Glieder« geben, die den Menschen mit dem Affen verbindet. Im Jahr 1866 begann Haeckel diese Kette, deren Rekonstruktion damals als äußerst schwierig angesehen wurde (und auch heute noch als äußerst schwierig gilt), zu beschreiben, wobei er vom Menschen ausging und den Weg der Evolution zurückverfolgte. Es handelte sich um ein Unternehmen von enormer Komplexität. Aber Haeckel meisterte es in wenigen Jahren: 1874 listete er in einem seiner Hauptwerke, *Anthropogenie oder die Geschichte der menschlichen Evolution*, genau einundzwanzig Glieder auf, die von den »Moneren« (ein Name, den er angeblichen primitiven Lebewesen gab, die es in Wirklichkeit nie gegeben hat) bis zum Menschen führten. Im 21. Stadium der Evolution tauchte der Mensch als *Pithecanthropus alalus*, als »wortloser Mensch« auf. Er sollte der Vorläufer des eigentlichen, mit Sprache begabten Menschen sein. Haeckel ergänzte diese Kette später durch acht Glieder, die alle den Platz zwischen dem Affen und dem Menschen ausfüllen sollten. Diesen gab er absonderliche Namen wie *Archiprimas* oder *Archipithecus* und ließ gleich nach dem *Pithecanthropus alalus* unter anderem auch einen *Homo stupidus* auftreten.

Um Anerkennung zu finden, mußte diese Theorie jedoch experimentell gestützt werden. Auch wenn die Evolutionstheorie schnell an Boden gewann, erschien die Idee der Abstammung des Menschen vom Affen noch lange als gewagte Mutmaßung. Selbst Darwin beschränkte sich in seinem 1871 publizierten Buch *Die Abstammung des Menschen* darauf, sie lediglich zu skizzieren – obwohl Haeckel schon vor Jahren damit begonnen hatte, die Glieder der Kette nachzuzeichnen, die den Menschen mit dem Affen verbindet. Darüber hinaus betonte Darwin stets den gewaltigen Abstand, der den heutigen Menschen von den lebenden Affen trennt. Ihre weit geringere Schädelgröße, ihre Unfähigkeit, auf zwei Beinen zu gehen und ihre weit stärkeren Eckzähne: All dies unterscheidet Darwin zufolge den Affen deutlich vom Menschen. Die gleiche Vorsicht riet Darwin auch Haeckel an. In einem Brief, den er Haeckel zu Beginn des Jahres 1867 schickte, nachdem er dessen erste große Arbeit, die *Generelle Morphologie*, erhalten hatte, schrieb Darwin: »Ich fürchte, daß Sie Irritationen und, wie Sie selbst wissen, blinden Zorn bei den Leuten erregen werden, weshalb das Risiko besteht, daß Ihre Argumente keinerlei Einfluß auf jene haben werden, die anderer Auffassung sind als wir. Vor allem aber möchte ich nicht, daß Sie, demgegenüber ich so viel Freundschaft empfinde, sich ohne Notwendigkeit Feinde machen. Es gibt schon zu viele schmerzliche und ärgerliche Dinge auf der Welt, als daß man sich wünschen müßte, das andere diesen noch weitere hinzufügen.«

Aber zu jener Zeit war Haeckel, wie Arthur Keith schrieb, »ein junger und kühner Freibeuter, der die Meere der Biologie mit der am Hauptmast gehißten Flagge der Evolution durchsegelte, bereit, jedes Schiff unter Beschuß zu nehmen, das noch unter der Flagge der Schöpfungslehre segelte«. Dieser »junge Freibeuter« war tatsächlich zu allen Schandtaten bereit, wenn sie nur dazu beitrugen, die Ideen der Gegner in Mißkredit zu bringen. Sein schwerstes Geschütz hatte er gerade mit dem Buch aufgefahren, das er Darwin geschickt hatte. Es handelte sich um das Biogenetische Grundgesetz, das besagt, daß die Ontogenese (die Entwicklung des Individuums) die Phylogenese (die Entwicklung der Gattung) wiederholt. Anders gesagt durchläuft der Embryo jedes Tieres in seiner Entwicklung alle wichtigen Phasen, die die Gattung, zu der es gehört, im Verlauf der Evolution passierte. Beim menschlichen Embryo lassen sich beispielsweise in einem bestimmten Entwicklungsstadium Kiemenschlitze und Schwanzansatz des Fischstadiums erkennen und später die Merkmale von Affen.

Wie man heute weiß, enthält die Theorie einen wahren Kern, aber Haeckel überdehnte die Beweiskraft der wenigen verfügbaren Anhaltspunkte, besonders, als er nachzuweisen versuchte, daß die letzten Entwicklungsphasen des menschlichen Embryos genau den Gliedern in der Kette entsprachen, die den Menschen mit dem Affen verbindet. Gerade diese wollte er um jeden Preis klar bestimmen. Da aber eine solche Entsprechung nicht zu erkennen war, weil es sie nämlich schlicht nicht gab, konstruierte Haeckel sie mit einer Reihe von Manipulationen und Tricks. So beging er schließlich wirkliche Fälschungen, als er die Embryonen verschiedener Entwicklungsphasen in einigen Schautafeln darstellte, die sehr bald Berühmtheit erlangten.

An diesen Embryonen hatte Haeckel alle möglichen Veränderungen vorgenommen. So hatte er je nach Bedarf die Schwanzansätze verlängert oder verkürzt, Wirbel hinzugefügt oder weggenommen, den Kopf eines menschlichen Embryos auf den Körper eines Affenembryos gesetzt, die Köpfe vergrößert oder verkleinert und ganze Körperteile und Gliedansätze weggelassen. Um beispielsweise das

Entwicklungsstadium zu illustrieren, in dem der menschliche Embryo einem Fischembryo ähnelt, entnahm er einem Buch von His die Abbildung eines menschlichen Embryos in den ersten Entwicklungsphasen, entfernte die Kiemenbögen, das Herz, den Nasenhöhlenansatz und den Halswirbel ebenso wie den Bein- und den Darmansatz und verlängerte dann den Rückenwirbel so, daß der Embryo am Ende das Aussehen einer Kaulquappe annahm.

Nach den Angriffen von Brass war es Haeckel nicht länger möglich, alle Anschuldigungen zurückzuweisen. Deshalb entschloß er sich, seine Strategie zu ändern. In dem bereits erwähnten Artikel »Die Fälschungen der Wissenschaft« versuchte er, die ganze Angelegenheit als eine Machenschaft des Keplerbundes hinzustellen. Der Keplerbund war eine wissenschaftliche Gesellschaft, die den Jesuiten nahestand. Haeckel behauptete, daß er von Mitgliedern dieses Bundes besonders in seiner Eigenschaft als Vorsitzender des Monistenbundes angegriffen wurde. Immerhin begann er mit einem, wenn auch nur teilweisen, Eingeständnis seiner Schuld: »Um ein für allemal diesem liederlichen Streit ein Ende zu machen, bekenne ich reuig, daß ein kleiner Teil meiner vielen Abbildungen von Embryonen (vielleicht sechs oder acht Prozent) wirklich in dem von Brass gemeinten Sinn gefälscht sind, nämlich all jene, bei denen das vorhandene Beobachtungsmaterial so unvollständig und ungenügend ist, daß man bei der Aufstellung einer vollständigen Evolutionskette gezwungen ist, die Lücken mit Hypothesen zu füllen und die Glieder durch vergleichende Synthesen darzustellen.« Gleich darauf schritt er zum Gegenangriff: »Nach diesem spontanen Eingeständnis der begangenen ›Fälschungen‹ müßte ich mich als verurteilt und vernichtet betrachten, hätte ich nicht den Trost, neben mir Hunderte von Mitangeklagten zu sehen, darunter viele der fähigsten Naturforscher. Die große Mehrzahl der morphologischen, anatomischen, histologischen und embryologischen Figuren, die sich in den besten Abhandlungen und Handbüchern finden und in Büchern und Zeitschriften allgemein verbreitet sind, verdienen nämlich dieselbe infame Bezeichnung als ›Fälschung‹. Keine davon ist genau, aber alle sind mehr oder weniger schematisch angeglichen oder konstruiert.«

Nachdem er auf diese Weise die wissenschaftlichen Details der Angelegenheit rasch abgehakt hatte, wandte sich Haeckel dem, wie er meinte, wahren Grund und Zweck der Anschuldigungen zu. Mit dieser Kampagne von Verleumdern und Jesuiten sollte seiner Meinung nach der Monistenbund zum Schweigen gebracht werden, der drei Jahre zuvor gegründet worden war. Der Bund verfolgte das Ziel, »sich der Förderung und Verbreitung eines einfachen Weltbildes zu widmen, das sich allein auf die Ergebnisse der modernen, auf Beobachtung und Erfahrung gestützten Naturforschung beruft. Dieses verwirft vollständig jede sogenannte Offenbarung, jeden Glauben an Wunder und übersinnliche Phantasmen. Seine wichtigste moderne Eroberung ist der Sieg der Evolutionsidee und besonders die Transformations- oder Abstammungstheorie, die Darwin entwickelt hat. Deren wichtigste Schlußfolgerung ist es, daß sich der Mensch wie alle anderen Säugetiere über eine lange Reihe von Vorläufern langsam aus niederen Wirbeltieren entwickelt hat. Sie beantwortet damit nicht nur unsere wichtigsten Fragen, sondern widerlegt auch das alte Dogma von der Unsterblichkeit der Seele und den weitverbreiteten Glauben an einen (dem Menschen ähnlichen) Gott, der als Schöpfer alle Dinge erschaffen haben soll und angeblich durch Vorsehung lenkt.«

»Natürlich«, so fuhr Haeckel fort, »mußte unsere monistische Philosophie von Anfang an gegen den heftigen Widerstand der herrschenden christlichen Theologie und der mit ihr verbundenen scholastischen Philosophie kämpfen. So wurde letztes Jahr in Frankfurt der Keplerbund gegründet, dessen Ziel die bedingungslose Anerkennung der übersinnlichen Offenbarung, des Wunders, des personalen Gottes und seines Abbildes in der unsterblichen Seele ist. Sämtliche konservativen und orthodoxen Kreise liehen ihm ihre unbedingte Unterstützung, besonders die Minister Preußens und Deutschlands, von Staaten also, die gänzlich vom klerikalen Geist bestimmt werden.«

Damals herrschte ein heftiger Kampf zwischen Anhängern der Schöpfungslehre und Evolutionisten, der in dem Maße, wie er religiöse und moralische Fragen berührte, unausweichlich zu einem politischen und kulturellen Kampf wurde. Solche Kämpfe wurden damals jedoch wie Degen- und Pistolenduelle mit offenem Visier und klaren Worten ausgefochten. Tiefschläge waren verpönt und kein Parteigänger der beiden militanten Lager hätte offen einen Betrug zur Stützung der eigenen Meinung gebilligt. Die beiden offenen Briefe der Wissenschaftler zum Fall Haeckel machten genau dies deutlich, und Haeckel hätte gut daran getan, die Einladung anzunehmen, mit der Brass sein Buch schloß: »Herr Professor, im Verlauf von vierzig Jahren haben Sie etliche angesehene Wissenschaftler unwürdig beschimpft. Nun ist es an der Zeit, daß Sie innehalten, wenn Sie sich die letzten Jahre ihres Lebens nicht gänzlich verdunkeln wollen.«

Trotz allem läßt sich nicht leugnen, daß die Erforschung der fehlenden Glieder, die Haeckel begründet und vorangetrieben hat, die Anthropologie und Paläontologie erneuert hat, wie John Reader in einem der schönsten Bücher über Paläontologie, *Die Jagd nach den ersten Menschen*, ausführlich dargelegt hat.

Doch die Erforschung unserer Ursprünge wird heute als eines der schwierigsten, zweifelhaftesten und unsichersten Abenteuer angesehen, zu denen die moderne Wissenschaft aufgebrochen ist. Dies liegt unter anderem daran, daß es gerade in den beteiligten Disziplinen die aufsehenerregendsten Fälschungen und Fehler der Wissenschaftsgeschichte gab (was uns am Ende dieses Buches noch näher interessieren wird). Aber es gibt dafür noch andere, weit schwerer wiegende Gründe. Jede wissenschaftliche Beschäftigung mit unseren »Wurzeln« setzt die Gültigkeit der Evolutionstheorie voraus, die nach Darwins eigenen Worten davon ausgeht, daß sich alle Organismen im Laufe der Zeit langsam verändern, weil es bei ihnen zu kleinen Mutationen kommt. Diese werden im Prozeß der natürlichen Auslese aufgrund ihrer besseren Anpassung an die Umwelt an die Nachkommen weitergegeben. Wenn dies richtig ist, so ist anzunehmen, daß a) es zwischen den heutigen Formen und ihren Vorläufern Zwischenstadien gegeben hat, die sogenannten »fehlenden Glieder«, deren Charakteristikum es ist, eine Mittelposition zwischen verschiedenen Tieren einzunehmen, beispielsweise zwischen Reptilien und Vögeln; b) sich mit diesen fehlenden Gliedern Stammbäume bilden lassen und in letzter Konsequenz ein einziger gewaltiger Stammbaum konstruiert werden könnte, der die Verwandtschaftsbeziehungen zeigen würde, die zwischen sämtlichen Lebewesen bestehen; c) uns Fossilien Beweise der fehlenden Glieder liefern müßten, mit denen sich die Stammbäume erstellen ließen.

Die Folgerungen a) und c) wurden von Darwin gezogen, Folgerung b) dagegen hauptsächlich von Haeckel. Er war es, der seine Bücher mit Stammbäumen füllte. Dem vorsichtigeren und weiseren Darwin war schnell klargeworden, daß dieses Unterfangen sehr bald auf Schwierigkeiten stoßen würde: Es fehlten die Fossilien der Zwischenglieder. Folglich konnte man auch keine Stammbäume erstellen, denn die einzigen Beweise, mit denen man die Vorläufer hätte identifizieren können, fehlten. Sie fehlten nicht etwa, wie Darwin betonte, weil sie nicht existierten. Vielmehr war die Beweislage im Hinblick auf Geologie und Fossilien einfach zu dürftig und fragmentarisch. »Unsere geologischen Kenntnisse«, schrieb er, »sind extrem unvollkommen, und das erklärt, warum wir keine Zwischenglieder finden, die alle ausgestorbenen Arten mit den bestehenden über feine graduelle Übergänge verbinden.«

Die Evolutionsgeschichte auch nur einer einzigen Spezies in einem phylogenetischen Baum nachzeichnen zu wollen, kommt dem Versuch gleich, den Stammbaum einer Familie auf der Basis von Kirchenregistern, Tagebüchern, Fotografien und Dokumenten zu rekonstruieren, die zum größten Teil verbrannten und von denen nur Zeilen, einzelne Wörter und Bildfragmente übriggeblieben sind. Es überrascht deshalb nicht, daß selbst heute noch keine vollständige Klarheit darüber besteht, wer unsere Vorfahren waren und in welcher Beziehung sie zu den Affen standen. In jedem Fall aber sucht heute niemand mehr nach den fehlenden Gliedern, den *Pithecanthropi* oder Affenmenschen, wie Haeckel sie nannte.

Alle Kandidaten, die die Lücke zwischen Affen und Menschen hätten füllen können, sind letzten Endes verworfen worden. Den Neandertaler, den man 1856 etwas »zu früh« gefunden hatte, ereilte dieses Schicksal sofort nach seiner Entdeckung. Darwin veröffentlichte seine Ideen zur Evolution erst drei Jahre nach dem Fund, im Jahr 1859, und niemand dachte anfangs daran, daß es sich bei dem Neandertaler um das fehlende Glied handeln könnte. Der Grund dafür war, daß sich in jener Zeit einfach noch niemand auf die Suche nach solchen Gliedern gemacht hatte. Selbst der Entdecker, der Anatomie-professor Hermann Schaafhausen, betrachtete die gefundenen Kno-chen als die fossilen Überreste einer alten Menschenrasse, die den Nordwesten Europas bewohnt haben mußte. Der Schädel ähnelte nämlich trotz der affenartig gewölbten Augenbrauen sehr dem Schä-del heutiger Menschen. Der große Pathologe Rudolf Virchow mein-te, er gehöre zu einem Menschen, der uns in jeder Hinsicht gleiche, aber unter einer schweren Form von Arthritis gelitten habe. Als 1861 der englische Anatom George Busk zu äußern wagte, daß der Schädel einem Gorilla- oder Schimpansenschädel ähnele und daß es sich deshalb sehr gut um die fossilen Überreste des fehlenden Gliedes zwischen Affen und Menschen handeln könne, wurde er sofort zum Schweigen gebracht. Der deutsche Anatom F. Meyer, der die Kno-chen noch einmal eingehend untersucht hatte, vertrat die Auffassung, daß sie von einem von »Idiotie und Rachitis« befallenen Menschen stammten, wahrscheinlich einem Kosaken, der 1814 gegen Napoleon gekämpft habe. 1863 befaßte sich auch Thomas Huxley, einer der entschiedensten Verfechter der Evolutionstheorie, mit dieser Frage und kam zu dem Schluß, daß der Schädel trotz etlicher affenähnlicher Merkmale nicht zu einem Evolutionsglied zwischen Affen und Men-schen gehören könne. Darwin blieb wie üblich vorsichtig. Erst 1871 findet sich in *Die Abstammung des Menschen* eine kurze Anmerkung zum Schädel des Neandertalers, doch enthielt er sich dabei eines Urteils. Und er tat gut daran. Noch heute streiten die Anthropologen und Paläontologen über den Grad unserer Verwandtschaft mit dem Neandertaler. Der überwiegende Teil der Forscher betrachtet die Linie, der er angehört, als eine vor 36 000 Jahren ausgestorbene »Familie« von Vettern unserer afrikanischen Vorfahren. Alle stimmen jedoch darin überein, daß es sich nicht mehr um einen Affen oder Affenmenschen handelt, sondern um einen richtigen Menschen, wie auch sein wissenschaftlicher Name anzeigt: *Homo sapiens Neandertalensis*.

Doch dann entdeckte im Jahr 1898 der niederländische Paläontologe und glühende Verfechter der Evolutionstheorie Eugène Dubois in dem Dorf Trinil an der Südküste Javas eine eindeutig vom Affen stammende Schädeldecke neben einem linken Oberschenkelknochen, der in auffälliger Weise den Knochen heutiger Menschen ähnelte. Dubois war verblüfft: Er hatte Haeckels *Pithecantropus* entdeckt. Er nannte ihn jedoch nicht mehr wie Haeckel *Pithecanthropus alalus*, also »Affenmensch ohne Sprache«, sondern *Pithecanthropus erectus*, also »aufrecht gehender Affenmensch«, denn der Oberschenkelknochen bewies, daß sein Knochenbau es diesem Wesen ermöglichte, so zu gehen wie wir. Haeckel war geschmeichelt und stellte fest, daß es sich seiner Meinung nach um das fehlende Glied handelte, auch wenn, wie er hinzufügte, »die fossilen Reste unglücklicherweise zu unvollständig und mangelhaft sind, um das Aussehen des Wesens, von dem sie stammen, vollständig zu rekonstruieren«. Viele Gelehrte blieben jedoch skeptisch, denn sie waren der Meinung, daß Dubois nur einen menschlichen Oberschenkelknochen neben der Schädeldecke eines Affen gefunden hatte, also eigentlich nur das Fossil einer neuen Affenart. Heute wissen wir, daß weder die einen noch die anderen recht hatten. Dubois hatte das erste Exemplar des *Homo erectus* entdeckt, den ersten wirklichen Hominiden, der vor etwa eineinhalb Millionen Jahren existiert hatte. Später fand man solche Fossilien in Kenia, verschiedenen Gebieten von Algerien und Marokko, in Südafrika, Sambia und China, wo 1903 der sogenannte Pekingmensch gefunden wurde. Auch in fast allen Gebieten Europas sind Knochen von Hominiden gefunden worden, so etwa im heutigen Italien, wo man 1968 in einer Grotte bei Grimaldi di Ventimiglia auf ein unvollständiges rechtes Hüftbein stieß, das zu einem *Homo erectus* mit perfekt aufrechtem Gang gehört haben soll. Auch die Entdeckung von Dubois war folglich dem Menschen zu ähnlich, als daß es sich um das Verbindungsglied zwischen Affe und Mensch hätte handeln können. Auch überzeugte Evolutionisten waren ratlos, denn sie erwarteten Darwins Phantomzeichnung entsprechend ein Tier zu finden, das noch etwas gebeugt ging wie ein Orang-Utan. Gleichzeitig aber sollte es ein stärker entwickeltes Gehirn und deshalb eine im Vergleich zum Affen größere Schädeldecke aufweisen, ebenso wie feingliedrigere und geschmeidigere, den menschlichen Armen und Händen ähnliche vordere Gliedmaßen.

Als 1912 deshalb in einer Kiesgrube im englischen Piltdown eine menschliche Schädeldecke und der Unterkiefer eines Affen ans Tageslicht befördert wurden, waren die größten Paläontologen der Zeit überzeugt (manche freilich erst nach einigem Zögern und mit gewissen Zweifeln), daß es sich hier in der Tat um das langersehnte fehlende Glied handelte, denn die Knochen entsprachen in jeder Hinsicht den Erwartungen. Selten war ein wissenschaftliches Urteil unvorsichtiger. Es handelte sich, wie wir gleich sehen werden, um eine Fälschung, und zwar eine der dreistesten, die je den Olymp der Wissenschaft getrübt hat. Die Knochen waren mit chemischen Farbstoffen und einer Feile präpariert worden, um die Paläontologen irrezuführen. Es dauerte jedoch fast vierzig Jahre, bis dieser Betrug aufgedeckt wurde. Während dieser Zeit tauchte der gefälschte Mensch von Piltdown auf Darstellungen des menschlichen Stammbaums als unser Urahn auf, der angeblich vor 500 000 Jahren gelebt hatte. Gerade in England also, der Wiege der Evolutionstheorie, sollte sich der Übergang vom Affen zum Menschen ereignet haben.

2. Der Mensch von Piltdown

Offiziell beginnt die Geschichte im Dezember des Jahres 1912, als Arthur Smith Woodward, Konservator der Geologischen Abteilung des Britischen Museums, und Charles Dawson, ein Rechtsanwalt, der sich für Geologie und Altertumskunde begeisterte, auf einer Versammlung der Geologischen Gesellschaft von London verkündeten, daß sie das fehlende Glied zwischen Affen und Menschen gefunden hatten. Es sollte sich um Reste eines uralten menschlichen Fossils handeln, die sie in der Grafschaft Sussex nahe des Dorfes Piltdown in einer gewöhnlichen Kiesgrube in geringer Tiefe gefunden hatten. Die wichtigsten Fundstücke waren ein eindeutig menschlicher Schädel und ein Stück eines Unterkiefers, in dem noch einige guterhaltene Backenzähne steckten. Daneben hatten sie Nilpferdzähne sowie Zähne und Hörner verschiedener ausgestorbener Säugetierarten gefunden: von Elefanten, Mastodonten, Rhinozerossen, Flußpferden und Bibern. Gefunden wurde auch eine Anzahl primitiver Geräte und roh behauener, als Eolithe bekannter Kieselsteine.

Der Fund war sensationell: Alles Notwendige war vorhanden, um zu beweisen, daß es tatsächlich ein Verbindungsglied zwischen Affen und Menschen gegeben hatte, das sämtliche von Darwin vorausgesagten Merkmale aufwies. So wie Gottfried Galle und Louis d'Arrest in der Nacht des 23. September 1846 den Planeten Neptun genau in dem Teil des Himmels entdeckt hatten, wo er sich nach den Berechnungen von Le Verrier befinden mußte, so hatten Woodward und Dawson gefunden, was Darwin vorhergesehen hatte. Jene fossilen Überreste machten nämlich eines ganz deutlich: In Piltdown war ein Individuum gefunden worden, das eine Schädeldecke und damit auch ein Gehirn besaß, das fast menschlich war, gleichzeitig aber, wie sein Kiefer belegte, anatomische Merkmale eines Affen bewahrt hatte. Mit Sicherheit war es jedoch intelligenter als ein Affe gewesen, denn die Geräte aus Stein, die an seiner Seite entdeckt worden waren, bezeugten eine bei Primaten unbekannte Kunstfertigkeit. Folglich konnte man schließen, daß die Gehirnfunktionen und die kulturellen Leistungen primitiver Menschen vor 500 000 Jahren mit einem noch weitgehend affenartigen Körper verbunden gewesen waren. Jenes Wesen markierte also mit Sicherheit die Morgendämmerung der Menschheit, weshalb Woodward es *Eoanthropus dawsoni* oder »Mensch der Morgendämmerung von Dawson« nannte – nach seinem Entdecker Charles Dawson.

Nach Dawsons eigener Darstellung hatte ihm ein Arbeiter im Jahr 1908 ein Stück vom Schädel des Piltdownmenschen gezeigt. Die Arbeiter bezeichneten das, was sie in einer Grube entdeckt hatten, aus der Kies für den Straßenbau gewonnen wurde, als »Kokosnuß«.

In Wirklichkeit war die »Kokosnuß«, wie Dawson sofort erkannte, ein fossilisierter Schädel, und das Bruchstück, das man ihm übergeben hatte, war das linke Scheitelbein dieses Schädels. Elektrisiert von der Entdeckung suchte Dawson mit seinem Freund, dem Chemiker Samuel Allison Woodhead, fieberhaft die Fundstelle in der Hoffnung ab, weitere Fossilien zu finden. Aber sie fanden nichts, und die

Nachforschungen mußten bald aufgrund des widrigen Wetters unterbrochen werden. Neue Funde sollten erst im Herbst des Jahres 1911 auftauchen. Zwischenzeitlich hatte Dawson bei der Suche nach fossilen Pflanzen zufällig den französischen Jesuiten Pierre Teilhard de Chardin kennengelernt, der seine Leidenschaft teilte. Trotz der Freundschaft, die sich sofort zwischen den beiden entwickelte, scheint Dawson Teilhard nichts von seinen Entdeckungen vor 1912 mitgeteilt zu haben. Zwischen 1910 und 1911 hatte Dawson seine Nachforschungen in der Grube von Piltdown wieder aufgenommen und ein weiteres Stück des Schädels entdeckt. Einige Monate später war auch ein Nilpferdzahn ans Licht gekommen.

In einem Brief vom 14. Februar 1912 informierte Dawson Woodward von seinen Entdeckungen. Woodward, der 1884 zu einem ehrenamtlichen Sammler des Britischen Museums ernannt worden war und Dawson gut kannte, zeigte sich sofort interessiert und bat in seinem Antwortschreiben darum, die Fundstücke untersuchen zu dürfen. Er kam zu dem Schluß, daß sich weitere Ausgrabungen lohnen könnten. Seiner Meinung nach deutete einiges darauf hin, daß es sich um eine wichtige Entdeckung handelte. Dawson organisierte daraufhin am 2. Juni 1912 ein Picknick in Piltdown, zu dem neben Woodward auch Teilhard eingeladen war. Es erwies sich als eine gelungene Veranstaltung: Dawson entdeckte ein weiteres Stück des Schädels und Teilhard den Backenzahn eines Elefanten.

Aber die wichtigste Entdeckung machten Ende Juni Dawson und Woodward. Am Ende eines heißen und ergebnislosen Nachmittags tauchte unter Dawsons Spitzhacke ein Kiefer auf, in dem sich noch zwei Backenzähne befanden, die von einem Menschen zu stammen schienen. Der Kiefer dagegen sah aus wie ein Affenkiefer, auch wenn das Kinn fehlte und das Kiefergelenk abgebrochen war. Diesem Bruch kam eine besondere Bedeutung zu: Ohne das Kiefergelenk war es nämlich unmöglich, zweifelsfrei festzustellen, ob der Kiefer tatsächlich, wie Dawson und Woodward sofort behaupteten, zu dem Schädel gehörte, von dem mittlerweile mehrere Stücke gefunden worden waren. Man war also mit einer merkwürdigen Entdeckung konfrontiert, die es unter Umständen möglich machte, eine Verbindung zwischen einer menschlichen Schädeldecke und einem Affenkiefer herzustellen, in dem sich bereits menschliche Zähne befanden.

Woodward verbrachte den Herbst mit dem Versuch, die Teile dieses Puzzles sinnvoll zusammenzusetzen. Das Ergebnis seiner Bemühungen war ein Gipsabdruck des Menschen von Piltdown, den er am 18. Dezember 1912 der Fachwelt präsentierte. Was er zeigte, war ein Wesen mit einem Affenkiefer und dem 1070 cm³ fassenden Schädel eines Menschen, in dem sich ein Gehirn befunden haben mußte, dessen Ausmaße zwischen dem Gehirn eines Affen und dem eines Menschen lagen. Einige der Anwesenden waren der Meinung, daß die Rekonstruktion ein reines Phantasieprodukt sei und der Kiefer nichts mit dem Schädel zu tun habe. Zwei unumstrittene Autoritäten auf dem Gebiet der Anatomie zeigten sich jedoch von der Echtheit der Entdeckung überzeugt: Grafton Elliot Smith und Arthur Keith. Smith vertrat die Auffassung, daß das Gehirn des Menschen von Piltdown jedes Affengehirn übertroffen haben mußte, wenngleich es auch nicht so weit entwickelt sein konnte wie das Gehirn eines primitiven Menschen. Folglich sei es nicht verwunderlich, daß er einen Affenkiefer besessen habe. Keith dagegen meinte, daß es sich um die wichtigste Entdeckung menschlicher Fossilien aller Zeiten handele, auch wenn er gegenüber Woodwards Rekonstruktion Vorbehalte habe. Die Einwände von Keith bezogen sich auf das Volumen des Schädels, das ihm zu niedrig angesetzt schien, und die Form des Kiefers, die ihn zu sehr an die eines Affen erinnerte. Die Rekonstruktion des hinteren Kiefers hielt Keith schlicht für falsch, weil er zu nahe am Gaumen lag, so daß der Mensch von Piltdown seiner Meinung nach weder hätte atmen noch essen können.

In den folgenden Monaten bemühte sich Keith seinerseits um eine Nachbildung, die er im August 1913 auf einem internationalen Kongreß in London präsentierte. Nach seiner Rekonstruktion wies der Schädel des Piltdownmenschen ein Volumen von 1500 cm³ auf, war also bereits eindeutig menschlich und besaß im Gegensatz zu Woodwards Modell die richtigen Proportionen für einen so großen Kiefer. Unter den Verfechtern der beiden verschiedenen Rekonstruktionsversuche entspann sich eine Auseinandersetzung, die die Zweifel vieler Wissenschaftler an der Echtheit der Entdeckung in den Hintergrund drängte. Viele englische und internationale Wissenschaftler wie beispielsweise der Anatomieprofessor des *King's College*, David Waterston, der Amerikaner Gerrit Miller, der große französische Anthropologe Marcellin Boule oder der italienische Anthropologe Francesco Frassetto meinten, daß Dawson schlicht einen menschlichen Schädel entdeckt hatte, der zufällig neben einem Affenkiefer lag, und nichts zu der Annahme berechtige, daß die Fundstücke zu ein und demselben Wesen gehörten, ganz gleich, ob es sich dabei um einen Menschen oder einen Affen handle.

Aber dann setzten weitere Entdeckungen diesen Auseinandersetzungen ein Ende. Am 30. August 1913 entdeckte Teilhard in Piltdown den unteren Eckzahn eines Affen, der aber auch menschliche Merkmale aufwies. Woodward war der Meinung, daß dieser Eckzahn unzweideutig seine Rekonstruktion bestätige. »Seine Form«, sagte er am 16. September 1913 während einer Versammlung der Britischen Gesellschaft zur Förderung der Wissenschaft, an der auch Keith teilnahm, »entspricht genau der Form eines Affenzahns, ebenso wie seine Position zum oberen Eckzahn im Kiefer der Position in einem Affenkiefer entspricht, nur daß der Eckzahn im Unterschied zu meiner Rekonstruktion kleiner und spitzer ist.« Keith mußte es hinnehmen, und was den Kiefer anging, erhob er von nun an keine weiteren Einwände mehr. Dennoch war er weiterhin davon überzeugt, daß der Schädel um etwa 300 cm^3 größer gewesen sein mußte.

Am 20. Januar 1915 fand Dawson auf einem Feld etwa drei Kilometer von Piltdown entfernt Bruchstücke einer Schädeldecke, die seiner Meinung nach zu einem zweiten Exemplar des Piltdownmenschen gehörten. Eine Rekonstruktion des gesamten Schädels schien aufs neue zu beweisen, daß Woodward recht gehabt hatte. Aufgrund dieses Beweises mußte Keith schließlich nachgeben.

Nach der Entdeckung des zweiten Piltdownmenschen legte sich der Streit. Auch die größten Skeptiker, wie etwa Marcellin Boule, gelangten zu der Überzeugung, daß das langerwartete fehlende Glied tatsächlich gefunden worden war. In England, das bis dahin nicht mit wichtigen fossilen Funden hatte aufwarten können, war man stolz, daß diese Entdeckung im Mutterland der Evolutionstheorie gemacht worden war. Entsprechend wurden die Entdecker mit Ruhm und Ehren überhäuft. Woodward und Keith wurden geadelt, während man Dawson, der am 10. August 1916 an einer Blutvergiftung gestorben war, im Jahr 1938 in Piltdown am Ort des glücklichen Fundes ein Denkmal errichtete, das 1950, kurz vor Entdeckung des Betrugs zum Nationaldenkmal erklärt wurde. Doch wie gelang es, den Beweis zu erbringen, daß der Mensch von Piltdown nichts anderes als das Ergebnis eines Betruges war?

Die ersten Zweifel waren 1935 aufgekommen, als dem Geologen des Britischen Museums, Kenneth Oakley, klar wurde, daß die Fossilien von Piltdown aufgrund der geologischen Schicht, in der man sie gefunden hatte, nicht das von ihren Entdeckern geschätze Alter haben konnten. Eine genaue Klärung war jedoch erst möglich, als Oakley die von dem französischen Mineralogen Adolf Carnot entwickelte Methode perfektionierte, das Alter der fossilen Knochen auf der Basis ihres Fluorgehaltes zu bestimmen. Oakley erhielt vom Britischen Museum die Erlaubnis, den Menschen von Piltdown mit der neuen Methode zu analysieren, und entdeckte, daß die fossilen Knochen des Mastodons und des Elefanten etwa 2 Prozent Fluor enthielten, während die Bruchstücke des Piltdownmenschen nur zwischen 0,1 und 0,4 Prozent Fluor aufwiesen. Dies bedeutete, daß der Mensch von Piltdown nicht, wie angenommen, 500 000 Jahre, sondern bestenfalls 50 000 Jahre alt war.

Oakley machte seine Ergebnisse im März 1950 bekannt. Aus diesem Befund ergaben sich eine Reihe von Fragen: Wie ließ sich beispielsweise erklären, daß in derselben geologischen Schicht fossile Reste von Tieren aus dem Pleistozän zusammen mit menschlichen oder humanoiden Fossilien gefunden wurden, die viel jüngeren Datums waren? Und wie war es möglich, daß ein Mensch, der vor 50 000 Jahren gelebt hatte, noch den Unterkiefer eines Affen hatte, während der Kiefer eines Neandertalers bereits aussah wie beim heutigen Menschen?

Um diese Fragen zu beantworten, bemühte sich Oakley zusammen mit Joseph Weiner und dem großen Anthropologen Wilfred le Gros

Clark um eine erneute Untersuchung sämtlicher Funde aus anatomischer und radiologischer Sicht und unter Verwendung neuer chemischer Methoden. Die Ergebnisse dieser Analysen wurden 1953 in einem Artikel mit dem Titel »Die Lösung des Problems von Piltdown« veröffentlicht. Die Lösung war einfach: Den Menschen von Piltdown hatte es nie gegeben. Es handelte sich schlicht um eine Fälschung.

Der Test des Fluorgehaltes des organischen Materials zeigte, daß der Kiefer weitaus jünger war, als man angenommen hatte, und nicht aus einer Zeit vor dem Mittelalter stammen konnte. Offenbar war es der Kiefer eines weiblichen Orang-Utans, der nicht das geringste mit dem gefundenen Schädel zu tun hatte. Darüber hinaus ergab die Untersuchung, daß der Schädel Sulfat enthielt, während diese Substanz im Kiefer fehlte. Die Zähne wiesen seltsame Merkmale auf: Ihre Oberfläche war sehr glatt und nicht wie üblich durch Abnutzung stumpf. Außerdem stellte sich heraus, daß es überhaupt keine menschlichen Zähne waren. Sie waren vielmehr zurechtgefeilt worden, um menschliche Merkmale vorzutäuschen. Schließlich war das Kiefergelenk offenbar mutwillig zerbrochen worden, damit niemand erkennen konnte, daß es nicht zum Schädel paßte. Der Kiefer hatte folglich nichts mit der menschlichen Gattung zu tun.

Später stellte sich heraus, daß viele der Säugetierfossilien, die sich in der Grube verstreut fanden, aus dem Mittelmeerraum stammten. Zu den wahrscheinlichen Originalfundorten gehörten Malta und eine ergiebige Fundstelle in Ichkeul in Tunesien, deren Existenz unter Paläontologen bis 1946 weitgehend unbekannt war. Die aus dem Boden von Piltdown geborgenen Kieselbruchstücke unterschieden sich nur leicht von jenen, die man üblicherweise in England finden kann. Einige hatten allerdings einen ungewöhnlichen weißen Belag. Man nimmt an, daß die größeren von ihnen weitgehend Ausschuß einer unbekannten ursteinzeitlichen Werkstatt zur Herstellung von Steinwerkzeugen waren, denn viele Steine waren nur an einer Seite bearbeitet. Einige der Kiesel mußten sehr alt sein, da ihre Kanten stark verwittert waren, während andere weitaus schärfere Kanten hatten. An einer Besonderheit der Kiesel zeigte sich schließlich, daß sie nicht aus England stammen konnten. Einer der Kiesel enthielt nämlich eine fossile Muschel mit dem Namen *Inoceramus.* Diese charakteristischen Muscheln kommen üblicherweise in Steinwerkzeugen aus Gafsa vor, einer Stadt im Innern Tunesiens.

Am 21. November 1953 meldete die *Times,* daß es sich bei dem Menschen von Piltdown um eine Fälschung handelte. Diese Meldung verursachte eine Art nationaler Trauer. Die Empörung war so groß, daß im Parlament der Vorschlag gemacht wurde, die jährlichen Zuwendungen an das Britische Museum zu kürzen, weil es die Öffentlichkeit zu lange betrogen und zuviel Zeit für die Aufklärung des Schwindels benötigt habe. Mit einigem Erfolg versuchten die Engländer, die Peinlichkeit, die ihnen die überraschende Aufdeckung des Betrugs bereitete, mit Humor zu überspielen. Ein Leser schrieb an die *Times*: »Sir, was soll man denn nun glauben? Etwa, daß der Mensch von Piltdown der erste Mensch mit falschen Zähnen war?« All dies konnte jedoch nicht darüber hinwegtäuschen, daß man dem größten je begangenen Wissenschaftsbetrug aufgesessen war. Aber wer war sein Urheber? Noch heute ist es unmöglich, darauf eine vollständige und zufriedenstellende Antwort zu geben. Es gibt lediglich eine Reihe von Indizien. Hier sind sie.

3. Dawson

Von Anfang an konzentrierte sich der Verdacht natürlich auf Charles Dawson. Weiner, einer der Entdecker des Betrugs, war der erste, der ihn in seinem 1955 erschienenen Buch *The Piltdown Forgery* der Urheberschaft bezichtigte. Dawson wurde 1864 geboren und verbrachte seine Kindheit in St. Leonards-on-Sea. Dort lernte er S.H. Beckles kennen, einen damals recht bekannten Geologen, der ihn ermutigte, geologische Studien zu betreiben. Nach seinem Jurastudium arbeitete er einige Zeit in Hastings, später in Uckfield und 1907 ließ er sich in Lewes in der Nähe von Uckfield nieder. Eigentlich war er Rechtsanwalt, doch fühlte er sich stark zur Geologie und Archäologie hingezogen. Schon mit 21 Jahren wurde er aufgrund seiner Arbeiten auf diesen Gebieten in die Geologische Gesellschaft aufgenommen und zum ehrenamtlichen Sammler des Britischen Museums ernannt. Zu seinen Verdiensten zählten die Entdeckung einer neuen Spezies des Iguanodons, der er seinen eigenen Namen gab, sowie verschiedene geologische Entdeckungen. Als er sich 1905 (dank seiner Hochzeit mit der wohlhabenden Witwe Hélène Postlethwaite) in einer gesicherten finanziellen Position befand, vertraute er seine gut eingeführte Kanzlei seinem Partner Ernest Hart an, um sich ganz seinem Hobby widmen zu können.

Daß der Verdacht sofort auf Dawson fiel, war vorauszusehen: Er war es schließlich, der die Grube und die Fossilien entdeckt hatte. Keiner hatte so wie er die Möglichkeit gehabt, einen Betrug einzufädeln. Leider gelang es Weiner nicht, irgendeinen entscheidenden Beweis zu finden. Was er fand, war eine Reihe von bemerkenswerten Indizien, die Dawsons Unschuld unwahrscheinlich erscheinen lassen, andererseits aber seine Schuld nicht zweifelsfrei beweisen.

Doch sehen wir uns Weiners Indizien näher an. Vor allem ist da der explizite Betrugsvorwurf, der sich unter den Aufzeichnungen von Harry Morris fand, einem Amateurarchäologen aus Sussex, der Dawson kannte. In der Sammlung von Morris befanden sich Steinrohlinge und Steinwerkzeuge, die den in Piltdown »gefundenen« Steinen ähneln. An einem dieser Steine hatte der gewissenhafte Morris ein Etikett mit der Beschriftung »in betrügerischer Absicht chemisch gefärbt von C. Dawson« angebracht. In anderen Aufzeichnungen behauptete Morris, daß der Eckzahn aus Frankreich stamme und daß die von Dawson angeblich gefundenen Steine ihr altertümliches Aussehen verlieren würden, wenn man sie mit Säure behandle. Als Alfred Allinson vom Britischen Museum diesen Säuretest durchführte, zeigte sich, daß Morris recht hatte: Die Steinwerkzeuge verloren wirklich ihre charakteristische orange-braune Farbe.

Damit war aber nur bewiesen, was man auch vorher schon gewußt hatte, nämlich daß die Funde von Piltdown wertlose Fälschungen waren, nicht aber, daß der Urheber der Fälschung Dawson war, wie Morris behauptete. Da vielmehr auch einige Stücke in der Sammlung von Morris auf dieselbe Weise gefälscht waren, wies Weiner auf die

Möglichkeit hin, daß dieser selbst versucht haben könnte, Dawsons Reputation zu zerstören und unter Umständen in ihm der wahre Schuldige zu suchen sei.

An der Verschwörung gegen Dawson hätte sich nach dieser Hypothese auch Major Reginald Adams Marriott beteiligt haben können, der in seiner Funktion als Artillerieoffizier der Marine lange im Mittleren Osten und auch in Tunesien gewesen war. Indirekt wird diese Hypothese von der Aussage Martin Hintons bestätigt, der zur Zeit der Entdeckung als Volontär beim Britischen Museum arbeitete und später Konservator der Zoologischen Abteilung wurde. Hinton lebte noch, als der Betrug 1953 aufflog. Er erklärte, daß ihm sein Freund Alfred Kennard, ein reicher Geschäftsmann, der sich für Archäologie begeisterte und mit Marriott bekannt war, anvertraut habe, wer der wahre Urheber des Betrugs sei. Kennard hätte zwar keinen Namen genannt, ihm aber zu verstehen gegeben, daß es sich dabei um jemanden gehandelt habe, der den völlig unschuldigen Dawson auf den Tod haßte.

Unter den Indizien, die Dawson belasten, sind eine Reihe von Fälschungen, die dieser bereits schon früher begangen hatte. Eine genaue Untersuchung seiner Karriere als Amateurforscher ergab, daß er oft ziemlich ungeniert vorgegangen war. 1910 etwa veröffentlichte er eine umfangreiche Arbeit unter dem Titel *The History of Hastings Castle*. Dabei handelte es sich jedoch um das Plagiat eines Manuskripts von William Herbert, der bereits 1824 Ausgrabungen im Schloß durchgeführt und die Geschichte des Schlosses aufgeschrieben hatte.

1903 hatte Dawson einen Artikel in einer Zeitschrift für Archäologie in Sussex veröffentlicht. 27 der 61 Seiten dieses Beitrags hatte er Wort für Wort von dem Artikel eines anderen Forschers abgeschrieben, den er seinerseits jedoch mit keinem Wort erwähnte.

Erst kürzlich hat Blinderman gezeigt, daß Dawson nicht nur ein Plagiator und Ideendieb war. Seine ganze Tätigkeit als Altertumsforscher und Archäologe scheint den Stempel des Betrugs und des Schwindels zu tragen. Im April 1907 behauptete er etwa, in Pevensey in Sussex eine Kachel gefunden zu haben, die er auf die Zeit des Kaisers Honorius datierte (395–423 n. Chr.). Diese Kachel präsentierte er als wichtigen archäologischen Beleg für ein römisches *castrum* mit dem Namen Anderida, das an der Fundstelle existiert haben soll. Die Echtheit dieser Kachel wurde damals nicht in Zweifel gezogen, da unabhängige literarische Quellen auf die Existenz von Kacheln dieses Typs hindeuteten. Als man sie jedoch mit modernen Methoden untersuchte, entdeckte man, daß sie zu Beginn des 20. Jahrhunderts hergestellt worden war. Eine andere Fälschung Dawsons ist eine historische Landkarte von Maresfield Forge, einem Gebiet nicht weit von Piltdown. Dawson veröffentlichte sie 1912 als eine Originalkarte des Jahres 1724. Tatsächlich aber handelte es sich nur um einen Nachdruck.

Dawson war also ein notorischer Fälscher und hätte sehr wohl der Urheber des Betrugs von Piltdown sein können. Aber was hätte ihn zu einem solchen Betrug treiben sollen? Das einzig plausible Motiv konnte nur der Wunsch sein, zum Mitglied der *Royal Society* gewählt zu werden, der ihm wahrscheinlich erfüllt worden wäre, wenn er noch einige Jahre länger gelebt hätte.

Trotz allem bleiben die Motive und Indizien reichlich schwach, und Weiner selbst mußte zugeben, daß einige Details des Betrugs wissenschaftlich viel zu ausgeklügelt waren, als daß man Dawson, dem es besonders an anatomischem Wissen mangelte, für den alleinigen Täter hätte halten können. Weiners Buch brachte also Dawson auf die Anklagebank, ohne seine Schuld beweisen zu können. Es legte vielmehr die Hypothese nahe, daß der Schwindel das Ergebnis eines Komplottes mehrerer Personen war. Man darf außerdem nicht vergessen, daß die Aussage Hintons auf eine völlige Entlastung Dawsons hinauslief. Entlastet wurde Dawson, wie wir noch sehen werden, auch durch die Aussage eines der drei direkt Beteiligten, Teilhard de Chardins.

4. Woodward

Von dem ursprünglichen Dreiergespann hielt man Woodward von jeher für einen Mann, der über jeden Verdacht erhaben war, auch wenn es offensichtlich ist, daß gerade er von den Entdeckungen profitierte, die ja, wie wir gesehen haben, zur rechten Zeit seine Rekonstruktionen und Vorhersagen bestätigten. Woodward war der hervorragendste Paläontologe des Britischen Museums. Er hatte am *Owens College* in Manchester studiert und war bereits im Alter von 18 Jahren Assistent des Konservators der Geologischen Abteilung des Britischen Museums in South Kensington geworden, wo er sich mit solchem Einsatz dem Studium fossiler Fische widmete, daß er in nur zehn Jahren weltweit zu einer unumstrittenen Autorität auf diesem Gebiet wurde. Er war als Konservator der Zoologischen Abteilung des Britischen Museums tätig, übte das Amt des Sekretärs und Vorsitzenden der Geologischen Gesellschaft aus und wurde schließlich zum Mitglied der prestigeträchtigen *Royal Society* ernannt. Allerdings war er wegen seiner Reserviertheit und seines völligen Mangels an Humor unter seinen Kollegen und Untergebenen nicht gerade beliebt.

Es sind nur sehr schwache Indizien gefunden worden, die zu seinen Lasten sprechen. So ist beispielsweise darauf hingewiesen worden, daß wir uns im Hinblick auf die Entdeckung des zweiten Menschen von Piltdown ganz auf seine Angaben verlassen müssen, weil Dawson starb, bevor er selbst mit dieser Entdeckung an die Öffentlichkeit treten konnte. Außerdem hatte Woodward besonders am Anfang beinahe eifersüchtig über die Funde und den Ausgrabungsort gewacht, und die Ausgrabungen selbst waren ohne Beteiligung des Britischen Museums auf privater Basis durchgeführt worden, und zwar mit Dawsons und Woodwards eigenem Geld. Angesichts der Seriosität und intellektuellen Redlichkeit, die Woodward nicht nur im Verlauf der Ereignisse nach dem Fund in Piltdown bewies, sondern während seiner ganzen Karriere, können diese Anhaltspunkte jedoch nicht überzeugen. Woodwards berufliche Laufbahn verlief überdies derart erfolgreich, daß sie das einzige in Frage kommende Motiv ausschloß: das Streben nach mehr Ansehen.

5. Teilhard de Chardin

Teilhard de Chardin dagegen stand von Anfang an unter Verdacht. Bereits 1954 hatte sich Robert Essex, der zur Zeit der berühmten Entdeckungen in Uckfield in der Nähe von Piltdown Mittelschullehrer gewesen war, an das Britische Museum gewandt und erklärt, wichtige Hinweise geben zu können. Essex war davon überzeugt, daß der alleinige Urheber des Betrugs Teilhard de Chardin sei, auch wenn er keine Beweise für seine Anschuldigung liefern konnte.

Wichtige Indizien zu Lasten von Teilhard hat dagegen Kenneth Oakley zusammengetragen, der als erster die Echtheit des Piltdownmenschen bezweifelte und zusammen mit Weiner Nachforschungen über den Urheber des Schwindels anstellte. Woodward war zu jener Zeit schon seit einigen Jahren tot. Von den Hauptbeteiligten lebten also nur noch Teilhard und Keith. Am 19. November 1953 schrieb Oakley an Teilhard, der sich damals in New York aufhielt, um ihn über den bevorstehenden Skandal zu informieren: »Wenn Sie diesen Brief erhalten«, schrieb er, »werden Sie wahrscheinlich bereits den Zeitungen entnommen haben, daß Sie und Woodward in Piltdown betrogen worden sind. Die Aufzeichnungen, die ich Ihnen zusende, sollen Sie über die wichtigsten Fakten in Kenntnis setzen, die unsere Nachforschungen ergeben haben. In Kürze werde ich Ihnen einen vollständigen Bericht schicken. Wir wären Ihnen sehr verbunden, wenn Sie uns Ihren Kommentar zu unserer Entdeckung übermitteln würden.«

In seinem Antwortschreiben drückte Teilhard sein Bedauern darüber aus, daß ihn die Entdeckung des Betrugs einer der schönsten Erinnerungen seines Lebens beraubt habe, um sich dann der Frage nach dem Schuldigen zuzuwenden: »Natürlich wird niemand je daran denken, Sir Arthur Smith Woodward zu verdächtigen. Das gleiche gilt jedoch auch für Dawson, wenn auch in geringerem Maße. Ich kannte ihn sehr gut, da ich drei- oder viermal Seite an Seite mit ihm und Sir Arthur gearbeitet habe. Er war eine enthusiastische und methodisch vorgehende Persönlichkeit. Auch seine tiefe Freundschaft zu Sir Arthur verbietet die Vermutung, er könne seine Mitarbeiter mehrere Jahre lang systematisch betrogen haben. Bei den Gelegenheiten, bei denen ich mit ihm zusammengearbeitet habe, konnte ich nichts Verdächtiges in seinem Verhalten bemerken. Die einzige Sache, die mich einmal ein wenig verblüffte, war die Tatsache, daß er an einem bestimmten Punkt zwei große Bruchstücke des Schädels aus einem aufgeschütteten Kieshaufen hervorzog, der sich in einer Ecke befand, aber es ist wahrscheinlich, daß diese Schädelstücke im Jahr zuvor von den Arbeitern dort hingelegt worden waren.«

Im letzten Abschnitt des Briefes schien Teilhard Vorkehrungen gegen eine Verdächtigung seiner eigenen Person treffen zu wollen: »Ich befand mich nicht in Piltdown, als der Kiefer entdeckt wurde. Der Eckzahn allerdings, den ich im folgenden Jahr fand, war unter dem Kies verborgen, der beim Abbau in der Grube verteilt worden war. Es erscheint mir absolut unwahrscheinlich, daß ihn dort jemand absichtlich hingelegt haben könnte. Ich erinnere mich noch genau daran, wie mir Sir Arthur zu meinen scharfen Augen gratulierte.« Dann wandte sich Teilhard den Funden am zweiten Ausgrabungsort zu, der als Piltdown 2 bekannt ist, und machte dabei einen Fehler, der später als Hauptbeweis seiner Schuld betrachtet wurde. »Was die Fundstücke von Piltdown 2 angeht«, so schrieb er, »ist zu beachten, daß Dawson nie in besonderer Weise ihre Bedeutung hervorhob (...) Er führte mich lediglich an den Ort des zweiten Fundes und erklärte, daß er dort den einzelnen Backenzahn und die kleinen Schädelteile gefunden habe.«

In diesem Abschnitt scheint Teilhard zuzugeben, daß er Dawson an den Ausgrabungsort Piltdown 2 begleitet hat. Oakley und Weiner war dies sofort verdächtig. Sie wußten nämlich, daß Teilhard 1913 den zweiten Ausgrabungsort zusammen mit Dawson besucht hatte, ohne dort jedoch etwas zu finden. Die Schädelknochen von Piltdown 2 entdeckte Dawson allein am 2. Januar 1915, ebenso wie den Backenzahn im Juli desselben Jahres. Zu jener Zeit war Teilhard nicht mehr in England. Im Dezember 1914 war er in die französische Armee eingetreten und als Sanitäter an die Front geschickt worden, wo er bis zum Ende des Krieges blieb. Er konnte also die Fossilien in Piltdown 2 gar nicht zusammen mit Dawson gesehen haben, es sei denn, die beiden hatten die Fundstücke vor seiner Abreise nach Frankreich gefälscht.

Diesen Brief, dessen Inhalt Teilhard in einem weiteren Schreiben vom 29. Januar 1954 im wesentlichen noch einmal bestätigte, betrachtet S.J. Gould als wichtigsten Anklagepunkt gegen den Jesuiten. In seinem 1980 erschienenen Artikel »Die Piltdownverschwörung« vertritt er die Auffassung, daß Dawson und Teilhard Komplizen waren.

Gould hat etliche Hypothesen in Erwägung gezogen und mit Recht wieder verworfen, weil sie allzu ausgeklügelt waren, um noch glaubhaft zu klingen. Den stärksten Einwand gegen den Schuldvorwurf, der sich aus dem Brief Teilhards an Oakley ergeben hat, brachte Frank Spencer im Jahr 1990 in seinem Buch *Piltdown: A Scientific Forgery* vor. Spencer ist der Meinung, daß der Fund von 1913, auf den sich Teilhard bezog, aus Barcombe Mills stammte, einer anderen Grube, die Dawson einen Monat vor Teilhards Besuch entdeckt hatte. Barcombe Mills erinnerte stark an Piltdown 2. Beide Fundstellen befanden sich in der Nähe von Piltdown 1 auf bestellten Feldern, die von Kieselsteinen übersät waren, und an jeder von ihnen fand sich ein menschlicher Stirnknochen, ein Backenzahn und wenigstens ein weiteres Schädelstück.

Es ist also möglich, Teilhard mit der Annahme zu entlasten, daß er nach so vielen Jahren einfach die beiden Fundorte verwechselt hatte. Doch Oakley hatte noch andere Indizien gefunden, die gegen ihn sprachen. Im Jahr 1954 etwa begab sich Teilhard nach England, um unter anderem eine Ausstellung des Britischen Museums über den Betrug von Piltdown zu besuchen. Bei dieser Gelegenheit verhielt sich Teilhard recht eigenartig und verdächtig. Er besuchte die Ausstellung nur kurz und mit sichtlicher Verlegenheit und enttäuschte Weiner und Oakley, die die Gelegenheit dazu benutzen wollten, die noch unklaren Details der Angelegenheit mit ihm durchzugehen. Teilhard wich ihren Fragen ständig aus und sprach von anderen Dingen, besonders von den Grabungen in Afrika. Als Weiner ihm dann das Manuskript des Buches zeigte, das er über den Betrug von Piltdown schrieb und in dem er, wie er erklärte, den Schluß gezogen habe, daß Dawson der Verantwortliche sei, vermied Teilhard eine Diskussion und behauptete, zu einer dringenden Verabredung zu müssen.

Auch Louis S.B. Leaky, ein Paläoanthropologe von unumstrittener Autorität, war von der Schuld Teilhard de Chardins überzeugt, wenn er auch nicht den Mut hatte, seine Anschuldigung in dem Kapitel seiner Autobiographie zu wiederholen, das dem Betrug von Piltdown gewidmet war. Die Gründe für Leakeys Verdacht scheinen jedoch sehr schwach zu sein. Sie stützen sich im wesentlichen auf ein Gespräch mit Teilhard in New York im Jahr 1953 kurz nach der Aufdeckung des Betrugs und auf ein weiteres Gespräch kurz vor dem Tod des französischen Priesters am 10. April 1955. Als Leakey Teilhard fragte, was er von der Hypothese Weiners halte, daß Dawson der Urheber des Schwindels gewesen sei, scheint Teilhard geantwortet zu haben: »Ich weiß, wer den Betrug von Piltdown eingefädelt hat, und mit Sicherheit war es nicht Charles Dawson.« Daraufhin soll er ironisch gelächelt und sich geweigert haben, noch mehr zu sagen.

Die Indizien, die Leakey von Teilhards Schuld überzeugt hatten, hingen wahrscheinlich mit der Herkunft einiger der Fundstücke von Piltdown zusammen. Etliche davon, wie beispielsweise der Elefantenzahn, stammten, wie bereits erwähnt, mit großer Wahrscheinlichkeit von einem Fundort in Ichkeul in Tunesien. Die Flußpferdzähne, die von einer Zwergart stammten, kamen hingegen sehr wahrscheinlich aus Malta. Teilhard wurde im Alter von 20 Jahren nach Kairo geschickt, wo er zwischen Ende 1905 und 1908 Chemie und Physik an einem örtlichen Kollegium der Jesuiten lehrte. 1908 kehrte er für kurze Zeit nach Frankreich zurück und fuhr dann nach Hastings, um seine theologischen Studien abzuschließen. Genau in jener Zeit kam Teilhard mit Dawson in Kontakt und es tauchten die ersten Funde menschlicher Fossilien in Piltdown auf. Wie Gould bemerkt hat, »sagt Teilhard nicht, daß er auf dem Hin- oder Rückweg nach und von Kairo durch Tunesien oder über Malta gereist ist, aber ich kann auch keinen Hinweis auf seine Rückreise finden, und die beiden Gebiete befinden sich auf dem Reiseweg von Kairo nach Frankreich. In jedem Fall spricht Teilhard in seinen Briefen aus Kairo oft davon, daß er mit anderen Naturforschern verschiedener nordafrikanischer Länder Sammlerstücke getauscht hat«. Teilhard ist folglich der einzige der drei Hauptbeteiligten bei den Entdeckungen von Piltdown, der die Möglichkeit hatte, Fossilien aus Afrika nach England zu bringen.

Es steht außer Zweifel, daß die Indizien gegen Teilhard schwerwiegend und vielleicht auch überzeugender sind als jene, die für Dawson als den Schuldigen sprechen. Aber auch in seinem Fall fehlt das Motiv. Teilhard war schließlich ein religiöser Mensch, dessen moralische Integrität trotz des Umstandes, daß er lange Zeit als eine Art Häretiker betrachtet wurde, nicht in Zweifel gezogen werden kann. Auch stellt sich nach Lage der Indizien gegen Teilhard die Frage, ob er im Falle seiner Schuld allein oder zusammen mit Dawson vorgegangen ist. Gould ist der Meinung, daß es sich um einen Scherz gehandelt habe, der sich aus einem kleinen Komplott der beiden wider Erwarten in eine große Affäre verwandelt habe und ihnen aus den Händen geglitten sei. »Teilhard«, so schreibt Gould, »verließ England, um im Ersten Weltkrieg als Sanitäter zu dienen. Dawson versteifte sich auf die Sache und vollendete den Betrug mit einem zweiten Fund in Piltdown im Jahr 1915. Das war der Zeitpunkt, an dem sich der Scherz in einen Alptraum verwandelte. Dawson erkrankte plötzlich und starb 1916. Teilhard konnte nicht vor Kriegsende zurückkehren. Zu dieser Zeit hatten die drei größten Koryphäen der britischen Anthropologie und Paläontologie, Arthur Smith Woodward, Grafton Elliot Smith und Arthur Keith, bereits ihre professionelle Glaubwürdigkeit mit dem Fall von Piltdown verbunden. Hätte Teilhard im Jahr 1918 den Betrug gestanden, hätte er eine vielversprechende Karriere beendet, in deren Verlauf er später eine hervorragende Rolle bei der Beschreibung des (diesmal echten) Pekingmenschen spielen würde. So folgte er bis zu seinem Tod dem Psalmvers, der zum Motto der Universität von Sussex wurde, die später wenige Meilen von Piltdown entfernt gebaut wurde: ›Sei stille und erkenne.‹«

Nach Gould hatten die beiden Komplizen versucht, die dünkelhaften englischen Gelehrten bloßzustellen, die Dawson als Dilettanten ohne solides wissenschaftliches Wissen ansahen. In Teilhards Augen mußten diese Gelehrten mit ihrem verletzten Stolz lächerlich erscheinen. Sie litten darunter, daß ihr eigenes Land nicht ein einziges echtes menschliches Fossil aufzuweisen hatte, während Frankreich davon so viele besaß, daß es sich als Königin der Anthropologie betrachten konnte.

Diese Lösung des Rätsels ist zweifellos die wahrscheinlichste, auch weil Woodwards Bericht über die Entdeckung des Eckzahns eine Beteiligung Teilhards zu bestätigen scheint, denn er weicht erheblich von den Angaben ab, die Teilhard Oakley gegenüber machte. In seinem Buch *The Earliest Englishman*, das 1948 veröffentlicht wurde, schrieb Woodward: »Wir waren dabei, einen ziemlich breiten Graben auszuheben, und Pater Teilhard in seiner schwarzen Kutte arbeitete mit besonderem Eifer. Als wir meinten, daß er etwas erschöpft wirkte, schlugen wir ihm vor, die harte Arbeit eine Weile lang uns zu überlassen, während er sich beim Absuchen des aufgeschütteten, vom Regen gewaschenen Kieses ein wenig erholen sollte. Bald darauf rief er uns zu, den fehlenden Eckzahn gefunden zu haben. Wir waren skeptisch und sagten ihm, daß wir dort, wo er sich befand, bereits verschiedene Eisenerzstücke gefunden hätten, die wie Zähne aussahen. Nachdem er darauf bestand, sich nicht geirrt zu haben, ließen wir beide unsere Arbeit liegen, um seine Entdeckung zu begutachten. Es konnte in der Sache kein Zweifel bestehen und zusammen krochen wir den Rest des Tages bis Sonnenuntergang bei der vergeblichen Suche nach weiteren Überresten auf allen vieren über den Kies.«

Dieser Bericht bestätigt im übrigen eine ähnliche, wenn auch kompliziertere Rekonstruktion der Geschehnisse, die der Zoologe L. Harrison Matthews in einer Artikelserie im *New Scientist* im April 1981 veröffentlicht hat. Matthews, der fast alle beteiligten Personen noch selbst kannte, stellte darin die Hypothese auf, daß Dawson es war, der den Betrug eingefädelt hatte. Nachdem Teilhard die Sache bemerkt habe, habe er versucht, Dawson davon abzubringen. Dazu habe er einen Eckzahn präpariert, dessen Fälschung aber hinter der Qualität der anderen Fundstücke weit zurückblieb: Er war erkennbar abgefeilt, und seine urzeitliche Patina war nicht das Ergebnis eines chemischen Verfahrens, sondern einfach aufgemalt. In der Hoffnung, daß die Leuchten der Paläontologie und Anthropologie Englands bei diesem offensichtlich gefälschten Fund begreifen würden, daß sie sich gründlich geirrt hatten, habe Teilhard dann den Zahn versteckt und so getan, als habe er selbst ihn gefunden. Statt dessen aber betrachteten sie den Fund als wichtige Bestätigung. Dann brach der Krieg aus,

Dawson starb und Teilhard sah keine Möglichkeit mehr, mit einem offenen Geständnis einen Scherz zu beenden, der schon zu lange dauerte. Die Aufdeckung des Schwindels könnte auch durch Meinungsverschiedenheiten zwischen den beiden Komplizen erschwert worden sein. Matthews betont, daß wir aufgrund der uns zu Verfügung stehenden Quellen feststellen können, daß der Fund des zweiten Menschen von Piltdown bereits aus dem Jahr 1913 stammt und daß Teilhard von Anfang an vollständig auf dem Laufenden war. Dies geht aus dem Brief hervor, den er vierzig Jahre später an Kenneth Oakley schrieb. Dawson informierte Woodward jedoch erst 1915, als Teilhard in Frankreich war. Matthews nimmt deshalb an, daß Teilhard Dawson damit gedroht habe, den Betrug auffliegen zu lassen, wenn dieser versucht hätte, auch diese Funde noch für echt auszugeben.

Matthews Rekonstruktion ist nicht so unwahrscheinlich, wie Gould annimmt. Vor allem hat sie den unbestreitbaren Vorteil, Teilhards Beteiligung weitaus plausibler zu machen. Dennoch gibt es auch hier einen schwachen Punkt: Matthews ist mit Recht der Auffassung, daß Teilhard den Nilpferdzahn und die anderen Fundstücke, die offensichtlich aus Afrika stammten, Dawson um das Jahr 1909 herum als Unterpfand ihrer eben geschlossenen Freundschaft geschenkt haben muß. Dawson habe sie dann benutzt, um seinen Fund glaubwürdiger zu machen. In diesem Fall wäre es jedoch logisch anzunehmen, daß Dawson alles daran gesetzt hätte, Teilhard vom Fundort und den Fundstücken fernzuhalten, denn er hätte die Stücke leicht wiedererkennen können. Aber dem war nicht so. Dieser Einwand schließt die Hypothese aus, daß Teilhard am Anfang nicht das geringste von dem Schwindel wußte und folglich völlig unschuldig war. Es ist vernünftiger, mit Gould anzunehmen, daß die beiden in Wirklichkeit wenigstens am Anfang in gegenseitigem Einvernehmen gehandelt haben.

An diesem Punkt aber stellt sich erneut das Problem des Motivs: Was kann einen Mann, der in der Religion wie in der Wissenschaft so aufrichtig an der Suche nach der Wahrheit interessiert war, dazu getrieben haben, sich an einem derartigen Schwindel zu beteiligen, wenn auch nur bis zu einer gewissen Grenze? Ich glaube, daß Gould darauf die richtige Antwort gibt: Zu jener Zeit sei Teilhard jung gewesen und Piltdown müsse ihm als ein schöner Scherz vorgekommen sein. Aber es liegt in der Natur des Scherzes, daß er besser ist, wenn man ihn auch als solchen erkennen kann. Meiner Meinung nach muß Teilhard davon überzeugt gewesen sein, daß der scherzhafte Schwindel nur zur Hälfte ein Scherz war. Er hielt den Schädel für echt und war überzeugt, daß er eine beachtliche Bedeutung für die Rekonstruktion der Evolutionsgeschichte der Menschheit hatte, während der Kiefer und die anderen Fundstücke falsche Indizien waren, absichtlich ausgestreut, um die Theorie des fehlenden Gliedes lächerlich zu machen.

Tatsächlich schrieb Teilhard 1920 einen Artikel mit dem Titel *Le cas de l'homme de Piltdown*, in dem er zu dem Schluß gelangte: »Wir müssen annehmen, daß der Schädel und der Kiefer von zwei verschiedenen Individuen stammen.« In wissenschaftlicher Hinsicht schlug sich Teilhard also auf die richtige Seite und leugnete (wahrscheinlich, weil er auch über »besondere« Informationen verfügte), daß der Kiefer zum Schädel von Piltdown gehörte. Letzteren hielt er jedoch für einen zweifellos echten, wichtigen Fund, und zwar so sehr, daß er bei seiner Bewerbung um den Lehrstuhl für Paläontologie am *Collège de France* unter anderem schrieb: »Mein erster Glücksfall auf dem Gebiet der Paläontologie des Urmenschen war die Möglichkeit, mich mit noch jungen Jahren an der Ausgrabung des *Eoanthropus dawsoni* in England beteiligen zu können.« Ob nun der Schädel wirklich in Piltdown gefunden wurde oder aus dem Ausland stammte: Wir müssen annehmen, daß Teilhard ihn für echt hielt.

An diesem Punkt gibt es zwei Möglichkeiten. Dawson und Teilhard konnten beide überzeugt gewesen sein, daß der Schädel echt war und sich entschlossen haben, zusätzlich einen kleinen Scherz zu inszenieren, um es so aussehen zu lassen, als hätten sie endlich das fehlende Glied gefunden. Oder Dawson allein wußte, daß der Schädel nicht echt war und Teilhard beteiligte sich unwissend an einem scherzhaften Schwindel, der größer war, als er vermutete. Beide Hypothesen würden Teilhards Verlegenheit erklären, mit der er die Ausstellung besuchte, die nach der Aufdeckung über den Piltdown-Betrug veranstaltet wurde. Seine Verlegenheit könnte dem Umstand zugeschrieben werden, daß er bei dieser Gelegenheit zum ersten Mal erfuhr, daß der Schädel nicht so alt war, wie er immer gedacht hatte und deshalb eine weit geringere Bedeutung für die Evolutionsgeschichte des Menschen besaß. Doch seine Verlegenheit konnte auch daher rühren, daß ihm zum ersten Mal klar wurde, daß Dawson auch ihn betrogen und dazu gebracht hatte, sich an einem Scherz im Scherz zu beteiligen, so daß er selbst das Opfer des teuflischen Rechtsanwalts geworden war.

6. Arthur Keith

Im Jahr 1915 malte John Cooke im Auftrag der Geologischen Gesellschaft von London ein Bild mit dem Titel »Eine Diskussion über den Schädel von Piltdown«. Es stellt die Hauptbeteiligten der Entdeckung dar, die im Begriff sind, die Merkmale und Maße der Fossilien von Piltdown zu diskutieren. Im Zentrum des Bildes befindet sich sitzend und im weißen Hemd Sir Arthur Keith, der dabei ist, den Schädel zu vermessen, auf den der hinter ihm stehende G. Elliot Smith mit dem Finger zeigt. Links von Keith sitzen William Payne Pycraft und Edwin Ray Lankester, zwei Zoologen des Britischen Museums, die die entschiedensten und begeistertsten Verfechter der von Woodward vorgeschlagenen Rekonstruktion waren. Direkt hinter ihnen sind stehend Dawson und Woodward dargestellt. Der kleine Mann zur Rechten von Keith in der vorderen Ebene des Bildes ist Arthur Swayne Underwood, Professor für Zahnchirugie am *King's College* in London, der Woodward bei der Rekonstruktion des Gebisses des Piltdownmenschen beraten hatte. Hinter ihm, ebenfalls stehend, befindet sich Frank Orwell Barlow, der Labortechniker der Geologischen Abteilung, der nach den Anweisungen von Woodward das Modell des Schädels formte. Der Szene wohnt ein finster blickender Darwin bei, dessen Porträt hinter den Männern über dem Kamin hängt.

Oft ist die Meinung vertreten worden, daß sich unter den acht Personen, die auf diesem Bild dargestellt sind, der Urheber des Betrugs befinden muß, und wirklich sind gegen wenigstens vier von ihnen schwerwiegende Indizien zusammengetragen worden. Neben Dawson sind auch Elliot Smith und Barlow beschuldigt worden, doch die zweifellos aufsehenerregendste Anschuldigung richtete kürzlich Frank Spencer – nach der genauesten Analyse sämtlicher zur Verfügung stehender Dokumente, die je angestellt worden ist – gegen eine Person, die immer als unverdächtig gegolten hatte: Sir Arthur Keith.

Nach dieser Hypothese, die der australische Forscher Ian Langham vorgebracht hatte und die Spencer dann aufgriff, faßten Dawson und Arthur Keith zwischen Juli 1911 und Anfang 1912 den Plan des Betrugs von Piltdown. Zwischen Januar und März 1912 arbeiteten sie die Details der Operation aus und lösten insbesondere das heikelste Problem, das darin bestand, den Kiefer zu finden und zu präparieren. Der Schädel war nach dieser Hypothese bereits zwischen 1907 und 1912 gefunden worden, wobei es sich aller Wahrscheinlichkeit nach um den Schädel eines australischen Ureinwohners handelte. Die genaue Herkunft des Kiefers dagegen bleibt weiterhin ungeklärt.

Es war jedoch nötig, möglichst glaubwürdige Zeugen an der Entdeckung zu beteiligen. Die Wahl fiel auf Teilhard de Chardin und Woodward. Der ursprüngliche Plan soll danach vorgesehen haben, daß diese beiden die Überreste des berühmten fehlenden Gliedes fanden, die von Dawson an die passende Stelle gelegt worden waren. Die Komplizen des Betrugs vermuteten nicht ohne Grund, daß Woodward die Rekonstruktion des ursprünglichen Aussehens des Piltdownmenschen übernehmen und dabei Fehler machen würde. An diesem Punkt wäre Keith eingeschritten, der mit seinem überlegenen anatomischen Wissen Woodwards Fehler aufgezeigt und sich durch die richtige Rekonstruktion des Piltdownmenschen unvergänglichen Ruhm erworben hätte. Sowohl Dawsons als auch Keiths Motiv wäre nach dieser Hypothese das Streben nach Ehre und Prestige gewesen. Dawson wollte um jeden Preis Mitglied der *Royal Society* werden. Er stellte 1914 wiederholt Anträge auf Aufnahme und versuchte es bis zu seinem Tod im Jahr 1916 weiter. Alles spricht dafür, daß er gerade wegen seiner Verdienste beim Fund des Piltdownmenschen kurz vor der Aufnahme stand. Keith dagegen war bereits eine Autorität auf dem Gebiet der Anatomie, wollte sich aber auch in der Anthropologie und als Verfechter der Evolutionstheorie einen Namen machen und sich damit einen Jugendtraum erfüllen.

Der Hauptbeweis gegen Keith ist Spencer zufolge ein anonymer Artikel, der am 21. Dezember 1912 im *British Medical Journal* erschien. Dieser Artikel sollte nicht mehr als ein Bericht über die Versammlung sein, in deren Verlauf der Mensch von Piltdown zum ersten Mal der Wissenschaft präsentiert wurde. Er enthielt jedoch eine Reihe von Details, die zu jener Zeit noch nicht bekannt waren und die nur jemand kennen konnte, der direkt an den Ausgrabungen beteiligt war.

Am meisten überrascht über diese undichte Stelle war Arthur Smith Woodward, der Dawson in Verdacht hatte. In Wirklichkeit war der Autor des Artikels jedoch Arthur Keith, wie erst kürzlich Langham entdeckt hat. Dies geht aus seinem Tagebuch von 1912 hervor, wo es heißt: »Ich schreibe für das *BMJ (British Medical Journal*, d. Verf.) über die Versammlung am Montag abend (16.01.).« Dieser Hinweis war extrem verdächtig. Wenn Keith wirklich der Verfasser des Artikels war, warum hatte er ihn nicht unter seinem Namen erscheinen lassen, sondern anonym publiziert? Von wem hatte er die detaillierten Informationen über den Ausgrabungsort und die Merkmale der Fundstücke von Piltdown, wenn er sich offiziell erst am 4. Januar 1913 zum ersten Mal nach Piltdown begeben hatte, wie er immer behauptete. Noch rätselhafter wird die Sache, wenn Keith wirklich, wie aus dem Tagebuch ersichtlich wird, den Artikel am 16. Dezember 1912 schrieb, also zwei Tage vor der öffentlichen Präsentation der Entdeckung vor der Geologischen Gesellschaft in London. Langham und später Spencer haben daraus den Schluß gezogen, daß Keith (unbemerkt oder zumindest unerkannt) bereits in Piltdown gewesen war, und dies konnte nur geschehen sein, wenn Dawson ihn ohne Kenntnis Woodwards informiert hatte. Wenn Keith aber zusammen mit Dawson heimlich in Piltdown gewesen war und später alles tat, um jeden Beweis dieses Besuches auszulöschen, indem er vorgab, erst am 18. Dezember von der Entdeckung erfahren zu haben, so kann dies nur bedeuten, daß er etwas zu verbergen hatte. Spencer hat daraus den Schluß gezogen, daß Keith der wahre Urheber des Betrugs war, für den er auch die notwendige wissenschaftliche Kompetenz mitbrachte. Dawson hätte er dabei nur als Komplizen benutzt, indem er dessen Ehrgeiz und vor allem dessen geologisches Wissen ausnutzte. Auch bei der Fälschung der Fossilien mit Kaliumbichromat hätte er sich danach wahrscheinlich der Mithilfe Dawsons bedient.

Ein weiterer Beweis für dieses Komplott wäre, daß Keith in seiner 1950 erschienenen Autobiographie die erste Begegnung mit Dawson auf den 20. Januar 1913 datierte. Langham war davon überhaupt nicht überzeugt. Seine Zweifel ergaben sich aus der Aufzeichnung eines Interviews, das Keith Weiner und Oakley am 21. November 1953 gegeben hatte, also gleich nach der Aufdeckung des Betrugs. Die beiden fragten Keith, warum Dawson mit den Fossilien von Piltdown nicht zu ihm gekommen sei, sondern sich an Woodward gewandt hatte. Keith erwiderte, daß dies sehr unwahrscheinlich gewesen wäre, da Dawson mit Woodward viel enger befreundet gewesen sei. Weiner fragte ihn daraufhin, wann Keith zum ersten Mal mit Dawson zusammengetroffen sei. Keiths Antwort war verräterisch: »Vor der berühmten Versammlung 1912.« Sofort korrigierte er sich und sagte: »Nein, tatsächlich war dies viel später, als sich mein Verhältnis zu Woodward bereits verschlechtert hatte.« Im Verlauf desselben Interviews geriet Keith erneut in Schwierigkeiten, als er gefragt wurde, vom wem und wie er die Information erhalten habe, daß der Schädel von Piltdown bereits 1908 gefunden worden war, wie er in seinem Buch *The Antiquity of Man* berichtet hatte. Es handelte sich um ein damals noch wenig bekanntes Detail, das bereits 1912 in dem anonymen Artikel im *British Medical Journal* aufgetaucht war. Keith war von der Frage ziemlich überrascht und sagte, daß es Dawson gewesen sein mußte, der ihm dies mitgeteilt habe. Aber wie war das möglich, wenn sich die beiden erst im Januar 1913 kennengelernt hatten?

Allem Anschein nach handelt es sich hier also um ernstzunehmende und überzeugende Indizien. In einer Rezension, die im Jahr 1990 in *The New York Review* erschien, fällte der bedeutende Paläoanthropologe Lord Solly Zuckerman aus Oxford jedoch ein vernichtendes Urteil über Spencers Buch. Er bezeichnete es als eine konfuse Ansammlung bedeutungsloser Argumente.

Lord Zuckerman bestreitet nicht, daß Keith wirklich der Verfasser des anonymen Artikels war, der im *British Medical Journal* erschien, und daß dieser Artikel tatsächlich zwei Tage vor der offiziellen Präsentation der Entdeckung abgefaßt worden sein könnte. Er gibt jedoch zu bedenken, daß Keith das »Insiderwissen«, das der Artikel enthält, in einer vorbereitenden Sitzung erhalten haben konnte, die der berühmten Versammlung am 18. Dezember vorausging. Im Verlauf dieser Begegnung, die in den Jahrbüchern der Geologischen Gesellschaft erwähnt wird, habe Woodward Keith die Fundstücke von Piltdown gezeigt und ihm dabei natürlich auch die genauen Umstände der Entdeckung erklärt. Aufgrund dieser Informationen habe Keith sehr wohl zwei Tage vor der offiziellen Präsentation einen Artikel vorbereiten können, den er dann mit weiteren Angaben anreicherte, die Dawson im Verlauf der Versammlung am 18. Dezember machte. Zuckerman zufolge verfügte Keith also nicht im mindesten über Insiderwissen. Was die widersprüchlichen Angaben betrifft, die Keith über das genaue Datum seines ersten Zusammentreffens mit Dawson machte, so handelt es sich dabei nach Zuckerman nur um Unsicherheiten, die bei einem 87jährigen Mann ganz normal seien, denn so alt war Keith, als er Weiner im Jahre 1953 das Interview gab.

Lord Zuckermans kompetente Kritik nimmt der Hypothese von Langham und Spencer viel von der Überzeugungskraft, die sie auf den ersten Blick hat, auch wenn sie dadurch noch nicht völlig entkräftet ist. Keith kann folglich zwar nicht länger als unverdächtig gelten, ist aber doch weit weniger verdächtig als etwa Teilhard de Chardin.

7. Smith und Barlow

Noch weniger überzeugend sind die Anschuldigungen, die gegen eine andere Person vorgebracht wurden, die ebenfalls auf Cookes Bild dargestellt ist. In einem 1972 erschienenen Buch vertritt Ronald Millar die Auffassung, daß der Urheber des Betrugs von Piltdown der ursprünglich aus Australien stammende Professor Grafton Elliot Smith war, der Woodwards Rekonstruktion des Schädels von Piltdown gegen Sir Arthur Keith verteidigte.

Die Anschuldigungen gegen Smith und die ihm unterstellten Beweggründe sind jedoch sehr schwach und besonders von Harrison Matthews und Lord Zuckerman, die beide einige der Beteiligten selbst kannten, heftig kritisiert worden.

Viel gewichtigere Anschuldigungen hat Caroline Grigson gegen F.O. Barlow erhoben, den Mann, der sich auf dem Bild genau hinter Smith befindet. Barlow hatte, wie bereits erwähnt, das Modell des kompletten Schädels des Piltdownmenschen angefertigt. Er arbeitete unter der direkten Anleitung von Woodward, und auch Keith hielt große Stücke auf ihn.

Barlow gelang es, durch die Entdeckung des Menschen von Piltdown ein kleines Vermögen anzuhäufen. Die sofortige Berühmtheit der Fossilien weckte großes Interesse an dem Rekonstruktionsmodell bei Wissenschaftlern, Museen und Amateurpaläontologen. Am Anfang verkaufte Barlow die Modelle direkt auf schriftliche Anfrage, überließ den Verkauf aber der Firma Damon aus Weymonth, als die Nachfrage zunahm. Barlow war also der einzige, der aus dem Betrug von Piltdown einen finanziellen Nutzen zog.

Aber nicht nur aus diesem Grund hält Grigson ihn für den idealen Komplizen von Dawson. Er hatte nämlich auch freien Zugang zu der Sammlung des Naturgeschichtlichen Museums des *Royal College of Surgeons*, wo es eine große Sammlung alter Orang-Utan-Schädel gab. Wiederholt war die Vermutung geäußert worden, daß der falsche Kiefer des Piltdownmenschen aus genau dieser Sammlung stammen könnte. Barlow verfügte außerdem über das nötige Wissen und die Erfahrung, um die Fossilien so herzurichten, daß sie auf dieselbe Herkunft deuteten.

Der interessanteste Gesichtspunkt von Grigsons Hypothese ist jedoch der Umstand, daß sie sich auf Dokumente stützt, die bisher noch nicht in Betracht gezogen worden sind. Grigson fand etwa im Zahnmedizinischen Museum Zeichnungen von Dawson, die einen Gorillakiefer, einen Eckzahn und das Stück eines Schädels zeigen. Die Zeichnungen gehen auf das Jahr 1913 zurück, und Grigson vermutet, daß sie vor dem August jenes Jahres angefertigt wurden, also bevor der Fund des berühmten Eckzahns Woodwards Rekonstruktion gegenüber derjenigen von Keith recht gab, da er belegte, daß der Kiefer des Piltdownmenschen Merkmale eines Affen und nicht eines Menschen aufwies.

Grigson versucht den Nachweis zu erbringen, daß Dawson 1913 das Naturgeschichtliche Museum besuchte (aus dem er sich wahrscheinlich den Kiefer des Piltdownmenschen besorgt hatte), um sich einen Gorillakiefer mit dem Ziel anzusehen, einen Eckzahn so bearbeiten zu können, daß er zum Kiefer eines Affen paßte. Dawsons Absicht soll es dabei gewesen sein, dem Streit zwischen Keith und Woodward ein Ende zu setzen, weil er befürchtete, daß durch sein Fortdauern der Betrug aufgedeckt werden könnte. Glücklicherweise wurden der von Dawson abgezeichnete Kiefer und das Schädelstück beim Bombardement 1941 nicht vernichtet; beide befinden sich gegenwärtig noch immer im Zahnmedizinischen Museum. Bei der Untersuchung des Schädels fiel Grigson auf, daß Dawson seine Wahl gut getroffen hatte, denn das Tier, zu dem der Schädel gehörte, hatte unter einer Zahnkrankheit gelitten, weshalb ihm die ersten beiden Backenzähne fehlten. Aus diesem Grund war der Eckzahn weniger abgenutzt, als es normalerweise der Fall gewesen wäre. Die typischen Merkmale des Eckzahns eines Affen waren daher noch deutlicher zu sehen.

Grigson hätte somit den Beweis erbracht, daß Dawson an den Ort des Verbrechens zurückgekehrt war (das heißt ins Naturhistorische Museum), um den zweiten Akt des Betrugs vorzubereiten: die Entdeckung des Eckzahns. Der Ort der Tat war zugleich der Arbeitsbereich von Barlow, dem die Spuren von Zahnwachs auf dem Kiefer zuzuschreiben wären, der als »Studienobjekt« des Betrugs diente. Es gäbe also ein ziemlich verläßliches Beweisstück, um die Herkunft der wichtigsten Fossilien zu belegen, die in Piltdown gefunden wurden, und auch die beiden Verantwortlichen wären identifiziert: Dawson, der aus reiner Ehr- und Ruhmsucht gehandelt, und Barlow, der sich nur des Geldes wegen an dem Betrug beteiligt hätte.

Diese Hypothese ist ohne Zweifel plausibler als die von Spencer vorgetragene, der Keith für Dawsons Komplizen hält, denn die Entdeckung des Eckzahns mußte den Interessen von Keith zuwiderlaufen. Grigsons Hypothese dagegen nennt für die Entdeckung des Eckzahns einen schlüssigen Grund. Keiths Position in seinem Streit mit Woodward war zumindest im Hinblick auf den Kiefer völlig abwegig, auch wenn das zu jener Zeit nur Dawson und Barlow wissen konnten. Hätte sich der Streit zwischen Woodward und Keith weiter hingezogen, mußte Dawson fürchten, daß der Betrug schließlich auffliegen würde. Schließlich hatte die Verbindung eines Kiefers eindeutig affenartiger Ausprägung mit einem menschlichen Schädel unter den Wissenschaftlern bereits einige Verwunderung ausgelöst. Deshalb präparierte er den Eckzahn so, daß er die affenartigen Charakteristika des Kiefers unbestreitbar bestätigte und die Auseinandersetzung zwischen Keith und Woodward ein Ende fand.

Grigsons Entdeckung zählt sicherlich zu den wichtigsten der letzten vierzig Jahre, in denen Nachforschungen in diesem Fall angestellt worden sind. Bei genauerem Hinsehen beweist sie jedoch vor allem Dawsons Schuld, während die Verdächtigungen gegen Barlow weniger begründet und stichhaltig erscheinen. Was auch mit dieser neuen Hypothese erklärungsbedürftig bleibt, ist die plumpere, weniger professionelle Fälschung des Eckzahns. Immer ist nämlich betont worden, daß die Anfertigung dieses entscheidenden Fundstückes gröber ausgefallen war: Es war einfach nur in Eile angemalt worden, um es älter aussehen zu lassen, und bei genauer Untersuchung zeigte es eindeutige Schleifspuren, die von einer Feile stammen mußten. Was war der Grund für diese Unstimmigkeit der Fundstücke? Schließlich sollten sie doch ein und denselben Urheber haben, nämlich Dawson, dem Barlow vielleicht zur Hand gegangen war. In diesem einen Punkt ist Spencers Hypothese plausibler. Danach ging die Fälschung des Eckzahns allein auf das Konto von Dawson, wahrscheinlich, weil er eine Meinungsverschiedenheit mit einem eventuellen Komplizen hatte.

8. *Woodhead, Hewitt und Hinton*

Ein schwerer Verdacht lastet jedoch auch auf Samuel Allison Woodhead, einem engen Freund Dawsons, der, wie schon erwähnt, an der ersten und wichtigsten Ausgrabungsphase in Piltdown beteiligt war. Woodhead hatte an der Universität von Durham seinen Abschluß in Chemie gemacht, arbeitete dann in Uckfield als Lehrer an der örtlichen Landwirtschaftsschule und wurde später Gutachter für die beiden Grafschaften von Sussex. Oakley war der erste, der ihn unter Verdacht hatte. Woodhead war eng mit Dawson befreundet und außerdem Chemiker. Die Knochen von Piltdown waren mit Kaliumbichromat behandelt worden, und es steht fest, daß Woodhead Dawson im Verlauf der Ausgrabungen behilflich war, die zur Entdeckung der Fossilien führten. Es bot sich geradezu an, die beiden für Komplizen zu halten. Aus einem Brief Woodwards an Lankester ist außerdem ersichtlich, daß ausgerechnet Woodhead der einzige war, der mit der chemischen Analyse und der Messung des spezifischen Gewichts des Schädels von Piltdown betraut wurde. Folglich war er zusammen mit Dawson, Woodward und Teilhard de Chardin einer der Hauptbeteiligten in dieser Affäre. Oakleys Untersuchungen erbrachten später noch weitere Verdachtsmomente. Es gelang ihm, die beiden Söhne von Woodhead, Leslie und Lionel, aufzuspüren. Aus dem Briefwechsel mit ihnen erfuhr er wichtige Details über die Beteiligung ihres Vaters bei den Ausgrabungen in Piltdown.

Zunächst schienen diese Angaben die Verstrickung und Komplizenschaft Woodheads zu beweisen, aber bei genauerer Untersuchung entlasteten sie ihn, zumindest in den Augen von Weiner und Oakley. Es schien, als hätte Woodhead sich tatsächlich bei den ersten Verdachtsmomenten sofort von dem Unternehmen zurückgezogen.

Er konnte also freigesprochen werden. Es blieb nur noch ein eigenartiger Umstand zu klären. Wenn Woodhead so intensiv an den Arbeiten beteiligt worden war, wieso war er dann völlig im Hintergrund geblieben, als die Angelegenheit vom Dezember 1912 an so großes öffentliches Interesse fand? Eine erste Antwort auf diese Frage hatte sein Sohn Leslie in seinem ersten Brief an Oakley vom

10. Januar 1954 gegeben: »Mein Vater war ein enger Freund von Charles Dawson und wußte viel mehr als jeder andere über die Entdeckung des Schädels, mit Ausnahme natürlich von Charles selbst. Mein Vater wünschte jedoch, daß sein Name nicht mit dieser Entdeckung in Verbindung gebracht würde, denn er haßte von jeher öffentliches Aufsehen, es sei denn, die Pflichten seines Berufes erforderten es.« Woodhead wäre danach also ein stiller Mann gewesen, dem die Öffentlichkeit und der Wunsch nach Ruhm fremd waren. Diese Antwort erschien wenig überzeugend. Lionel, der andere Sohn Woodheads, gab noch einen anderen und sicher entscheidenderen Grund für dessen Verschwiegenheit an. In einem Brief an Glyn Daniel, einem Archäologen aus Cambridge, schrieb er unter anderem: »Um 1930 herum erzählte mir meine Mutter folgendes: Herr Dawson fragte meinen Vater, wie man Knochen behandeln müsse, damit sie älter wirkten, als sie in Wirklichkeit waren, und mein Vater erklärte es ihm. Meine Mutter war bei diesem Gespräch anwesend. Einige Wochen später fand Dawson Knochenstücke und mein Vater begleitete ihn durch Piltdown und fand sogar selbst einige Knochen. Ohne daß Dawson es merkte, nahm mein Vater einige der Knochen mit nach Hause, um sie zu untersuchen. Die Knochen kamen ihm sofort verdächtig vor. Aber noch bevor er Dawson fragen konnte, was er im Schilde führe, hatte dieser die Entdeckung öffentlich bekannt gemacht. Im Lichte der späteren Ereignisse war es unglücklich, daß mein Vater ein ausgesprochen loyaler Freund war und niemandem das Geheimnis erzählte. Dennoch kühlte sich nach diesem Vorfall ihre Freundschaft ab, da er mit Recht meinte, hintergangen worden zu sein.«

Dieser Brief Lionels entlastete seinen Vater völlig vom Vorwurf der Komplizenschaft und lieferte einen letzten Beweis dafür, daß Dawson der wahre Urheber des Betrugs war. Aber der Brief enthält einen Fehler, auf den der irische Historiker Peter Costello im Jahr 1985 aufmerksam gemacht hat. Nach all den Jahren war sich Lionel nicht mehr darüber im klaren oder hatte vergessen, daß sein Vater auch nach der vermeintlichen Abkühlung ihrer Freundschaft weiterhin mit Dawson zusammengearbeitet hatte. Costello zufolge konnte dies nur eins bedeuten: daß nämlich der einzig wahre Schuldige Woodhead war. Wenn es zwischen den beiden zu Unstimmigkeiten gekommen war, so konnte es dafür auch andere Gründe gegeben haben, wie Woodheads Frau selbst meinte. Wichtig war nach Costello etwas ganz anderes: erstens die Tatsache, daß Woodhead erklärt habe, er wisse, daß in Piltdown ein Betrug stattfinde; zweitens, daß er trotz der Abkühlung seiner Beziehung zu Dawson weiterhin mit ihm bei den Ausgrabungen zusammenarbeitete und schließlich, daß er alles getan habe, damit sein Name nicht mit der vermeintlichen Entdeckung in Zusammenhang gebracht wurde. Auf dieser Basis ist es durchaus möglich, Woodhead zu belasten und ihn als den einzigen Schuldigen zu betrachten. Die These eines Komplottes wäre damit ausgeschlossen.

Spencer hat mit Recht bemerkt, daß sich die ganze Hypothese Costellos auf einen einzigen Brief stützt. Dieser Brief liefert eine neue Version einer Geschichte, die in der Familie Woodhead jedoch sowieso recht konfus überliefert wird. Costello selbst erkannte die Schwäche seiner Hypothese, so daß er aufgrund neuer Hinweise, die in der Zwischenzeit aufgetaucht waren, 1986 zur Verschwörungsthese zurückkehrte. Der bereits erwähnte Archäologe Daniel aus Cambridge hatte nämlich einen Artikel veröffentlicht, in dem sich ein neuer Hinweis findet. Der Chemieprofessor am *Queen Mary College* der Universität von London, John T. Hewitt, der 1954 gestorben war, hatte danach einem Nachbarn anvertraut, daß er zusammen mit einem Freund den Betrug von Piltdown eingefädelt habe, um sich einen Scherz zu erlauben. Hewitt war Woodheads Freund gewesen, und Costello schloß aus diesem Umstand, daß die beiden bei dem Betrug von Piltdown Komplizen waren. Im Gegensatz zu Woodhead hatte Hewitt außerdem ein gutes Motiv. Um 1890 herum war es nämlich, wie sich herausstellte, zu einer Auseinandersetzung mit Dawson über eine Gaslagerstätte gekommen, die Dawson in der Nähe des Bahnhofs von Heathfield entdeckt hatte.

Hewitt war von der Eisenbahngesellschaft beauftragt worden, das Gasvorkommen im Hinblick auf eine mögliche Ausbeutung zu untersuchen, da Dawson behauptet hatte, daß es sich für Gaslampen eigne. Hewitt kam dagegen zu dem Schluß, das Gas bestehe hauptsächlich

aus Methan und weise keine Spuren von Sauerstoff auf, so daß es nicht
entflammbar sei. Es stellte sich schließlich heraus, daß das Gas doch
Sauerstoff enthielt, und in der Folge wurde es für die Beleuchtung des
Bahnhofs von Heathfield benutzt. Costello meint, daß sich Hewitt
durch diesen Vorfall verletzt fühlte und sich an Dawson rächen wollte.
Zu diesem Zweck habe er den Betrug von Piltdown eingefädelt und
Woodhead überredet, bei seiner Durchführung mitzuhelfen. Diese
Hypothese wird jedoch allgemein für zu umständlich gehalten. Zwar
liefert sie ein gutes Motiv für Hewitt, aber sie gibt keine vernünftige
Antwort auf die Frage, warum Woodhead sich an einer Rache hätte
beteiligen sollen, die ihn nicht betraf und die sich darüber hinaus
gegen einen Mann richtete, dem er zu jener Zeit und auch noch in
den folgenden Jahren freundschaftlich eng verbunden war.

In jedem Fall geriet diese Rekonstruktion auch deshalb in Schwierigkeiten, weil der Nachbar Hewitts später angab, daß Hewitt bei
seinem Unternehmen nicht einen, sondern zwei Komplizen gehabt
habe. Der erste dieser beiden Komplizen sei jedoch nur wenige
Monate beteiligt gewesen und dann von dem anderen ersetzt worden.
Selbst wenn man annimmt, daß Woodhead einer der beiden war, wer
war dann aber der andere? Zunächst identifizierte Costello Martin
Hinton als den dritten Mann, doch verdächtigte er auch den Anatom
und Anthropologen W.H.L. Duckworth aus Cambridge, der ein Freund
und Gefolgsmann von Sir Arthur Keith war. Es ist jedoch vielfach
bezweifelt worden, daß Duckworth wirklich etwas mit der Angelegenheit zu tun hatte, während Hinton auch vor den Anschuldigungen
Costellos wiederholt auf der Liste möglicher Komplizen aufgetaucht
war.

Weiner und Oakley fanden unter den Dokumenten, die sie für ihre
Untersuchung des Piltdown-Falles heranzogen, mehrere, wenn auch
schwache Hinweise für eine Beteiligung von Martin Alister Campbell
Hinton. Auch hatte Hinton kurz vor seinem Tod im Jahr 1961
gegenüber seinem Freund John Irving, der bei der BBC arbeitete, ein
Eingeständnis gemacht, das vielen wie ein Geständnis erschien. Er sei
überzeugt, so erklärte er, daß der Urheber des Betrugs im Britischen
Museum gearbeitet habe, daß er aber seinen Namen nicht nennen

könne, da der Betreffende noch am Leben sei. Nun war Hinton zur Zeit dieser Aussage der einzige, der von den damaligen Mitarbeitern des Britischen Museums noch am Leben war. Er hatte genau zu der Zeit als Volontär im Museum angefangen, als die Ausgrabungen in Piltdown begannen. 1927 wurde er zum stellvertretenden Konservator der Zoologischen Abteilung ernannt, nachdem er sechs Jahre lang Assistent gewesen war. 1936 wurde er Konservator und übte dieses Amt bis zu seiner Pensionierung im Jahr 1945 aus. Ein weiteres Indiz, das auf Hinton verweist, ist seine Freundschaft mit dem Juwelier Lewis Abbott, der eine große Sammlung von Fossilien besaß, von denen einige den in Piltdown gefundenen Stücken ähnelten. Außerdem hatte er die Möglichkeit, von Firmen wie Gerrard in Camden Town in der Nähe von London Fossilien zu erwerben, die aus Afrika stammten.

Auch Lord Zuckerman war überzeugt, daß Hinton, wenn schon nicht schuldig, so doch verdächtig war. Insbesondere hob er hervor, daß Hinton ein bekannter Spaßvogel war, wie etwa aus der von ihm selbst verfaßten biographischen Skizze ersichtlich ist, die 1935 im *Who's Who* erschien: »Er hat sich mit verschiedenen Betrügereien beschäftigt, das Ungeheuer von Loch Ness eingeschlossen.« Zuckerman ist der Meinung, daß Hinton der wahre Verantwortliche für den Betrug war. Man ist sich allgemein darüber einig, daß er auch ein triftiges Motiv gehabt hätte, nämlich den gut dokumentierten und von anderen Amateurpaläontologen geteilten Haß auf Woodward, der damit als das eigentliche Opfer des Betrugs betrachtet werden müßte.

9. Conan Doyle

Die überraschendste und in gewisser Hinsicht auch die faszinierendste der vorgebrachten Hypothesen beschuldigt einen der Väter der Kriminalliteratur, Urheber des Betrugs von Piltdown zu sein: Sir Arthur Conan Doyle, den Schöpfer von Sherlock Holmes. Aufgestellt wurde diese Hypothese von dem amerikanischen Archäologen John

Hathaway Winslow mit Unterstützung des Wissenschaftsjournalisten Alfred Meyer, der ihm half, die Indizien zusammenzutragen und zu ordnen.

Doyle wurde am 22. März 1859 in Edinburgh geboren, hatte die Jesuitenschule in Stonyhurt besucht und später in Edinburgh sein Medizinstudium abgeschlossen. Gleich nach seinem Studium heuerte er als Schiffsarzt an und bereiste die Arktis und die Küsten Afrikas. Er nahm am Sudan- und Südafrikafeldzug sowie am Ersten Weltkrieg teil und hielt danach Vorträge auf der ganzen Welt. 1887 begann er, Kriminalromane zu schreiben und schuf dabei die berühmte Figur des Sherlock Holmes. Mit einer großen Serie von Fällen, die 1891 einsetzte und 1927 mit den *Erinnerungen von Sherlock Holmes* endete, begründete Conan Doyle das Genre des Wissenschaftskrimis, in dem er sein ganzes Wissen und seine Kompetenz als Arzt und Wissenschaftler einsetzen konnte. In seinen letzten Jahren entdeckte er seine Leidenschaft für Spiritismus und Okkultismus und schrieb darüber von 1918 an drei Bücher. Am 7. Juli 1930 starb er in Crowborough in Sussex, wo er fast die ganze zweite Hälfte seines Lebens verbracht hatte. Das kleine Städtchen Cowborough befindet sich kaum zehn Kilometer von Piltdown entfernt.

Doyle war viel gereist und hätte folglich die Fossilien aus dem Ausland mitbringen können, die man in Piltdown fand, oder er kann sie von Freunden erhalten haben. So wird etwa vermutet, daß ihm der ominöse Kiefer von Cecil Wray geschenkt worden war, seinem Nachbarn, der 1906 aus Malaysia zurückgekehrt war, wo er als Richter und Sammler tätig war. Wray war auch Mitglied der Königlichen Anthropologischen Gesellschaft. Sein Bruder war Leiter der malaysischen Museen und auf Ausgrabungen in Höhlen spezialisiert, deren Klima Knochenreste besonders gut konserviert. Eines seiner Museen hatte erst vor kurzer Zeit eine riesige Sammlung von Tieren aus Borneo erworben. Bekanntlich lebt der Orang-Utan, also die Tierart, von der der Kiefer von Piltdown stammte, ausschließlich auf Borneo und Sumatra. Den Schädel hatte Doyle, so wird vermutet, von der amerikanischen Schädelforscherin Jessie Fowler erhalten, die eine Zeitlang bei ihm zu Gast war und eine große Sammlung von Schädeln besaß.

Die übrigen Fossilien stammten, wie erwähnt, von einer Fundstätte in Ichkeul in Tunesien. Heute steht fest, daß Doyle im Jahr 1907, ein Jahr bevor die Ausgrabungsarbeiten in Piltdown begannen, Joseph Whitaker besuchte, einen der wenigen Wissenschaftler, die häufig nach Ichkeul kamen. Einige Monate nach dieser Begegnung machten Doyle und seine zweite Frau eine zweimonatige Hochzeitsreise im östlichen Mittelmeer. Mit großer Wahrscheinlichkeit schifften sie sich auf der Rückreise Ende November oder Anfang Dezember in Malta ein. Rein zufällig brachte der *Daily Malta Chronicle* am 16. November die Nachricht vom Fund eines Flußpferdfossils, das Arbeiter in einem Kalksteinbruch gefunden hatten. Nun war eines der in Piltdown gefundenen Stücke ein Flußpferdzahn, dessen Form und chemische Konsistenz darauf hindeuten, daß er aus dem Kalksteinbruch einer Insel im Mittelmeer stammt. Zwei Jahre später machten Doyle und seine Frau eine Kreuzfahrt im westlichen Mittelmeer, wobei sie dieses Mal Algerien und Tunesien besuchten. Wenig später schrieb Doyle eine Erzählung über Karthago, das nicht sehr weit von Ichkeul entfernt liegt. Das Kreuzschiff lief auch Malta und Korsika an. Die Steinrohlinge und -werkzeuge, die in Piltdown gefunden wurden, stammten, wie wir uns erinnern, sehr wahrscheinlich aus dem tunesischen Gafsa. Schließlich waren in Piltdown andere Säugetierfossilien vergraben worden, die sehr wahrscheinlich aus Norfolk oder Suffolk kamen. Man weiß heute, daß Doyle vor der Entdeckung von Piltdown seine Ferien in kleinen Orten in der Nähe der Grafschaft Norfolk verbrachte.

Der Schöpfer von Sherlock Holmes hatte also genau wie Teilhard de Chardin die Möglichkeit, die in Piltdown gefundenen Fossilien afrikanischer Herkunft selbst zu sammeln oder auf seinen Reisen anderweitig in ihren Besitz zu gelangen. Aber gab es auch ein Motiv, das erklärte, warum er einen so komplizierten Betrug inszenieren sollte? Winslow und Meyer zufolge gab es dafür ein sehr plausibles Motiv, nämlich die Rache an einem Wissenschaftler, der sich angemaßt hatte, die wissenschaftliche Haltlosigkeit und betrügerische Natur des Spiritismus zu beweisen, dessen fanatischer Verfechter Doyle geworden war.

Unter den Wissenschaftlern, die sich für die große Bedeutung der Entdeckung von Piltdown verbürgten, war auch Edwin Ray Lankester, der dicke Herr, der auf dem Bild von Cooke zur Linken von Keith sitzt. Lankester war ein überzeugter, materialistisch eingestellter Anhänger der Evolutionstheorie Darwins und führte einen wütenden persönlichen Krieg gegen die Spiritisten, in dessen Verlauf er unter anderem die Betrügereien Henry Slades aufdeckte, einem der populärsten englischen Spiritisten der Zeit.

In der 1883 erschienenen Erzählung »Der Kapitän des Polarsterns« versuchte Doyle zu zeigen, daß nicht alle Spiritisten Betrüger sind oder gar der ganze Spiritismus ein einziger Betrug, nur weil man Slade des Betrugs überführt hatte. Lankester dagegen hatte genau gegenteilig argumentiert und aufgrund dieses einzigen Betrugsfalles den betrügerischen Charakter des Spiritismus selbst beweisen wollen. Mit dem Betrug von Piltdown hätte Doyle die Möglichkeit gehabt, die Situation umzukehren und dasselbe logische Verfahren anzuwenden: Wenn die Wissenschaft diesem einen Betrug Glauben schenkte, dann hätte man Lankesters Argumentationsweise entsprechend die ganze Wissenschaft und im besonderen die Evolutionstheorie nach seiner Aufdeckung verwerfen müssen.

Alle Funde von Piltdown schienen auf wunderbare Weise einige Vorhersagen zu bestätigen, die Lankester in seiner Wissenschaftsrubrik im *Daily Telegraph* gemacht hatte. Dies könnte belegen, daß Lankester das wirkliche Angriffsziel von Doyle war. Lankester hatte im *Telegraph* unter anderem die Auffassung vertreten, daß sich der Mensch schon sehr früh vom Affen getrennt habe, wahrscheinlich während des unteren Miozäns. Darüber hinaus meinte er entgegen der damals gängigen Auffassung, daß das Schädelvolumen des primitiven Menschen bereits beachtlich war und daß die an vielen Stellen gefundenen Kieselrohlinge sehr alt und von Menschenhand geformt worden seien. Noch weiter hatte er sich vorgewagt, als er prophezeite, daß andere, weniger grobe Werkzeuge bald in geologischen Schichten des Präpleistozäns gefunden werden würden. Mit anderen Worten: Lankester hatte sich ein wenig hinreißen lassen und eine Liste mit noch zu entdeckenden Objekten geliefert. Conan Doyle tat ihm dann den Gefallen, diese für ihn finden zu lassen. Tatsächlich wies der Schädel des Piltdownmenschen ein erhebliches Gehirnvolumen auf, und einige der Fossilien wurden von Lankester auf das Pliozän und das Miozän datiert. Der Piltdownmensch lieferte Lankester einen wichtigen Beweis für seinen hypothetischen Affenmenschen aus dem unteren Miozän.

Stimmt diese Hypothese, so mußte Doyles Plan vorgesehen haben, daß der Betrug an einem bestimmten Punkt entdeckt wurde. Nur so hätte er die Wissenschaftler, besonders aber Lankester, der wie alle anderen den Köder so naiv geschluckt hatte, der Lächerlichkeit preisgeben können, und die Rache wäre perfekt gewesen. Tatsächlich glauben Winslow und Meyer, daß Doyle versuchte, Hinweise auszustreuen, die auf einen Betrug deuteten. Die Wissenschaftler seien aber nicht intelligent genug gewesen, um die Bedeutung der von Doyle gelegten Fährten zu verstehen. Der kurioseste dieser Hinweise war der 1914 in Piltdown gefundene versteinerte Oberschenkelknochen eines Elefanten, der ganz offensichtlich stümperhaft »bearbeitet« worden war. Als das Fundstück offiziell im Verlauf einer Versammlung der Geologischen Gesellschaft beschrieben wurde, erhob sich ein Wissenschaftler und erklärte, daß er sich nicht recht vorstellen könne, welchen Verwendungszweck ein Werkzeug gehabt haben sollte, das aussehe wie der Schlagkolben seines Kricketschlägers. Derselbe Wissenschaftler meinte außerdem, daß der Knochen in jüngster Zeit schon einmal gefunden und dann bearbeitet worden sein mußte. Aber die Mehrheit seiner Kollegen zog seinen Einwand nicht in Erwägung und wollte lieber glauben, daß es sich bei dem Gegenstand um ein authentisches urzeitliches Werkzeug handelte, auch wenn niemand eine plausible Funktion dafür anzugeben vermochte. Nun war Doyle ein hervorragender Kricketspieler, und man kann deshalb annehmen, daß er der Versuchung nicht hatte widerstehen können, das typische Requisit seiner bevorzugten Sportart in die Hände des Menschen von Piltdown zu legen, um so der Posse, die nun fast schon zu lange gedauert hatte, ein Ende zu setzen. Aber die Wissenschaftler begriffen es nicht.

Da sie sich so bemühten, vor den Beweisen zu kapitulieren, entschloß sich Doyle wahrscheinlich, ihnen ein Indiz zu liefern, das keine

Mißverständnisse mehr zuließ. Im Jahr 1915 entdeckte Dawson Piltdown 2, wo er unter anderem die Reste eines Schädels und einen Backenzahn fand, der genau zu dem Kiefer paßte, den er in Piltdown 1 gefunden hatte. Aber wieso fand sich der Zahn mehrere Kilometer von dem Kiefer entfernt, zu dem er gehörte? Die naheliegendste Erklärung dafür war selbstverständlich, daß sich die Fossilien nicht aufgrund natürlicher Umstände dort befanden, sondern weil sie jemand dort mit dem Ziel vergraben hatte, jemand anderen zu täuschen. Dennoch interpretierten die Wissenschaftler erneut den Zahn als eine überraschende Bestätigung, statt ihn als Widerlegung ihrer bisherigen Annahmen zu betrachten. Ein amerikanischer Wissenschaftler nahm an, daß die Forscher wahrscheinlich einen Fundort mit dem anderen verwechselt hatten und daß der Zahn in Wirklichkeit aus Piltdown 1 stammte, während die Überreste von Piltdown 2 zeigten, daß der Piltdownmensch nicht eine verwirrende Extravaganz der Natur, sondern das authentische und uralte Fossil eines Menschen sei, von dem es offensichtlich mehrere Exemplare gegeben habe.

Ist diese Betrugshypothese richtig, dann bewiesen die Wissenschaftler eine wirklich atemberaubende Überheblichkeit und Verbohrtheit, als sie immer wieder Fundstücke als Bestätigung ihrer falschen Theorie werteten, die diese doch ganz offenkundig widerlegten. Eine derartige Ignoranz mußte Doyle zweifellos resignieren lassen und ihn von dem Versuch abbringen, die Öffentlichkeit mittels einer falschen Entdeckung eines Besseren belehren zu wollen, die sie schließlich noch weitere vierzig Jahre für echt hielt.

Diese Interpretation ist deshalb so verlockend, weil nur bei ihr eine Person im Mittelpunkt steht, deren Charakter und psychologisches Feingespür wie geschaffen waren, um ein so feingesponnenes Netz der Täuschung auszulegen, wie es hinter dem Betrug von Piltdown durchscheint. Wer wäre besser dazu in der Lage gewesen, ein »Verbrechen« bis in die kleinsten Einzelheiten und mit der nötigen Distanz zu planen, als ein Kriminalschriftsteller, zumal es sich noch dazu um ein Verbrechen im Bereich der Wissenschaft handelte? Trotzdem hat auch die Hypothese von Winslow einige schwache Punkte. Vor allem scheint es, als hätte Doyle Dawson 1909 zum ersten Mal getroffen, also erst nach dem Fund des Schädels. Und erst im Herbst des Jahres 1911 waren sie sich offenbar so nahe gekommen, daß sie sich gegenseitig zum Abendessen einluden. Es fällt also schwer anzunehmen, daß Doyle daran gedacht haben konnte, Dawson für seine Rache an Lankester zu benutzen. Außerdem fragt sich, wie er sich hätte sicher sein können, daß dieser in die »Entdeckung« verwickelt werden würde. Lankester war ab 1898 tatsächlich Direktor des Britischen Museums gewesen, wurde aber 1907, also ein Jahr vor der Entdeckung des Schädels, pensioniert. Man konnte deshalb schwerlich erwarten, daß er offiziell und direkt in die Angelegenheit hineingezogen worden wäre. Am meisten war in Wirklichkeit Woodward involviert, während Lankesters Beteiligung eher geringfügig war. Der Umstand, daß der Plan die Frage nach der Beteiligung des ausgewählten Opfers offenließ und daß gleichzeitig die ausgestreuten Hinweise, die schließlich die wahre Natur der »Entdeckung« ans Licht bringen sollten, so wenig eindeutig waren, daß sie von niemandem verstanden wurden, lassen vermuten, daß der Kopf hinter dem Betrug am Ende doch nicht so fähig war. Dann wäre es allerdings verfehlt, ausgerechnet den geistigen Vater von Sherlock Holmes als Drahtzieher des Betrugs zu verdächtigen.

Kapitel V

Der Wissenschaftler als Betrüger

Im Mittelpunkt der Beschäftigung mit wissenschaftlichen Betrügereien steht natürlich die Frage nach dem Motiv. Was verleitet einen Wissenschaftler zum Betrug, welche Beweggründe treiben ihn dazu, gegen Gesetz und Berufsethos zu verstoßen? Am interessantesten sind dabei zweifellos diejenigen Motive, die mit dem System der Wissenschaft selbst im Zusammenhang stehen. Sie ermöglichen es, die Wissenschaft aus einem ganz besonderen Blickwinkel zu betrachten, gewissermaßen durch die Fälschung neue Aufschlüsse über das Original zu erhalten. Zu erklären, warum Wissenschaftler betrügen, macht es jedoch erforderlich, ein Kriterium zu finden, das es erlaubt, den wahren Wissenschaftler vom Betrüger zu unterscheiden. Dies setzt allerdings voraus, daß wir über Kriterien für die Unterscheidung einer wahren Theorie von einer falschen Theorie verfügen, und das tun wir nicht. Natürlich liefert auch die Analyse der Motive, die einen Wissenschaftler zum Betrug treiben, kein solches Kriterium, doch trägt sie mit Sicherheit dazu bei, Aufschluß über die innere Dynamik des wissenschaftlichen Unternehmens zu erhalten.

Bevor wir fortfahren, ist es jedoch nötig, zwei mögliche Mißverständnisse aus dem Weg zu räumen. Bei der Frage, warum Wissenschaftler betrügen, ist es zunächst einmal geraten, nur tatsächliche, als solche eindeutig ausgewiesene Wissenschaftler in Betracht zu ziehen und die gewaltige Masse der Dilettanten zu vernachlässigen, deren »Ruhmestaten« das Bild komplizieren und uns zu falschen Schlüssen verleiten könnten. Aus diesem Grund ist es nicht sehr hilfreich, sich

mit Wissenschaftsbetrügern wie etwa jenem Elias Bessler zu beschäftigen, der 1717 das erste Perpetuum mobile konstruierte und damit in
ganz Europa großes Aufsehen erregte. Besslers Maschine begeisterte
auch berühmte Mathematiker und Physiker wie Willem Jacobus's
Gravesande, einen der größten Wissenschaftler der Epoche, der sich
auch gleich beeilte, die Nachricht Newton zu übermitteln. Auch dieser Betrug (die Maschine wurde in Wirklichkeit von Besslers Kammer-
zofe in Bewegung gehalten) könnte nützliche Hinweise auf die Struktur der Wissenschaft in einer Epoche geben, als deren Glaubwürdigkeit von der genauen Kenntnis der physikalischen Theorien der Zeit
abzuhängen begann. Mindestens ebenso interessant ist die Arbeit der
Fälscher und Betrüger der Renaissance, die eitle Botanikprofessoren
hinters Licht führten, indem sie ihnen Zähne von Narwalen als
Hörner von Einhörnern oder Fabeltieren verkauften oder künstliche
Tiere aus Teilen von Reptilien, Kröten und Fischen zusammensetzten.
Diese Fälle würden uns jedoch von dem eigentlichen Problem des
Wissenschaftsbetrugs wegführen.

In gewisser Weise trifft dies auch auf den Typus des wissenschaftlichen Betrugs zu, der sich nach dem Zweiten Weltkrieg, etwa ab den
50er Jahren, verbreitet hat und dessen Protagonist der Typ von Wissenschaftler ist, den der »ehrliche Jim« verkörpert. Damit läßt man
zweifellos den Großteil der wissenschaftlichen Betrügereien, vor allem
aber die jüngsten, außer acht. Dies ist jedoch gerechtfertigt, weil diese
Betrügereien, wie wir gesehen haben, heute mit der sozioökonomischen
Struktur der Wissenschaft zu tun haben und nicht mit ihrer internen
Logik. Die Wissenschaftler, die heute betrügen, sind diejenigen, die
wir als »Söldner der Wissenschaft« bezeichnet haben. Ihre Beweggründe sind weder ehrenwert noch interessant. Auch wenn ihre Betrügereien
denen der Vergangenheit scheinbar bis zum Verwechseln ähneln,
unterscheiden sie sich von ihnen doch in einer wesentlichen Hinsicht:
Heute treibt einen Wissenschaftler hauptsächlich das Eigeninteresse
zum Betrug, während früher Eigeninteresse und persönliches Prestige
erst nach der Wissenschaft kamen. Breuning etwa beging den gleichen
Typ von Betrug wie Galilei: Er behauptete, Experimente durchgeführt zu haben, die er in Wirklichkeit nie gemacht hatte, und auch die

Theorie, die er mit seinen wertlosen Experimenten stützen wollte, hätte ebenso wahr sein können, wie diejenige, die Galilei auf seine nicht durchgeführten Experimente gründete. Aber während Galilei betrog, um eine Theorie zu bestätigen und zu verbreiten, von der er meinte, daß sie wahr und wichtig für den wissenschaftlichen Fortschritt sei, betrog Breuning, um vor den Augen der Kontrollbehörde die Zuweisung von Finanzmitteln zu rechtfertigen. Galilei beging seinen Betrug im Interesse des Fortschritts, Breuning dagegen betrog seines persönlichen Vorteils wegen und gerade deshalb konnte man seinen Betrug wie irgendeinen anderen Wirtschaftsbetrug verfolgen.

Die Betrugsfälle von heute sind nur insoweit von Interesse, als sie auf das ökonomische System verweisen, das um die Wissenschaft herum existiert. Abgesehen von diesen ökonomischen Faktoren sagen sie jedoch nichts über die Motive, die Wissenschaftler zum Betrug treiben können, und noch weniger darüber, welchen Gesetzen die Wissenschaft als intellektuelles Unternehmen folgt. Um auf diese Fragen eine Antwort zu erhalten, ist es aufschlußreicher, die Betrugsfälle vor 1950 zu untersuchen, als die Mechanismen der gegenwärtig vorherrschenden Forschungsfinanzierung noch nicht ihre Schattenseiten offenbart hatten. Doch auch hier wäre es verfehlt, alle Fälschungen für gleich wichtig zu halten. Es lassen sich nämlich noch zwei weitere Arten des Betrugs unterscheiden, deren Motive recht offensichtlich sind: der Betrug als Scherz und der Betrug als Rufschädigung. So ist beispielsweise klar, daß es das Ziel des Betrugs von Piltdown gewesen sein muß, entweder der Evolutionstheorie im allgemeinen oder aber einem ihrer Verfechter Schaden zuzufügen – wer immer sein Urheber gewesen sein mag. In beiden Fällen ging es dem Betrüger jedoch nicht unbedingt um den wissenschaftlichen Fortschritt.

Damit verengt sich das Feld der interessanten Betrugsfälle in der Wissenschaft, von deren Untersuchung wir uns eine wichtige und bedeutsame Antwort auf die Frage erhoffen können, warum Wissenschaftler betrügen, erheblich. Übrig bleiben schließlich nur die großen Persönlichkeiten der Wissenschaftsgeschichte, wie Ptolemäus, Galilei, Newton und Einstein. Könnte es vielleicht sein, daß die Genies und Nobelpreisträger die einzigen wahren Betrüger und Fälscher der Wissenschaft sind? Auch wenn das paradox klingen mag, würde ich diese Frage bejahen. Das heißt aber: Wenn die wahren Betrüger die größten Wissenschaftler der Menschheitsgeschichte sind und sie ihre Betrügereien im Namen der Wissenschaft begangen haben, so waren sie gewissermaßen auf den Betrug angewiesen; nur auf diese Weise konnten sie die Welt von der Wahrheit ihrer Theorien und Entdeckungen überzeugen.

Die Situation des Wissenschaftlers wäre demnach dadurch gekennzeichnet, daß er Theorien in bezug auf die »Tiefenwirklichkeit« einiger Aspekte der Welt und der Natur aufstellt und versucht, uns von der Wahrheit dieser Theorien zu überzeugen, indem er Experimente anstellt, die diese Wahrheit »sichtbar« machen.

Doch wissen die Wissenschaftler zumindest seit dem Jahr 1934, daß es ihnen unmöglich ist, letztgültig die Wahrheit irgendeiner ihrer Theorien über die tiefere Wirklichkeit der Welt zu beweisen. Es war der Wissenschaftsphilosoph Karl Popper, der damals eine Überzeugung widerlegte, die wahrscheinlich so alt ist wie die Menschheit selbst. Dieser Überzeugung zufolge ist es immer möglich, den Beweis zu erbringen, daß etwas wahr oder falsch ist. Popper zeigte jedoch, daß immer nur der Beweis dafür möglich ist, daß etwas falsch ist, während es sich nie letztgültig beweisen läßt, daß etwas wahr ist. Dies bedeutet, daß alle wissenschaftlichen Theorien, die wir für wahr halten, nicht deshalb als wahr betrachtet werden können, weil ihre Wahrheit wirklich bewiesen worden ist, sondern nur, weil es den Wissenschaftlern, die sie formuliert haben, gelungen ist, ihren Kollegen und uns glaubhaft zu machen, daß sie wahr seien. Normalerweise schließt das die Verwendung mehr oder weniger schwerwiegender Fälschungen und Tricks mit ein, die jedoch nicht als solche erkannt werden, oder wenn, dann erst nach langer Zeit. Letztendlich betrügen die Wissenschaftler also im Namen der Wahrheit, weil sie nicht in der Lage sind, die Wahrheit zu beweisen.

Dies scheint jedoch nahezulegen, daß es keine Wahrheit gibt, was wiederum zu dem Schluß führt, daß es unmöglich ist, eine wahre Theorie oder Entdeckung von einer falschen Theorie oder Entdeckung zu unterscheiden oder festzustellen, ob ein Wissenschaftler ein

Genie oder ein Scharlatan ist. Glücklicherweise verhält es sich anders. Wenn es sich heute auch als unmöglich erweist, ein eindeutiges Kriterium für die Unterscheidung einer wahren von einer falschen Theorie zu finden, so ist es dennoch möglich, zwar empirische, aber doch wirksame Kriterien anzuwenden, die man aus einem der fundamentalen (wenn auch heute vieldiskutierten) Elemente wissenschaftlicher Tätigkeit gewinnen kann: der Methode. Man könnte sogar versucht sein, die Methode selbst als ideales Kriterium zu betrachten, wahre Theorien und Wissenschaftler von falschen Theorien und Betrügern zu unterscheiden. Nach allgemeiner Auffassung hingen die großen Erfolge der modernen Wissenschaft mit der deduktiven Methode zusammen, die zuerst von Galilei entwickelt und angewandt und später mit verschiedenen Modifikationen von sämtlichen Wissenschaftlern nach ihm übernommen wurde. Diese Methode bestand in dem kombinierten und umsichtigen Einsatz von Beobachtung, Logik, Mathematik und Experiment. Zuerst einmal muß ein Wissenschaftler Galilei zufolge das Phänomen, das er erklären will, genau beobachten. Da es unmöglich ist, sich gleichzeitig mit allen beobachteten Eigenschaften eines Untersuchungsgegenstandes zu befassen, muß man sich auf seine wesentlichen Aspekte beschränken, die dann möglichst genau zu messen sind. Nach der Analyse der wesentlichen mathematischen Relationen erarbeitet man eine Hypothese, aus der sich eine Reihe von Schlußfolgerungen ziehen lassen. Diese können dann der experimentellen Prüfung unterzogen werden, um festzustellen, ob sie von der Wirklichkeit bestätigt werden oder nicht. Am Ende hat man dann die Hypothese entweder verifiziert oder falsifiziert.

Diese Methode unterscheidet sich erheblich von der Methode, die Descartes zur gleichen Zeit entwickelte, und in geringerem Maße auch von der Methode Newtons, mit der sie sich aber doch im wesentlichen deckt. Jedenfalls wurde diese Methode von den nachfolgenden Wissenschaftlern als die geeignetste Forschungsstrategie übernommen. Das heißt natürlich nicht, daß sich alle großen Leistungen der Wissenschaft der letzten Jahrhunderte der Anwendung dieser Methode verdanken. Eine eindeutige und von allen akzeptierte Methode, die mit einer Reihe von Vorschriften und methodologischen Regeln alle Eventualitäten abgedeckt hätte, mit denen ein Wissenschaftler im Verlauf seiner Forschungsarbeit konfrontiert sein kann, ist nie formuliert worden. Was sich in der wissenschaftlichen Praxis durchgesetzt hat, sind eher der Geist und die allgemeine Grundhaltung wissenschaftlicher Arbeit, ohne daß dabei jedoch feste Regeln gelten würden. Es ist deshalb schwierig, wenn nicht gar unmöglich, festzustellen, ob sich ein Wissenschaftler in allen Einzelheiten an das gehalten hat, was die experimentelle Methode vorschreibt. Darüber hinaus hat es sich gezeigt, daß Wissenschaftler im überwiegenden Teil der Fälle und oft bei den bedeutendsten Theorien und Entdeckungen auch dem Geist des methodischen Vorgehens, dem sie angeblich verpflichtet waren, zuwiderhandelten. »Hätte sich Galilei«, so bemerkt Marcello Pera, »an die methodologischen Regeln seiner Zeit gehalten, hätte es keine moderne Wissenschaft gegeben. Wäre Darwin tatsächlich den Vorschriften Bacons gefolgt, die zu seiner Zeit als vorbildlich galten, dann glaubten wir immer noch an die Bibel. Hätte Einstein nicht je nach Bedarf den Kanon der empirischen Methodologie verraten, gäbe es heute keine Relativitätstheorie, und die Quantenphysik wäre nie geboren worden, wenn nicht eine neue Generation von Physikern dem Kanon der Newtonschen Physik den Krieg erklärt hätte.«

Pera nimmt hier einen Gedanken von Paul Feyerabend auf, demzufolge die Wissenschaftsgeschichte zeige, »daß es keine Regel gibt, die nicht bei dieser oder jener Gelegenheit gebrochen worden ist, ganz gleich, wie plausibel und erkenntnistheoretisch begründet sie auch sein mag«. Feyerabend ist davon überzeugt, daß diese Regelverletzungen nicht zufällig geschehen, sondern für den wissenschaftlichen Fortschritt notwendig sind. Seiner Meinung nach entsteht wissenschaftlicher Fortschritt durch die Vermischung methodologischer Regeln mit Regelverletzungen, die er Fehler nennt. Wissenschaft entstünde danach also nicht so sehr, oder wenigstens nicht nur, aus der Methode, sondern eher aus der Verletzung der Methode. Deshalb vertritt dieser Theoretiker des methodologischen Anarchismus die Auffassung, daß es notwendig sei, der Theorie der Methoden eine Theorie der Fehler an die Seite zu stellen, die lehren soll, wie methodologische Vorschriften übertreten werden können. »Sie wird empirische Näherungsregeln, nützliche Anweisungen und technische Empfehlungen einschließen, aber keine allgemeinen Gesetze. Außerdem wird sie diese Anweisungen und Empfehlungen mit der Darstellung historischer Fälle verbinden, die verdeutlichen, wie es einigen Wissenschaftlern gelungen ist, in bestimmten Situationen zu guten Ergebnissen zu gelangen. Eine solche Theorie wird es erlauben, die Vorstellungskraft der Wissenschaftler anzuregen, ohne ihnen Vorschriften zu machen und präzise Handlungsanweisungen zu liefern. Es wird eher um Geschichte im eigentlichen Sinn des Wortes gehen, als um eine Theorie, und sie wird ein Gutteil Klatsch enthalten, dem jeder entnehmen kann, was er für wichtig hält.«

Diese Position, die viele für überzogen und paradox halten, ist in Wirklichkeit so vernünftig, daß sie sich beinahe von selbst versteht. Sie gewinnt ihren Sinn aus der Tatsache, daß die Realität immer komplexer und »phantasievoller« ist, als wir es uns vorstellen können, und daß es deshalb in der Wissenschaft nicht so sehr auf eine strenge Methode, sondern eher auf Phantasie und Kreativität ankommt. Anders gesagt garantiert die aufmerksame und gewissenhafte Beachtung aller Regeln der experimentellen Methode mitnichten interessante Entdeckungen oder richtige Theorien. Dazu braucht man Intelligenz und Kreativität, also die Fähigkeit, die Vorschriften der Methode beiseite lassen zu können. Die wahren Wissenschaftler sind also keine Sklaven der Methode, sondern sie bedienen sich ihrer nach Gutdünken und benutzen sie als ein Mittel unter vielen anderen, um ihre Kollegen von der Stichhaltigkeit ihrer Theorien zu überzeugen. Wenn man so will, kann man die Regelverletzung als rhetorisches Hilfsmittel betrachten, wie dies beispielsweise Marcello Pera vorschlägt. Ihm zufolge orientieren sich die Wissenschaftler nicht an logischen Regeln und einer rigoros experimentellen Methode, sie verwenden vielmehr eine Anzahl von rhetorischen Strategemen, um der Welt ihre eigenen Ideen aufzuzwingen. Ich persönlich neige dazu, die Verletzungen der Methode, zu denen die Wissenschaftler ständig gezwungen sind, um die Wissenschaft voranzubringen, als Fälschungen im eigentlichen Sinn des Wortes zu betrachten und meine sogar, daß es sich dabei um den interessantesten Typus von Fälschung handelt.

In diesem Zusammenhang ist daran zu erinnern, daß das Wort »Methode«, das bei Platon und Aristoteles »Forschung« und »Vorgehensweise bei Untersuchungen« bedeutet, von Plutarch im Sinne von »Kunstgriff«, »Stratagem« oder »Betrug« benutzt wurde. Schon das Wort selbst enthielt also zumindest seinem Ursprung nach eine Anspielung auf das Schicksal der Wissenschaftler, die dazu verurteilt sind, auf dem Weg zur Wahrheit eine ununterbrochene und unendliche Kette von Verletzungen der streng rationalen Methode zu begehen.

Wichtiger als die Wahrheit scheinen in der Wissenschaft folglich die Fälschung und der Betrug zu sein. In einem hervorragenden Essay schrieb René Thom, der Begründer der Katastrophentheorie, daß »in der Wissenschaft das Falsche häufig nützlicher als die Wahrheit ist, mit der meistens nur experimentell gewonnene Resultate erreicht werden, die nicht interpretiert werden können und die sich deshalb zu einem Berg von Daten anhäufen, die wahrscheinlich keinerlei Nutzen haben«. »Ich habe einmal geschrieben«, so Thom weiter, »daß nicht das Falsche, sondern das Bedeutungslose die Grenzen der Wahrheit bildet. Aber es gibt auch das Falsche, das vom Wahren begrenzt und umschrieben wird, das Prinzip des Irrtums, das von einem Lichthof der Wahrheit umgeben ist. Ich wage zu behaupten, daß diese wahrheitsschaffende Falschheit das Wesen der Wissenschaft selbst ausmacht.«

Thom meint also, daß in der Wissenschaft immer das Falsche das Wahre schafft. Aber was ist dieses wahrheitsschaffende Falsche? Sicherlich sind damit nicht die gewöhnlichen Betrügereien gemeint, wie sie heute dominieren. Diese würde Thom als »bedeutungslos« klassifizieren, als das, was die Wahrheit begrenzt. Wahre wissenschaftliche Theorien werden seiner Meinung nach nicht von falschen wissenschaftlichen Theorien begrenzt, sondern von unbedeutenden Theorien, die nichts Interessantes aussagen. Das Falsche dagegen begrenzt das Wahre nicht, sondern ist ein wesentlicher Teil davon, insofern es das Wahre hervorbringt. Das »Falsche« sind für Thom natürlich nicht die kleinen und im Grunde unerheblichen Anpassungen und Manipulationen, mit denen Wissenschaftler versuchen, die Wirklichkeit ihren Theorien anzugleichen. Wirklich falsch sind für Thom vielmehr gerade die großen Theorien, die man gerne mit diesen kleinen Fälschungen aufrechterhalten und stützen möchte, also die Theorien der großen Geister der Menschheitsgeschichte (die aber trotzdem noch ein Lichthof der Wahrheit umgibt und die folglich als wahr angesehen werden): die Mechanik Galileis, die Theorie Newtons und die Relativitätstheorie. Sie alle sind für Thom wahre Theorien, die aus dem Falschen hervorgegangen sind, das heißt, sie sind falsch.

Das scheint paradox zu sein, denn offenbar wird hier die Behauptung aufgestellt, daß Theorien wie die Relativitätstheorie gleichzeitig wahr und falsch sind. In Wirklichkeit verhält es sich anders. Thom meint vielmehr, daß alle Theorien, die eine gewisse Zeitlang für wahr gehalten werden, aus früheren Theorien entstehen, die als falsch erkannt werden oder wenigstens von neuen Theorien korrigiert werden. Diese neuen Theorien werden dann ihrerseits als falsch erkannt und korrigiert. Am Beginn und am Ende jeder Theorie steht also das Falsche. Das ist der Grund, warum Thom meint, daß diese Wahrheit schaffende Falschheit das Wesen der Wissenschaft konstituiert. Dies bedeutet, daß in einem ganz bestimmten Sinn der große Wissenschaftler, das Genie, ein Fälscher und Betrüger ist. Was uns die Wissenschaftler als Wahrheit präsentieren und was wir manchmal jahrhundertelang als Wahrheit akzeptieren, ist immer nur eine Annäherung an die Realität. Aufgrund einer Reihe von kulturellen Faktoren und auch aufgrund der Geschicklichkeit der Wissenschaftler selbst werden diese Fälschungen eine mehr oder weniger lange Zeit als »Wahrheit« angesehen.

Hier hätten wir also eine erste Antwort auf die Frage, warum Wissenschaftler betrügen. Sie betrügen, weil es ihre professionelle Pflicht ist, weil sie nur auf diese Weise die Wissenschaft voranbringen können, die letztendlich nichts anderes als eine große Illusion ist. Diese Schlußfolgerung, die zu den wichtigsten Ergebnissen der Wissenschaftsphilosophie der letzten Jahre gehört, könnte als Aufforderung zum Skeptizismus verstanden werden, als Aufforderung, jeden Wert der Forschung und des wissenschaftlichen Fortschritts zu leugnen. Das wäre jedoch falsch.

Wir gewinnen nämlich aus dieser Abfolge von falschen Theorien durchaus etwas Handfestes und Konkretes. Physikalische Theorien können früher oder später falsifiziert und aufgegeben werden, aber die Flugzeuge, die auf der Grundlage der Aerodynamik gebaut worden sind, fliegen und erlauben es uns, in wenigen Stunden die Strecke zwischen Rom und New York zurückzulegen. Die heutigen astrophysikalischen Theorien können eines Tages korrigiert werden, aber in der Zwischenzeit ist es möglich, auf ihrer Grundlage Satelliten und Sonden ins All zu schießen, die, von Zwischenfällen abgesehen, genau das tun, was man von ihnen erwartet. Bakteriologie und Virologie werden sich zweifellos in den nächsten Jahren erheblich weiterentwikkeln, aber in der Zwischenzeit lassen sich mit Antibiotika Infektionskrankheiten heilen, die früher tödlich verlaufen wären.

Wissenschaftliche Theorien können und werden sich also eines Tages als falsch erweisen, doch ihre technologischen Auswirkungen sind unbestreitbare Fakten – was allerdings nicht heißt, daß diese immer und notwendigerweise positiv sein müssen. Wenn die Wissenschaft auch einerseits nur ein ständiges Fortschreiten von einer Illusion zur nächsten ist, so stellen die technologischen Ergebnisse dieses Fortschreitens andererseits doch feste Bezugspunkte dar, die in bestimmter Hinsicht tatsächlich als »wahr« betrachtet werden können.

Es sind also gewissermaßen die technologischen Abfallprodukte der Forschung, die es ermöglichen, wirkliche wissenschaftliche Entdekkungen und Theorien von schlichten Fälschungen und Betrügereien zu scheiden, wenn auch nur rein empirisch. Falsche Entdeckungen und Theorien lassen sich nicht praktisch anwenden.

Die praktische Anwendbarkeit von Forschungsergebnissen steht nicht im Mittelpunkt der Wissenschaft oder der wissenschaftlichen Methode, jedenfalls nicht prinzipiell. Sie beruht jedoch auf einer fundamentalen Voraussetzung, auf der auch die wissenschaftliche Methode gründet: der Gleichförmigkeit der Natur, das heißt der Überzeugung, daß sich in der Natur unter den gleichen Bedingungen Phänomene auf die gleiche Weise ereignen. Dies ist eines der wenigen methodologischen Prinzipien, vielleicht das einzige, über das sich alle Wissenschaftler immer einig waren, denn seine Negierung würde bedeuten, die Möglichkeit von Wissenschaft selbst zu leugnen. Ereigneten sich Phänomene nicht immer auf die gleiche Weise und in der gleichen Ordnung, hätte es keinen Sinn zu versuchen, Gesetze aufzustellen, die dieser Ordnung zugrunde liegen. Wenn beispielsweise ein Gegenstand, den wir aus dem Fenster werfen, einmal mit einer bestimmten Geschwindigkeit senkrecht nach unten fallen, ein andermal langsam nach oben steigen und wieder ein anderes Mal horizontal zum Fensterbrett davonfliegen würde, bliebe der Fall physikalischer Körper unverständlich, er wiese keine Regelmäßigkeit auf und ließe sich nicht auf ein Gesetz zurückführen. Die Idee der Regelmäßigkeit unserer Welt ist nicht immer, wie wir noch sehen werden, richtig, aber sie trifft ohne Zweifel für den Typus von Phänomenen zu, den die moderne Wissenschaft seit Galilei untersucht hat, für diejenigen Phänomene also, die der mit bloßem Auge sichtbaren Umwelt angehören, in der sich der Mensch bewegt.

Die Hypothese der Gleichförmigkeit der Natur ermöglichte nicht nur die Wissenschaft, sondern hatte noch zwei andere Konsequenzen. Erstens erlaubte sie die technische Anwendung wissenschaftlicher Forschungsergebnisse. Wenn Gegenstände nämlich immer auf die gleiche Weise fallen und wenn die Fallgesetze physikalischer Körper eine angemessene Beschreibung dieses Vorgangs liefern, dann ist es auch möglich, diese Gesetze zu benutzen, um beispielsweise die Widerstandskraft eines Netzes oder eines Sprungtuches zu berechnen, die erforderlich ist, um das Gewicht eines Menschen aufzufangen, der aus dem sechsten Stock eines Gebäudes fällt. Die zweite Konsequenz ist die Möglichkeit, Experimente zu wiederholen, die eine bestimmte Theorie oder Hypothese beweisen sollen. Die Wiederholbarkeit von Experimenten wird von den Wissenschaftlern seit einigen Jahrhunderten als das geeignetste Kriterium betrachtet, Wissenschaftlichkeit von Unwissenschaftlichkeit zu unterscheiden, bzw. »wahre« wissenschaftliche Theorien von falschen zu trennen.

Wissenschaftsphilosophen haben sich jedoch immer geweigert, diesem Kriterium Bedeutung beizumessen, weil es sich nur um ein empirisches Kriterium handelt. Außerdem ist es wie alle anderen methodologischen Regeln auch von den größten Wissenschaftlern wiederholt mißachtet worden. So haben wir etwa gesehen, daß Galileis Experimente mit der schiefen Ebene (unabhängig davon, ob er sie durchgeführt hat oder nicht) nicht wiederholbar waren, denn diejenigen, die sie wiederholt haben, erhielten andere Ergebnisse. Das gleiche passierte mit dem 1887 durchgeführten Experiment von Michelson und Morley, das Einstein zur Stützung der Relativitätstheorie erwähnt und das in vielen Handbüchern dann fälschlicherweise als der entscheidende Beweis auftaucht, der ihn zur Formulierung seiner Theorie gebracht habe: Als es wiederholt wurde, kam man zu anderen Ergebnissen. Der erste, der dies bemerkte, war W.M. Hicks. Er wiederum regte D.C. Miller dazu an, das Experiment zwischen 1902 und 1926 mehrere Male zu wiederholen, und zwar unter Verwendung einer Versuchsapparatur, die weitaus präziser als die ursprünglich benutzte Apparatur war. Miller kam jedesmal zu Versuchsergebnissen, die merklich von denen abwichen, die Michelson und Morley erzielt hatten. »Man hätte meinen können«, schrieb der Physiker M. Polanyi, »daß in dem Moment, als diese Ergebnisse im Dezember 1925 im Verlauf einer Plenarsitzung der Amerikanischen Gesellschaft für Physik bekannt wurden, die Physiker sofort die Relativitätstheorie aufgeben würden. Aber nichts dergleichen geschah. In jener Zeit hatten sie ihre Köpfe so gut gegen jede Idee abgeschottet, welche die neue, von Einsteins Weltbild geprägte Rationalität bedrohen konnte, daß es ihnen unmöglich war, aufs neue in anderen Begriffen zu denken. Die Experimente wurden nur wenig beachtet. Der Beweis wurde beiseite geschoben in der Hoffnung, daß er sich eines schönen Tages als falsch erweisen würde.«

Vielleicht haben die Wissenschaftphilosophen ja recht, wenn sie dem Kriterium der Wiederholbarkeit mißtrauisch gegenüberstehen, denn offensichtlich sind dieselben Wissenschaftler, die es als wichtigstes Abgrenzungskriterium ansehen, gleichzeitig bereit, es gegebenenfalls auch außer acht zu lassen. Folgt man Pera, der vorschlägt, jeden Appell an die wissenschaftliche Methode als rhetorisches Mittel zu betrachten, um die Verbreitung einer Theorie zu begünstigen und abzusichern, so kann man durchaus die (plausible und vernünftige) Auffassung vertreten, daß in Wirklichkeit auch das Kriterium der Wiederholbarkeit nur eines der linguistischen, rhetorischen oder, wenn man so will, dialektischen Instrumente ist, mit denen Forscher ihre Kollegen von der Stichhaltigkeit ihrer Entdeckungen und Theorien überzeugen. Auch diese Position läßt sich jedoch nicht kategorisch und mit letzter Konsequenz durchhalten. Man kann jedoch sagen, daß das Kriterium der Wiederholbarkeit Ausnahmen zuläßt. Dabei handelt es sich allerdings um Ausnahmen, die überall möglich (und tatsächlich in der Wissenschaft weit verbreitet) sind und darüber hinaus Wissenschaftler ersten Ranges oder zumindest von ausgewiesener Kompetenz betreffen. Ihnen zu vertrauen, ist nicht nur erlaubt, sondern vernünftig. Also sind die Ausnahmen vom Kriterium der Wiederholbarkeit in der Glaubwürdigkeit begründet, die ein Wissenschaftler bei seinen Kollegen genießt. Natürlich ist das keine rationale und »wissenschaftliche« Rechtfertigung des Kriteriums der Wiederholbarkeit, aber es definiert die Grenzen seiner praktischen Anwendung und verleiht ihm Glaubwürdigkeit.

Erkenntnistheoretisch betrachtet ist es also strenggenommen richtig, daß die Wiederholbarkeit kein sicheres Kriterium darstellt, um wirkliche Wissenschaftler und wahre Theorien von Betrügereien und Wissenschaftsfälschern zu unterscheiden. Andererseits weigern sich die Forscher zu Recht, diese Unterscheidung für unmöglich zu halten. Für sie ist das Kriterium der Wiederholbarkeit tauglich und zuverlässig, auch wenn es nicht rigoros zu handhaben ist.

Das zeigt sich gerade im Falle der Wissenschaftsfälschungen. Alle Betrügereien, die auf dem Gebiet der Wissenschaft begangen werden, kommen früher oder später gerade deshalb ans Licht, weil es einem anderen Forscher nicht gelingt, die gleichen Resultate wie der Fälscher zu erhalten. Heute wissen wir, daß sich alle Theorien früher oder später als falsch erweisen, aber der Unterschied zwischen wissenschaftlich falschen Theorien (denjenigen Theorien also, die wir gemeinhin als wahr ansehen) und Theorien, die auf ganz gewöhnliche Weise falsch sind (und die wir üblicherweise Fälschungen nennen) liegt in ihrer Lebensdauer: Die »wahren« Theorien halten sich gewöhnlich viel länger als die Fälschungen, und zwar gerade deshalb, weil die Experimente, die wissenschaftliche Betrügereien untermauern sollen, nicht wiederholbar sind.

Das, was eine »wahre« wissenschaftliche Theorie von einer »falschen« unterscheidet, ist also ihre Lebensdauer und das Ausmaß der

Zustimmung, die ihr in der Welt der Wissenschaft zuteil wird. Praktisch unterscheiden sich die gewöhnlichen Betrügereien von den verzeihlichen Fälschungen der großen Wissenschaftler nur durch die Tatsache, daß sie früher und leichter als falsch erkannt werden. Faktisch verläßt man sich in der Wissenschaft nie auf die Ergebnisse eines einzelnen Wissenschaftlers oder einer einzelnen Gruppe von Wissenschaftlern. Eine Entdeckung wird erst dann als wahr in Betracht gezogen, wenn sie von verschiedenen, über den Globus verstreuten Forschungslabors bestätigt worden ist.

Die Betrüger, die selbst Wissenschaftler von Beruf sind, wissen dies natürlich und setzen ihre Kenntnisse und ihre Kompetenz ein, damit der Betrug so lange wie möglich unentdeckt bleibt. Eine der am weitesten verbreiteten Techniken, mit denen man dies erreicht, setzte etwa Moewus bewußt und mit Geschick ein. Sie besteht darin, die Experimente so zu manipulieren, daß man Ergebnisse erhält, die man aufgrund des erreichten Wissensstandes in hohem Grade für wahrscheinlich hält und nach denen auch andere Wissenschaftler forschen. Statt eine falsche Entdeckung vollständig zu erfinden, nimmt man eine unlautere Abkürzung in der nicht unbegründeten Überzeugung, daß die Kollegen wahrscheinlich nicht an einen Betrug denken werden.

Eine andere Technik besteht darin, mit einem Betrug Ergebnisse vorzutäuschen, die zwar durchaus bedeutsam sind, aber doch nicht so bedeutsam, daß andere Forscher sich bemüßigt fühlen, die Experimente zu wiederholen. In diesen Fällen versucht der Betrüger, das eigene wissenschaftliche Ansehen, das Ansehen der Gruppe, in der er arbeitet, und das Vertrauen der Kollegen auszunutzen. Auf diese Weise, so hofft er, wird niemand seine angeblichen Experimente wiederholen und seine Ergebnisse widerlegen. Es ist wahrscheinlich, daß viele der Veröffentlichungen, von denen Zeitschriften und wissenschaftliche Bibliotheken überquellen, Forschungsergebnisse dieses Typs enthalten, bei denen sich niemand je die Mühe gemacht hat, sie zu widerlegen. Sie bleiben unbeachtet, bis sie vergilben und vergessen werden, ohne daß ihre wahre Natur zum Vorschein gekommen wäre.

Doch im allgemeinen kann man sich darauf verlassen, daß eine Entdeckung mit einem gewissen Stellenwert von irgend jemandem überprüft wird, so daß ein eventueller Betrug mit großer Wahrscheinlichkeit aufgedeckt wird. Tatsächlich beträgt die durchschnittliche Lebenserwartung eines wissenschaftlichen Betruges heute etwa acht Monate. Solange dauerte es beispielsweise, die Entdeckung der kalten Fusion zu widerlegen. Den Rekord hält wahrscheinlich der Betrug von Piltdown, der gut 41 Jahre überlebte.

Die »wahren« Theorien, die man auch als »geniale Fälschungen« bezeichnen könnte, sind dagegen viel langlebiger. Rekordhalter ist hier wahrscheinlich Claudius Ptolemäus, dessen Theorie, nach der die Erde im Mittelpunkt unseres Planetensystems liegt, 1397 Jahre durchhielt. Die Physik Newtons, die noch heute weitgehend ihre Gültigkeit bewahrt, ist in einigen fundamentalen Punkten nach etwa zweihundert Jahren korrigiert worden. Einsteins Relativitätstheorie, die er 1905 aufstellte, hat trotz der zahlreichen Angriffe gegen sie bis heute standgehalten. Alles deutet jedoch darauf hin, daß sie nicht so lange akzeptiert werden wird wie die Physik Newtons, die ihrerseits nicht so lange standhielt wie das ptolemäische Weltbild. Der wissenschaftliche Fortschritt scheint also die Lebensdauer wissenschaftlich gültiger Theorien tendenziell zu verkürzen. Das bedeutet, daß in einigen Jahrzehnten auch das Kriterium der Wiederholbarkeit verschwinden könnte, mit dem sich eine wahre von einer falschen Entdeckung unterscheiden läßt.

Wenn in Zukunft die Lebensdauer wissenschaftlicher Betrügereien mit der durchschnittlichen Lebensdauer echter Theorien zusammenfällt, wird die Falsifizierung eines Betrugs durch die Wiederholung der Experimente der Falsifizierung entsprechen, mit der eine anerkannte Theorie entwertet oder modifiziert wird. Damit aber gäbe es kein empirisches Kriterium mehr, um Betrügereien oder Betrüger von verläßlicher Forschung und vertrauenswürdigen Forschern zu unterscheiden.

Aber auf die Wissenschaft der Zukunft kommen noch ganz andere Probleme zu, die es immer schwieriger machen werden, wahr und falsch voneinander zu unterscheiden. Es ist zwar noch nicht ins öffentliche Bewußtsein gedrungen, aber vor etwa dreißig Jahren sind wir aus dem »Paradies der linearen Gleichungen« vertrieben worden, wie es der italienische Physiker Giorgio Parisi genannt hat. Dieses Paradies, das große Geister wie Galilei und Newton schufen, war regelhaft und deterministisch. Jede Ursache hatte ihre Wirkung, und alle Phänomene folgten gehorsam den Gesetzen der Physik. Die Gesetze Newtons beispielsweise erlaubten es, die Umlaufbahnen der Planeten und nahezu jedes Objekts, das sich im All bewegt, präzise zu berechnen. Die Präzision und Regelhaftigkeit dieser Welt verbürgten Gesetze, die sich in linearen Gleichungen ausdrücken ließen. Es handelt sich dabei um bestechend schöne algebraische Gleichungen, weil sie eine schnurgerade Linie ergeben, sobald die Zahlenwerte auf zwei kartesische Achsen projiziert werden. Sie sind das gängigste Mittel, mit dem die Wissenschaftler die Welt und die Natur beschreiben und zugleich der natürlichste und klarste Ausdruck der Regelhaftigkeit und Präzision, die die Gelehrten in der Welt gesucht haben und auch gefunden zu haben meinen.

Woher aber rührt die Schönheit und Einfachheit linearer Gleichungen? Sie rührt daher, daß durch sie die Welt als eine Art großes Billardspiel vorstellbar wird, in dem jede Ursache eine Wirkung produziert, die ihrerseits Ursache einer anderen Wirkung werden kann, so wie ein Stoß mit dem Queue eine Kugel in Bewegung setzen kann, die ihrerseits eine andere Kugel anstößt, die wiederum eine andere zuerst gegen die Bande schlägt und dann in ein Loch versenkt. Unter diesem Gesichtspunkt ist ein guter Physiker in gewissem Sinne einem geschickten Billardspieler vergleichbar. Die Kenntnis physikalischer Gesetze und die Fähigkeit, sie bei Berechnungen richtig anzuwenden, ermöglicht die Beherrschung physikalischer Phänomene, so wie ein guter Billardspieler die Kraft und die Wirkung kalkuliert, die er benötigt, um eine Kugel ins Loch zu stoßen. Das war das Spiel, das man in der schönen Welt der linearen Gleichungen spielte.

Aber eines häßlichen Tages im Jahr 1961 wurde der Mensch aus diesem Paradies vertrieben. Die Schuld daran trug dieses Mal nicht eine Schlange, sondern der Computer, mit dem Edward Lorenz, ein Meteorologe des *Massachusetts Institute of Technology*, mögliche Wetterentwicklungen simulierte. Lorenz hatte dem Computer aufgegeben, erneut die gleiche Entwicklung der Wetterbedingungen zu berechnen, die er bereits zuvor errechnet und in einer langen Zahlenreihe dargestellt hatte. Um die Sache zu vereinfachen, hatte Lorenz einen der Ausgangswerte leicht verändert und statt des Wertes 0,506127 den Wert 0,506 eingegeben. Lorenz hatte angenommen, daß die Differenz von einem Zehntausendstel keinerlei Bedeutung habe. Als er sich nach einer Stunde das Ergebnis ansah, bemerkte er, daß durch die kleine Veränderung die neue Zahlenreihe nur am Anfang halbwegs mit der ersten Reihe übereinstimmte, dann aber erstaunlich von ihr abwich. Zu dieser Differenz war es gekommen, weil der Computer Gleichungen benutzt hatte, die nicht linear waren.

Es ist das grundlegende Merkmal solcher Gleichungen, daß sich ihre Parameter nicht als Ursache und Wirkung geordnet einer nach dem anderen beeinflussen, sondern abwechselnd sowohl Ursache als auch Wirkung sind. Es ist, als ginge man vom Billard zum Eishockey über. Im Gegensatz zum Billard könnte man dieses Spiel nicht durch lineare Gleichungen darstellen. Um zum Beispiel die Kraft zu errechnen, die ein Spieler benötigt, um den Puck auf eine bestimmte Geschwindigkeit zu beschleunigen, muß man die Reibung mit einbeziehen, die nicht konstant bleibt, sondern vielmehr von der Geschwindigkeit des Pucks abhängt. Wenn sich dieser bereits mit hoher Geschwindigkeit bewegt, reicht ein kleiner Stoß aus, um ihn zu beschleunigen, weil die Reibung bei höherer Geschwindigkeit abnimmt. Die Geschwindigkeit ihrerseits hängt aber wieder von der Reibung ab. Diejenigen Systeme, deren Parameter sich wie beim Hockey wechselseitig beeinflussen, sind äußerst komplex und lassen sich nur sehr schwer mit der gleichen Klarheit und Präzision beschreiben wie lineare Systeme. Sie können auch nicht als schöne gerade Linien dargestellt werden oder als mehr oder weniger bewegte Kurven, deren Komplexität immer noch leicht zu überblicken ist. Sie werden gewöhnlich als chaotisch verwickelte Spiralen dargestellt, die mathematisch schwer zu beschreiben sind. Doch die chaotischen sind noch nicht die schlechtesten Eigenschaften nicht-linearer Systeme. Viel schlimmer ist, daß man bei ihnen die Details, die kleinen, scheinbar bedeutungslosen Veränderungen der Parameter, nicht mehr vernachlässigen kann. Hier liegt der Ursprung ihrer chaotischen Natur.

Bei nicht-linearen Systemen, und dies ist der wichtigste Aspekt der Entdeckung, die Lorenz machte, kann eine winzige, kaum wahrnehmbare Störung einen Weltuntergang herbeiführen. Er hatte entdeckt, daß in der Meteorologie, wie wahrscheinlich in der ganzen Physik, die Details und die kleinen Störungen keineswegs irrelevant sind, wie man bis dahin angenommen hatte. Das Phänomen erhielt den Namen »Schmetterlingseffekt«, nach dem Titel des Vortrags, den Lorenz im Dezember 1979 hielt: »Vorhersagbarkeit: Kann der Flügelschlag eines Schmetterlings in Brasilien einen Tornado in Texas auslösen?«

Es war das Ende einer Illusion. Von jenem Tag an konnten die Professoren ihren Studenten nicht länger sagen, was Arthur T. Winfree jedes Jahr in seiner Vorlesung verkündete: »Es ist die grundlegende Idee der westlichen Wissenschaft, daß man nicht das Fallen eines Blattes auf irgendeinem Planeten in einer anderen Galaxie berücksichtigt, wenn man die Bewegung einer Kugel auf einem Billardtisch auf der Erde zu erklären versucht. Minimale Einflüsse können vernachlässigt werden. Um zu erklären, wie etwas funktioniert, reichen Annäherungswerte. Beliebig kleine Einflüsse haben keine beliebig großen Wirkungen.« Heute wissen wir, daß dies nicht länger wahr ist. Beliebig kleine Einflüsse können katastrophale Wirkungen haben.

Auf den ersten Blick könnte es scheinen, daß sich dadurch in Wirklichkeit nichts ändert und wir vielmehr nun eine endgültige Erklärung dafür geliefert bekommen, warum die Meteorologen immer an der Wettervorhersage scheitern: Das System, das sie untersuchen, ist derart komplex und die Parameter so sehr wechselseitig voneinander abhängig, daß wir uns eigentlich nur darüber wundern müßten, wie man überhaupt auf die Idee kommen konnte, genaue Vorhersagen treffen zu wollen. Folglich könnte man die Meteorologie als eine der Ausnahmen von der Linearität betrachten, die für Physiker immer uninteressant waren. Die unter Wissenschaftlern am weitesten verbreitete Meinung ist es deshalb, daß sich der wichtigste Teil der Wissenschaft mit der Beschreibung der Welt als Billardspiel beschäftigt, während es sich bei den komplizierteren Spielen wie Eishockey oder der Meteorologie um Abweichungen handelt, die nicht sehr interessant sind. Doch das ist nicht richtig. Heute wissen wir nämlich, daß die Idee, man könne die Welt oder wenigstens ihre wichtigsten Aspekte wie ein riesiges Billardspiel beschreiben, das Ergebnis einer naiven Vereinfachung, im Extremfall jedoch einer zwar unschuldigen, aber gewaltigen Fälschung ist. Urheber dieser Vorstellung waren Galilei und Newton, die systematisch Details und kleine Störungen außer acht ließen. Dadurch »linearisierten« sie die Welt und schrieben Phänomenen eine Regelhaftigkeit, Ordnung und Präzision zu, die tatsächlich im wesentlichen chaotisch sind.

Nehmen wir zum Beispiel das Gesetz des Pendelisochronismus von Galilei. Es stellt fest, daß die Schwingungsdauer des Pendels unabhängig von der Größe der Schwingung selbst ist. Mit anderen Worten: Nimmt man zwei Pendel von der gleichen Länge und läßt das eine mit einem kleinen, das andere Pendel mit einem großen Winkel zum Ruhepunkt schwingen, so daß letzteres weit größere Schwingungen vollzieht, läßt sich nach diesem Gesetz beobachten, daß beide eine vollständige Schwingung in der gleichen Zeit zurücklegen, und zwar, weil das Pendel, das größere Schwingungen macht und also auch größere Entfernungen zurücklegt, schneller schwingt. Galilei behauptet, daß er dieses Gesetz, das auf den meisten Gymnasien noch wie das Evangelium behandelt wird, auf der Basis einfacher experimenteller Beobachtungen aufgestellt habe. Aber das Gesetz ist falsch. Die Regelmäßigkeit, die es beschreibt, ist nur ein Annäherungswert. Galilei ließ einige störende Effekte außer acht, und nur so gelang es ihm, ein präzises Gesetz zu formulieren. Vor allem vernachlässigte er die Reibung und den Widerstand der Luft. Wie wir im ersten Kapitel sahen, hatte er behauptet, daß eine Bleikugel und eine Kugel aus Kork an gleich langen Fäden für ihre Schwingungen die gleiche Zeit benötigen. Das ist falsch, wie Naylor gezeigt hat, der das Experiment wiederholte. Das Bleipendel schwingt schneller und ist der Schwingung des Korkpendels nach etwa 25 Schwingungen um eine Viertelschwingung voraus.

Einen wichtigeren nicht-linearen Faktor stellt jedoch der Schwingungswinkel dar. Im Gegensatz zu dem, was Galilei behauptete, werden die Gleichungen bei einer Veränderung des Winkels leicht nicht-linear. Dies ist bei kleinen Veränderungen der Schwingungsweite nicht wahrzunehmen, wäre aber selbst bei einem recht grobschlächtigen Experiment wie dem von Galilei beschriebenen meßbar gewesen. Auch zwei gleich lange Bleipendel benötigen unterschiedlich viel Zeit für eine Schwingung, wenn der Schwingungswinkel nicht der gleiche ist. Im Unterschied zu dem, was das Gesetz besagt, ist also die Schwingungsdauer nicht unabhängig vom Schwingungswinkel. Ist das Gesetz folglich falsch? Nein, nur ist es lediglich annäherungsweise richtig. Es beschreibt nicht, wie sich die Pendel wirklich verhalten, sondern wie sie sich im Paradies der linearen Gleichungen verhalten müßten. Wer wirklich Experimente anstellt, der wird sich sehr bald darüber im klaren sein, daß er in einer unvollkommenen, unpräzisen Welt lebt. In dieses Reich des Ungefähren Ordnung zu bringen ist nur möglich, wenn man die geringfügigen Abweichungen von der Linearität und die kleinen Störungen außer acht läßt oder verschleiert. Im Falle des Pendels könnte es scheinen, als ob diese kleinen Fälschungen und Angleichungen legitim seien, denn nur dank ihrer konnte die Wissenschaft der letzten Jahrhunderte große Erfolge erzielen, die in der antiken Welt des Ungefähren undenkbar gewesen wären. Doch heute entdecken wir das andere, weit weniger erhebende Gesicht der klassischen Wissenschaft. Die Präzision ist nur ein Laken, mit dem die Wissenschaftler die Phänomene der wirklichen Welt zugedeckt haben. Unter diesem Laken herrscht Chaos.

Heute gelangen die Wissenschaftler mehr und mehr zu der Überzeugung, daß nicht einmal in unserem Planetensystem Regelhaftigkeit und Ordnung herrschen. Und das will etwas heißen, denn noch heute wird die Himmelsmechanik als präziseste aller Wissenschaften angesehen.

Mittlerweile gibt es auch experimentelle Beweise der Tatsache, daß wir in einer Welt des Chaos und der Unordnung leben. Die Voyager-Sonde beispielsweise hat zum ersten Mal Bilder von Hyperion, einem Satelliten des Saturn, auf die Erde gesendet, der eine sehr unregelmäßige Form hat. Diese Form erklären sich die Astronomen als Folge der Instabilität der Bewegungsbedingungen dieses Satelliten. Mit anderen Worten: Er steht am Rande des Chaos, seine Umlaufbahn schickt sich an, die Regelmäßigkeit, die ihr die Gesetze Newtons

auferlegen, zu mißachten und chaotisch und konfus zu werden. Daß
in diesem Teil des Universums niemand mehr so recht auf Newton
hört, belegen auch die Ringe des Saturn, die ebenfalls von Voyager
fotografiert wurden. Diese Ringe sind nicht homogen. Es lassen sich
drei Hauptformen unterscheiden, die ihrerseits in eine Unzahl weiterer Ringe unterteilt sind. Bisher haben die Astronomen verzweifelt,
aber erfolglos versucht, diese Unterteilungen der Ringe aus den
Gesetzen Newtons abzuleiten. Man hält es heute für wahrscheinlich,
daß auch sie das Ergebnis einer dem Chaos nahen Instabilität sind.
Man kann also nicht nur sicher sein, daß sich die schöne Regelhaftigkeit
unseres Universums in Milliarden von Jahren in einen chaotischen
Tanz der Planeten verwandeln wird, sondern auch, daß an einigen
Stellen dieses Chaos bereits eingetreten ist. Man sollte vielleicht besser
sagen, daß das, was wir seit Jahrtausenden als Ordnung beschreiben
und seit 300 Jahren dank Newton auch in Gleichungen ausdrücken
können, in Wirklichkeit nichts anderes als eine Fiktion oder eine
vereinfachte Darstellung eines Momentes in der Geschichte des
Chaos ist. Die Vereinfachung besteht in der trügerischen und nur
zeitweilig gerechtfertigten Annahme, daß die kleinen Wirkungen, die
Blätter, die auf Planeten einer anderen Galaxie fallen, unerheblich
sind und außer acht gelassen werden können.

In der Epoche Galileis verwandelte die Wissenschaft die Welt des
Ungefähren in eine Welt der Präzision. Dies war nicht nur dank der
Genialität Galileis und Newtons möglich, sondern auch dank ihrer
Tricks und ihrer Ungeniertheit. So konnten sie die Wirkungen der
Komplexität und des Chaos verschleiern, die die Regelmäßigkeit und
Präzision bedrohten, mit der sie die Wissenschaft gleichsetzten. So
wird schließlich klar, warum wir sie als Betrüger betrachten können:
Sie betrogen, weil sie die Dinge simplifizierten. Heute sind wir auf
dem Weg, in die Welt des Ungefähren zurückzukehren, doch handelt
es sich dabei nicht um einen Rückschritt. Die Wissenschaft hat
lediglich begriffen, daß sie die Herausforderung der Komplexität
annehmen muß. Sie schickt sich an, die verborgene und seltsame
Ordnung der Phänomene zu beschreiben, die sich scheinbar zufällig
und ohne Präzision ereignen.

Die Wissenschaft muß sich also künftig dem zuwenden, was uns bisher als unwesentlich und zufällig erschien, und dies wird erhebliche Auswirkungen auf die Methode und die Arbeitsweise der Wissenschaftler haben. Eine der Konsequenzen dürfte darin bestehen, daß es nicht länger möglich sein wird, das Kriterium der Wiederholbarkeit einzusetzen, um festzustellen, ob eine Entdeckung wahr oder falsch ist. Die untersuchten Phänomene werden selbst zufällig und stark von den Bedingungen beeinflußt sein, unter denen sie beobachtet werden, und schließlich wird die älteste und wichtigste Annahme der experimentellen Wissenschaft verschwinden: die Hypothese von der Gleichförmigkeit der Natur.

Denn das Zufällige ist nie gleichförmig, es vollzieht sich nie auf die gleiche Art und Weise unter den gleichen Bedingungen. Wenn jemand das Haus lieber durch ein Fenster im sechsten Stock verläßt, statt durch die Haustür zu gehen, erfährt er auf eigene Kosten die Gültigkeit der klassischen Mechanik, denn er wird sich unweigerlich das Genick brechen. Geht er aber statt dessen ganz normal durch die Haustür, grüßt hastig den Hausmeister und fährt mit dem Wagen ins Büro, kann es ihm an der ersten Kreuzung passieren, daß er mit einer Polizeistreife zusammenstößt, die einem flüchtigen Verbrecher hinterherjagt. Dieser Unfall läßt sich mathematisch genausowenig vorausberechnen wie der Sprung aus dem Fenster. Die Polizeistreife fährt schließlich nicht jeden Tag zur gleichen Stunde und mit der gleichen Geschwindigkeit über dieselbe Kreuzung. Hätte sich jedenfalls der Fahrer des Unfallwagens ein wenig Zeit für eine Plauderei mit dem Hausmeister genommen, wäre er mit dem Bus statt mit seinem Auto gefahren, wäre er noch einmal umgekehrt, weil er etwas vergessen hatte oder hätte sein Wagen an diesem Morgen etwas mehr Zeit gebraucht, um anzuspringen, kurz: hätte sich der Fahrer auch nur um ein weniges verspätet, dann wäre es auf der Kreuzung nicht zu einem Unfall gekommen.

Heute sieht sich die Wissenschaft vor die Aufgabe gestellt, gerade Probleme dieses Typs zu lösen. Da sie keine Gleichförmigkeit aufweisen, verringert sich folglich auch die Möglichkeit, Experimente unter den gleichen Bedingungen und mit den gleichen Ergebnissen zu wiederholen. Vielleicht ist die kalte Kernfusion das erste Beispiel solcher unwiederholbarer Experimente. Jedenfalls werden es die Wissenschaftler in Zukunft vor allem mit derartigen Phänomenen zu tun haben. Dadurch könnte sich die Zahl der Betrugsfälle erhöhen, die, wie wir gesehen haben, bereits aus anderen Gründen recht hoch ist. Ist der Appell an das Kriterium der Wiederholbarkeit einmal nicht mehr zugkräftig, wird es in der Tat äußerst schwierig sein, herauszufinden, ob eine neue Theorie oder Erfindung wahr und echt ist oder vielmehr das Ergebnis von Betrug und Fälschung. Das muß allerdings nicht notwendig heißen, daß die Betrüger immer sicher sein können, unbehelligt davonzukommen. Auch wenn das Prinzip der Gleichförmigkeit der Natur und das empirische Kriterium der Wiederholbarkeit von Experimenten an Bedeutung verlieren werden, wird es doch weiterhin eine letzte und entscheidende Feuerprobe für neue Theorien geben: ihre praktische Anwendbarkeit, ihr technologischer Nutzwert. Die Untersuchung chaotischer Phänomene ist für uns nämlich nur in dem Maße von Belang, als wir durch sie die Welt Newtons, in der wir leben, besser zu verstehen und technologisch zu beherrschen lernen. Deshalb müssen die Ergebnisse der Erforschung ungleichförmiger Chaosphänomene für eine von Menschen beherrschbare, gleichförmige Technologie nutzbar gemacht werden.

So müßte etwa die Erforschung der kalten Fusion – vorausgesetzt, sie bleibt frei von Betrügereien – an einem bestimmten Punkt zu experimentellen Lösungen führen, durch die zumindest die Wirkung, wenn nicht gar das Phänomen selbst, wiederholbar wird, um Energie zu produzieren. Sollte sich aber herausstellen, daß dieses Phänomen allein und notwendig dem Zufall unterliegt und in jedem Fall nur geringe Energiemengen produziert, so wüßten wir letztendlich nichts damit anzufangen. Schließlich können wir uns nicht damit zufriedengeben, nur dann Licht im Haus zu haben, wenn sich zufällig eine kalte Fusion ereignet, die unsere Glühbirnen nur für eine Sekunde lang müde flackern läßt. In Zukunft wird es also schwieriger, aber doch nicht unmöglich sein, die gewöhnlichen Betrügereien und die Söldner der Wissenschaft zu entlarven.

Doch ist die Entlarvung nicht das eigentliche Problem. Wie bei der normalen Verbrechensbekämpfung ist es auch hier die vernünftigste

Strategie, die Motive und folglich die Bedingungen zu beseitigen, die den Betrügereien zugrunde liegen und sie erst ermöglichen. Wir haben gesehen, daß die Wissenschaft nicht ohne Betrug auskommt. Aber manche betrügen eben aus Eigeninteresse, andere im Interesse des Fortschritts.

Niemand kann sich wünschen, daß die Betrügereien im Namen der Wissenschaft unterbunden werden, denn wir haben gesehen, daß diese Art der Fälschung nur die Kehrseite der Genialität ist. Sehr wohl kann und muß jedoch verhindert werden, daß die Wissenschaft der Zukunft, statt von den Einsteins und Galileis bestimmt zu werden, in die Hände kleiner und gewöhnlicher Betrüger fällt. Sie könnten in den kommenden Jahrzehnten, in denen die Lage der wissenschaftlichen Forschung unübersichtlich und komplex sein wird, ein Klima vorfinden, das ihre Vermehrung noch begünstigt. Die wissenschaftliche Erforschung des Chaos könnte sich, kurz gesagt, in eine chaotische Wissenschaft verwandeln, in der es von falschen und bedeutungslosen Entdeckungen nur so wimmelt. Dies läßt sich aber verhindern: Es würde ausreichen, wenn Gesellschaft und Politik nach einem Weg suchten, um den Wissenschaftlern aus Berufung ihre Freiheit und Würde zurückzugeben. Sie müssen aus einer Lage befreit werden, in der sie zu »Söldnern« geworden sind. Man muß ihr Recht auf Muße anerkennen, das durch die Jahrhunderte die großen Erfolge der Wissenschaft begünstigt hat. Nur dann werden wir noch den neuen Weltbildern und den neuen, überzeugenden Betrügereien trauen können: den neuen Geschichten, die uns die Wissenschaftler erzählen werden.

Literatur

ALBERIGHI QUARENTA, A. et al., »Forum: il finaziamento della ricerca«, in: *Technology Review*, 38-89. 1991, pp. 57-65.

ALDHOUS, P., »Burt Files Reopened«, in: *Nature*, 354, 1991, p. 97.

ders., »Tragedy Revealed in Zurich«, in: *Nature*, 355, 1991, p. 577.

ders., »Psychologists Rethink Burt«, in: *Nature*, 356, 1992, p. 5.

ANCARANI, V. (Hrsg.), *La scienza accademica nell'Italia post-unitaria*, Mailand 1989.

ANDERSON, A., »Criminal Charge in Scientific Fraud Case«, in: *Nature*, 332, 1988, p. 670.

ders., »First Scientific Fraud Conviction«, in: *Nature*, 335, 1988, p. 389.

Anonym, »NIH's First Strategic Plan Debated«, in: *Nature*, 355, 1992, p. 573.

Anonym, »Researcher Admits He Faked Journal Data«, in: *Science News*, 111, 1977, p. 150.

ASSMUTH, J., Hull, E.R., *Haeckel's Frauds and Forgeries*, Bombay 1915.

AYALA, F. et al., *On Being a Scientist*, Washington 1989.

BABBAGE, C. *Reflections on the Decline of Science in England*, London 1830, pp. 174-83.

BAILEY, F.G., *Morality and Expediency: The Folklore of Academic Politics*, Oxford 1977.

BLINDERMAN, C., *The Piltdown Inquest*, New York 1986.

BLOOM, F.E., RANDOLPH, M.A., *Funding Health Sciences Research: A Strategy to Restore Balance*, Washington 1990.

BLUM, D.E., »Younger Scientists Feel Big Pressure in Battle for Grants«, in: *Chronicle of Higher Education*, 26, September 1990, pp. 16-17.

BOFFEY, Ph.M., *The Brain Bank of America: An Inquiry into the Politics of Science*, New York 1975.

BOORSTIN, D., *Die Entdecker. Das Abenteuer des Menschen, sich und die Welt zu erkennen*, Basel/Stuttgart 1985.

BRANDT, E.T., »PHS Perspectives on Misconduct in Science«, in: *Public Health Report*, 98, 1983, pp. 136-39.

BRASS, A., *Ernst Haeckel als Biologe und die Wahrheit*, Stuttgart 1906.

ders., *Das Affen-Problem. Professor Ernst Haeckels Darstellungs- und Kampfesweise sachlich dargelegt nebst Bemerkungen über Atmungsorgane und Körperform der Wirbeltier-Embryonen*, Leipzig 1908.

ders., *Die Freiheit der Lehre und ihre Mißachtung durch deutsche Biologen*, Leipzig 1909.

ders., *Die Urgeschichte des Menschen*, Leipzig 1914.

BRINKMANN, D., »Das Perpetuum Mobile: ein Sinnbild abendländischen Menschentums«, in: *Nova Acta Paraclesica*, 7, 1954, pp. 164-91.

BROAD, W., WADE, N., *Betrug und Täuschung in der Wissenschaft*, Stuttgart 1984.

BUSH, V., *Science, the Endless Frontier*, New York 1980 (1945).

BYRNE, G., »Breuning Pleads Guilty«, in: *Science*, 242, 1988, p. 27.

CARDWELL, D.S.L., *The Organisation of Science in England*, überarbeitete Ausgabe, London 1972 (1957).

CELLI, G., *Lügen, Falter und Fossilien*, München 1992.

CHUBIN, D.E. et al. (Hg.), *Peerless Science. Peer Review and the US Science Policy*, New York 1990.

CHUBIN, D.E., CHU, E.W., *Science off the Pedestal. Social Perspectives on Science and Technology*, California 1989.

COLE, S., COLE, S. JR., SIMON, G.A., »Chance and Consensus in Peer Review«, in: *Science*, 214, 1981, pp. 881-6.

COLE, S., RUBIN, L., COLE, S. JR. (Hg.), *Peer Review in the National Science Foundation: Phase 1 of a Study*, Washington 1978.

COLIN, M., »Reduce Fraud in Seven Easy Steps«, in: *Science*, 224, 1984, p. 581.

COLLIE, R.J., *Fraud in Medico-legal Practice*, London 1932.

COLLINS, H., »The Seven Sexes: A Study in the Sociology of a Phenomenon, or the Replication of Experiments in Physics«, in: *Sociology*, 9, 1975, pp. 205-24.

COOPER, J.C., »Have Faster-than-light Particles Already Been Detected?«, in: *Foundations of Physics*, 9, 1979, pp. 461-66.

COOPER, L., *Aristotle, Galileo, and the Tower of Pisa*, New York 1935.

COSTELLO, P., *The Magic Zoo*, London 1979.

ders., »The Piltdown Hoax Reconsidered«, in: *Antiquity*, 59, 1985, pp. 167-71.

ders., »The Piltdown Hoax, Beyond the Hewitt Connection«, in: *Antiquity*, 60, 1986, pp. 145-147.

COURTIAL, J.P., *Introduction à la scientométrie*, Paris 1990.

CULLITON, B.J., »Coping with Fraud. The Darsee Case«, in: *Science*, 220, 1983, p. 31.

DAVID, J.B., *The Scientist's Role in Society. A Comparative Study*, New Jersey 1971.

DE CANDOLLE, A., *Zur Geschichte der Wissenschaften und der Gelehrten seit zwei Jahrhunderten, nebst anderen Studien über wissenschaftliche Gegenstände, insbesondere über Vererbung und Selektion beim Menschen*, Leipzig 1911.

DE PRACONTAL, M., *L'imposture scientifique en dix leçons*, Paris 1986.

DE SOLLA PRICE, J.D., *Little Science, Big Science*, Columbia 1963.

ders., *Little Science, Big Science, and Beyond*, New York 1986.

DI TROCCHIO, F., *Legge e caso nella genetica mendeliana*, Mailand 1989.

ders., »Mendel's Experiments. A Reinterpretation«, in: *Journal of the History of Biology*, 24, 1991, pp. 485-519.

DICKSON, B., »Peer Review, in the Best Interests of Science?«, in: *New Scientist*, 6. März 1986, p. 58.

DICKSON, D., *The New Politics of Science*, New York 1984.

DORFMAN, D.D., »The Cyril Burt Question: New Findings«, in: *Science*, 201, 1978, pp. 1177-86.

DRAKE, S., »Galileo's Experimental Confirmation of Horizontal Inertia: Unpublished Manuskripts (Galileo Gleanings XX.11)«, in: *Isis*, 64, 1973, pp. 291-305.

DURAND DELGA, M., »L'affaire Deprat«, in: *Travaux du Comité Français d'Histoire de la Géologie*, 4,3 s., 1990, pp. 117-212.

ders., »L'affaire Deprat, l'honneur retrouvé d'un géologue«, in: *La Recherche*, 237, 1991, pp. 1342-46.

ECO, U., *La guerre du faux*, Paris 1985.

ders., *Die Grenzen der Interpretation,* München 1992.

EDARDS, J.H., »Estimation of Burt«, in: *New Scientist*, 17. Juni 1982, p. 803.

ELKANA, Y., LEDERBERG, J., et al. (Hg.), *Toward a Metric of Science: The Advent of Science Indicators*, New York 1978.

ESSEN, L., *Relatività: scherzo o truffa?* Bologna 1989.

ESTLING, R., »Estimation of Burt«, in: *New Scientist*, 1. Juli 1982, p. 47.

FEDER, K.L., *Frauds, Myths & Mysteries: Science & Pseudoscience in Archaeology,* o.O., 1990.

FEYERABEND, P.K., *Wider den Methodenzwang*, Frankfurt a.M. 1986.

ders., *Irrwege der Vernunft,* Frankfurt a.M. 1989.

FIENBERG, S.E., »Book Review of the Burt Affair«, in: *Chance*, o.N., 1990.

FLETCHER, R., *Science, Ideology & the Media: The Cyril Burt Scandal*, o.O., 1990.

FOX, R., WEISZ, G. (Hg.), *The Organization of Science and Technology in France 1808-1914*, Cambridge 1981.

FRANK, Ph., *Einstein. Sein Leben und seine Zeit,* München/Leipzig/Freiburg i.Br. 1949.

FRANKLIN, A., *The Neglect of Experiment,* Cambridge 1986.

GALILEI, GALILEO, *Dialog über die beiden hauptsächlichsten Weltsysteme, das ptolemäische und das kopernikanische,* hg. von Roman Sexl u. Karl von Meyenn, Stuttgart 1982.

GAMOW, G., *Biographie der Physik,* Düsseldorf/Wien 1965.

Gardner, M., *Fads and Fallacies in the Name of Science,* New York 1957.

GARDNER, M., *Science: Good, Bad, and Bogus,* New York 1981.

GASTON, J., *Originality and Competition in Science. A Study of the British High Energy Physics Community,* Chicago 1973.

ders., *The Reward System in British and American Science,* New York 1978.

GEE, H., »Peers Slam Peer Review«, in: *Nature,* 355, 1992, p. 488.

GILBERT, S., *Medical Fakes & Frauds,* London 1989.

GILLIE, O., »Burt's Missing Ladies«, in: *Science,* 204, 1979, pp. 1035-39.

GILLISPIE, C.C., *Science and Polity in France at the End of the Old Regime,* Princeton 1980.

GINGERICH, O., *Was Ptolemy a Fraud?* Center for Astrophysics, Harvard College Observatory, reprint No. 751, Cambridge 1977.

GLEICK, J., *Chaos, die Ordnung des Universums. Vorstoß in Grenzbereiche der modernen Physik,* München 1988.

GOULD, S.J., »Der wahre Fehler des Cyril Burt«, in: ders., *Der falsch vermessene Mensch,* Basel/Stuttgart 1983.

GOULD, S.J., »Die Piltdown-Verschwörung«, in: *Wie das Zebra zu seinen Streifen kommt,* Frankfurt a.M. 1991.

ders., *Der Daumen des Panda. Betrachtungen zur Naturgeschichte,* Frankfurt a.M. 1989.

GRASSHOFF, G., *Die Geschichte des Ptolemäischen Sternenkatalogs. Zur Genesis des Sternenverzeichnisses aus Buch VII und VIII des Almagest,* Diss., Hamburg 1985.

GRIGSON, C., »Missing Links in the Piltdown Fraud«, in: *New Scientist,* 13. Januar 1990, p. 55.

GRUENBERG, B.G. *The Story of Evolution,* New York 1929.

HALL, E.C., HUGULEY, C.M. JR. et al., »Report of Ad Hoc Committee to Evaluate Research of Dr. J.R. Darsee at Emory University«, in: *Minerva,* 2, 1985, Bd. 2, p. 276.

HARRISON MATTHEWS, L., »Piltdown Man. The Missing Links«, in: *New Scientist,* 30. April 1981, p. 280.

HEILBRON, J.L., »The Detection of the Antiproton«, in: De Maria, M., Grilli, M., Sebastiani, F. (Hg.), *The Restructuring of Physical Science in Europe and the United States 1945-1960*, Singapore 1989., pp. 161-209.

HERRNSTEIN, R., »I.Q.«, in: *Atlantic Monthly*, 228, 1971, p. 43.

HOLDEN, C., »Rehabilitation for Burt?«, in: *Science*, 4. Januar 1991, p. 27.

HOLTON, G., »Beiträge zu einer Theorie des wissenschaftlichen Fortschritts«, in: ders., *Themata. Zur Ideengeschichte des wissenschaftlichen Fortschritts*, Reinbek bei Hamburg 1975.

ders., »From the Endless Frontier to the Ideology of Limits«, in: ders., *The Advancement of Science and its Burdens*, Cambridge 1986, pp. 209-28.

HOLTON, G., »Subelectrons, Presoppositions, and the Millikan-Ehrenhaft Dispute,« in: ders., *The Scientific Imagination*, Cambridge 1978.

HULL, D.L., *Science as a Process: An Evolutionary Account of the Social and Conceptual Development of Science*, Chicago 1988.

JASTROW, J., *Storia dell'errore umano*, Mailand 1941.

JENSEN, A.R., »Kinship Relations Reported by Sir Cyril Burt«, in: *Behavior Genetics*, 4, 1974, p. 1.

JOYNSON, R.B., *The Burt Affair*, New York 1989.

JUDO, W., *Healing: Faith or Fraud?*, o.O. 1978.

KAMIN, L., *Der Intelligenz-Quotient in Wissenschaft und Politik*, Darmstadt 1979.

KLAW, S., *The New Brahmins. Scientific Life in America*, New York 1968.

KLEIN, A., *Eroi dell'inganno*, Mailand 1956.

KLOTZ, I.M., »The N-ray Affair«, in: *Scientific American*, 242, 1980, p. 168.

KNOX, R., »The Harvard Fraud Case: Where Does the Problem Lie?«, in: *Journal of American Medical Association*, 249, 1983, p. 1797.

KOHN, A., *False Prophets. Fraud and Error in Science and Medicine*, Oxford 1986.

KOYRÉ, A., »An Experiment in Measurement«, in: *Proceedings of the American Philosophical Society*, 97, pp. 222-37.

LEDERMAN, L.M., *Science: The End of the Frontier?*, Washingon 1991.

LEPENIES, W., *Aufstieg und Fall der europäischen Intellektuellen*, Frankfurt a.M./ New York/Paris 1992.

LEWIN, R., »Les fraudes scientifiques«, in: *La Recherche*, 240, Februar 1992, p. 254.

LEWIN, R., *Le ossa della discordia*, Mailand 1989.

LEWIS, L.S., *Scaling the Ivory Tower. Merit and its Limits in Academic Careers*, Baltimore 1975.

LOCK, S., »Fraud in Medicine«, in: *British Medical Journal*, 297, 1988, pp. 753-54.

ders., »Scientific Misconduct Again«, in: *British Medical Journal*, 297, 1988, p. 1079.

ders., »Misconduct in Medical Research: Does it exist in Britain?«, in: *British Medical Journal*, 297, 1988, p. 1531.

LODGE, O., *The Pioneers of Science*, New York 1960 (1893), pp. 90-92.

LOEHLE, C., »Distinguishing Fraud from Error«, in: *Nature*, 338, 1989, p. 370.

LUBKIN, G.B., »Piccioni Sues for Share of Antiproton Credit«, in: *Physics Today*, 259, 1979, pp. 69-71.

McCAIN, G., SEGAL, E.M., *The Game of Science*, o.O. 1988.

McCUTCHEN, C.W., »Chi la fa l'aspetti«, in: *Technology Review*, 38-39, 1991, pp. 50-56.

McDONALD, K., »Fraud in Scientific Research: Is It the Work of Psychopaths?«, in: *Cronicle of Higher Education*, 21, 1983, p. 7.

MILLAR, R., *The Piltdown Man*, London 1972.

MILLIKAN, R.A., »The Isolation of an Ion. A Precision Measurement of Its Charge, and Correction of Stoke's Law«, in: *Science*, 32, 1910, p. 436.

ders., *Das Elektron. Seine Isolierung und Messung. Bestimmung einiger seiner Eigenschaften*, Braunschweig 1922.

ders., »Science and Society«, in: *Science*, 58, 1923, p. 436.

MOLLESON, T.I., *The Piltdown Man Hoax*, London 1973.

MOORE, R., *Menschen, Zeiten und Fossilien. Roman der Anthropologie*, Reinbek bei Hamburg 1955.

MORITA, A., *Made in Japan. Eine Weltkarriere*, Bayreuth 1986.

MOULIN, L., »The Noble Prizes for the Sciences from 1901-1950. An Essay in Sociological Analysis«, in: *British Journal of Sociology*, 6, 1955, pp. 246-63.

NARIN, F., *Evaluative Bibliometrics: The Use of Publication and Citation Analysis in the Evaluation of Scientific Activity*, Washington D.C. 1976.

NASH, L.K., »The Origin of Dalton's Chemical Atomic Theory«, in: *Isis*, 47, 1956, pp. 101-16.

NAYLOR, R., »Galileo and the Problem of Free Fall«, in: *British Journal of History of Science*, 7, 1974, pp. 105-34.

NEUFELD, A.H., »Reproducing Results«, in: *Science*, 234, 1986, p. 11.

NEWTON, R.R., *The Crime of Claudius Ptolemy*, Baltimore 1977.

NICHOLSON, R., Cunningham, C.M., Gummet, Ph. (Hrsg.), *Science and Technology in the United Kingdom*, New York 1991.

NOWOTNY, H. et al., *Counter Movements in Science: The Sociology of the Alternatives to Big Science*, Dordrecht 1979.

NYE, M.J., »N-rays: An Episode in the History and Psychology of Science«, in: *Historical Studies in the Physical Sciences*, 11, 1980, p. 125.

NYE, M.J., »Scientific Decline. Its Quantitative Evaluation«, in: *Isis*, 75, 1984, pp. 607-18.

OAKLEY, K.P., Hoskins, C.R., »New Evidence on the Antiquity of the Piltdown Man«, in: *Nature*, 165, 1950, p. 379.

PARISI, G., »Cacciati dal paradiso delle equazioni lineari«, in: *Gli ordini del caos*, Rom 1991, pp. 73-79.

PARTINGTON, J.R., *A Short History of Chemistry*, New York 1960, p. 170.

PASTEUR, L., *Le buget de la science*, Paris 1886.

PERA, M., Shea, W.R., *The Art of Scientific Rhetoric*, Canton 1991.

PETERS, C.H.F., KNOBEL, E.B., *Ptolemy's Catalogue of Stars. A Revision of the Almagest*, o.O. 1915.

PETSKO, G.A., LIPOWICZ, P.J., LANE, L.C., BLAND, B.H., »Unreproducible Results«, in: *Nature*, 335, 1988, p. 109.

POLANYI, M., *Personal Knowledge. Toward a Post-critical Philosophy*, London 1958.

RAINOFF, T.J., »Wave-like Fluctuations of Creative Productivity in the Development of West European Physics in the 18th and 19th Centuries«, in: *Isis*, 12, 1929, pp. 607-18.

READER, J., *Die Jagd nach den ersten Menschen. Eine Geschichte der Paläoanthropologie von 1857-1980*, Stuttgart 1982.

RELMAN, A.S., »Lessons from the Darsee Affair«, in: *New England Journal of Medicine*, 308, 1983, pp. 1415-17.

Responsible Science: Ensuring the Integrity of the Research Process, Washington 1992.

ROBERT, O., »La France à l'abri de la tentation?«, in: *La Recherche*, 240, 1992, pp. 263-64.

ROSTAND, J., *Error and Deception in Science. Essays on Biological Aspects of Life*, London 1959 *(Science fausse et fausse sciences*, Paris 1985).

ROY, R., »An Alternative Funding Mechanism«, in: *Science*, 211, 1988, p. 1377.

ders., »Alternatives to Review by Peers: A Contribution to the Theory of Scientific Choice«, in: *Minerva*, 22, 1984, pp. 316-28.

SALAM, A.M., *Ideals and Realities. Selected Essays of Abdus Salam*, hrsg. von C.H. Lai, Singapore 1987².

ders., »Scienza, tecnologia e istruzione scientifica per lo sviluppo del sud del mondo«, in: *Biologica*, 5, 1991, pp. 213-49.

SAPP, J., *Where the Truth Lies. Franz Moewus and the Origins of Molecular Biology*, Cambridge 1990.

SATTAUR, O., »World Bank Calls for Action Halt Africa Brain Drain«, in: *New Scientist*, 25. November 1989.

SCHMAUS, W., »Honesty and Method«, in: *Accountability in Research, Policies and Quality Assurance*, 2, 1990, p. 147.

SCHUSTER, J.A. Yeo, R.R. (Hg.), *The Politics and Rhetoric of Scientific Method*, Reidel, Dordrecht 1986.

Science Policy Task Force Report. Draft Chapter Number 1: *Reports to the Congress on Science and Science Policy*; Number 2: *The Regulatory Environment for Scientific Research*, U.S. Government Printing Office, Washington, Januar 1990.

SETTLE, T.B., »An Experiment in the History of Science«, in: *Science*, 133, 1961, pp. 19–23.

SHARP, D., »La fraude: une pratique courante en sciences de la vie?«, in: *La Recherche*, 196, 1988, p. 240.

SHEA, W.R., *Copernico, Galileo, Cartesio*, Rom 1989.

ders., *Galileo's Intellectual Revolution*, London 1972.

SINDERMANN, C.J., *The Joy of Science. Excellence and Its Rewards*, New York 1985.

SMITH, R.J., »Problems with Peer Review and Alternatives«, *British Medical Journal*, 296, 1988, pp. 774–77.

SPENCER, F., *The Piltdown Papers 1908-1955*, New York 1990.

ders., *Piltdown. A Scientific Forgery*, Oxford 1990.

Subcom. of the Com. on Government Operations, *Scientific Fraud and Misconduct and the Federal Response*, U.S. Government Printing Office, Washingon, April 1988.

Subcom. on Investigations and Oversight, *Maintaining the Integrity of Scientific Research*, U.S. Government Printing Office, Washington, Juni 1989.

ders., *Maintaining the Integrity of Scientific Research*, U.S. Governement Printing Office, Washington 1990.

SWAN, N., »The Exposure of a Scientific Fraud«, in: *New Scientist*, 3. Dezember 1988, p. 30.

SZILARD, L., *Die Stimme der Delphine. Utopische Erzählungen*, Reinbek bei Hamburg 1963.

TENHOUTEN, W.C., *Science and Its Mirror Image. A Theory of Inquiry*, New York 1973.

THEOCHARIS, T., PSIMOPOULOS, M., »Where Science Has Gone Wrong«, in: *Nature*, 329, 1987, pp. 595-598.

THOM, R., »Tra la feconditá del falso e l'insignificanza del vero, stretto e malagevole é il cammino della scienza...«, in: *Scienza & Tecnica 90-91, Annuario dell'Enciclopedia della Scienza e della Tecnica*, Mailand 1990, pp. 344-348.

VAN DE KAMP, J., CUMMINGS, M.M., *Misconduct and Fraud in the Life Sciences*, U.S. Dept. of Health and Human Services, Bethesda 1977.

WADE, N. »Scandal in the Heavens: Renowned Astronomer Accused of Fraud«, in: *Science*, 197, 1977, pp. 707-9.

WADE, N., »What Science Can Learn from Science Fraud«, in: *New Scientist*, 99, 28. Juli 1983, p. 273.

WATSON, J.C., *Die Doppel-Helix. Ein persönlicher Bericht über die Entdeckung der DNS-Struktur*, Reinbek bei Hamburg 1971.

WEINBERG, A.M., *Probleme der Großforschung*, Frankfurt a.M. 1970.

WEINER, J.S., Oakley, W.E., Clark, W. Le Gros, *The Solution to the Piltdown Problem*, London 1953.

WEINER, J.S., *The Piltdown Forgery*, London 1955.

WESTFALL, R.S., »Newton and the Fudge Factor«, in: *Science*, 179, 1973, pp. 751-58.

WHEWELL, W., *The Philosophy of the Inductive Sciences*, London 1840.

WILCOCK, R.J., *La sinagoga degli iconoclasti*, Mailand 1990.

ZIMAN, J.M., *Wie zuverlässig ist wissenschaftliche Erkenntnis?* Braunschweig/ Wiesbaden 1982.

ZUCKERMAN, H., *Scientific Elite. Nobel Laureates in the United States*, New York 1977.

Aus unserem Programm

Thomas Laqueur

Auf den Leib geschrieben

Die Inszenierung der Geschlechter von der Antike bis Freud

1992. 348 Seiten mit 63 Abbildungen
ISBN 3-593-34623-0

Laqueur erzählt eine große Geschichte: eine Geschichte der Geschlechterdifferenz, eine Frauen, eine Wissenschafts- »eine Kulturgeschichte der Geschlechtsorgane«. Er erzählt sie nicht nur im großen Bogen, sondern in vielen Details, anekdotenreich und quellengesättigt, voller Anspielungen und Querbezüge.

Nicht zuletzt ist dieses Buch dazu angetan, uns in unseren eigenen Selbstverständnissen zu erschüttern. Daß Frauen für Männer und Männer für Frauen das jeweils andere Geschlecht sind, muß ja nicht das letzte Wort in dieser Affäre bleiben.

»Die Existenz zweier anatomisch unterschiedener Geschlechter gilt heute als Tatsache. Thomas Laqueur behauptet das Gegenteil. Er belegt, daß die Auffassung, es gebe zwei biologisch verschiedene Geschlechter, erst im Laufe des 18. Jahrhunderts entstanden ist.«

Der Tagesspiegel

»Laqueurs Thesen sind interessant und überzeugend.«

Frankfurter Allgemeine Zeitung

»Laqueurs Kulturgeschichte ist bestens dazu geeignet, den Glauben an die Stabilität unserer Geschlechterkonstruktion zu erschüttern.«

Süddeutsche Zeitung

Campus Verlag · Frankfurt / New York

Aus unserem Programm

Eric J. Leed

Die Erfahrung der Ferne

Reisen von Gülgamesch bis zum Tourismus unserer Tage

1993. 332 Seiten mit 12 Abbildungen
ISBN 3-593-34823-3

Eric Leed widmet sich Reiseberichten und -legenden aus aller Herren Länder und Zeiten. Er begleitet Odysseus und Alexander, Ritter und Pilger, Entdecker und Soldaten, Naturforscher und Dichter, Exilanten und Vertriebene, Abenteuer- und Pauschaltouristen – kurz, Reisende, die sowohl freiwillig aufgebrochen als auch in die weite Welt hinausgezwungen worden sind.

Ein Buch über trotzige wie traurige Helden, über selbstgewählte Einsamkeit und hochgerüstete Hotelburgen. Der Autor entwirft ein historisches Panorama der Reiseerfahrungen, des wagemutigen Aufbruchs, des rätselhaften Fernbleibens oder der glücklichen Wiederkehr.

»Eine höchst unterhaltsame intellektuelle Geschichte, geschrieben mit Verve, Witz und Gelehrsamkeit.«

Hayden White, Autor von Metahistory

»… eine intelligente, hintergründige Auseinandersetzung mit dem Reisen, die die Lust am Objekt spüren läßt.«

die tageszeitung

»Ein höchst lehrreiches Buch über den Menschen als mobiles Wesen, nach dessen Lektüre man wohl die eigenen Reisen mit geschärftem Sinn erleben wird.«

Westfälische Rundschau

Campus Verlag · Frankfurt / New York